高等职业教育“十二五”规划教材（计算机类）

SQL Server 2008 数据库技术

主　编　刘凤玲　聂思举

副主编　关　沧　张　庚　马松岩

参　编　李　丹　张立群　罗　明

机 械 工 业 出 版 社

本书根据高等职业教育的特点和要求，遵循“基于工作过程”的教学原则，采用任务驱动式的编写方法，以 SQL Server 2008 为平台，系统地讲述了数据库原理与 SQL Server 2008 的功能和应用。

本书共 9 章，内容包括：数据库的设计与创建、数据表的创建与维护、数据库查询、数据库索引和视图的设计、自定义函数和存储过程、触发器和事物、数据库安全性管理、备份和还原数据库、数据库的连接与访问。每章都以若干个具体的工作任务为主线，并配备与单元知识相对应的拓展训练，引导读者理解和巩固相关知识，并掌握实际编程的技能。

本书适合作为高等职业院校计算机专业的数据库课程教材，也适合作为数据库开发人员的参考书和相关领域的培训教材。

为方便教学，本书配备电子课件等教学资源。凡选用本书作为教材的教师均可登录机械工业出版社教材服务网 www.cmpedu.com 免费下载。如有问题请致信 cmpgaozhi@sina.com，或致电 010-88379375 联系营销人员。

图书在版编目（CIP）数据

SQL Server 2008 数据库技术/刘凤玲，聂思举主编. —北京：机械工业出版社，2014.8
高等职业教育“十二五”规划教材. 计算机类
ISBN 978-7-111-47095-3

Ⅰ. ①S… Ⅱ. ①刘… ②聂… Ⅲ. ①关系数据库系统—高等职业教育—教材
Ⅳ. ①TP311.138

中国版本图书馆 CIP 数据核字（2014）第 132263 号

机械工业出版社（北京市百万庄大街 22 号　邮政编码 100037）
策划编辑：刘子峰　　责任编辑：刘子峰　崔利平
责任校对：佟瑞鑫　　封面设计：陈　沛
责任印制：乔　宇
唐山丰电印务有限公司印刷
2014 年 8 月第 1 版第 1 次印刷
184mm×260mm · 14 印张 · 342 千字
…01—2500册
标准书号：ISBN 978-7-111-47095-3
定价：28.00 元

凡购本书，如有缺页、倒页、脱页，由本社发行部调换

电话服务
社服务中心：(010) 88361066
销售一部：(010) 68326294
销售二部：(010) 88379649
读者购书热线：(010) 88379203

网络服务
教材网：http://www.cmpedu.com
机工官网：http://www.cmpbook.com
机工官博：http://weibo.com/cmp1952

前　　言

由 Microsoft 发布的 SQL Server 2008 在继承了以往版本的优秀特性的同时，在多个方面进行了改进和优化，为用户提供了更加高效、智能的平台，同时与其他工具（如 Office 2007）进行集成，将诸多实用功能紧密结合，使其功能更强大、使用更方便、界面更友好，为用户提供了一个更完整的数据管理和分析解决方案。

本书根据高等职业教育的特点和要求，遵循“基于工作过程”的教学原则，采用任务驱动式的编写方法，以 SQL Server 2008 为平台，系统地讲述了数据库原理与 SQL Server 2008 的功能和应用。全书共 9 章，内容包括：数据库的设计与创建，主要介绍 SQL Server 数据库概念、设计与维护基本知识；数据表的创建与维护，主要介绍 SQL Server 2008 中数据表的基本概念、创建与维护数据表的方法以及实现数据库完整性的相关内容；数据库查询，主要介绍 SQL Server 2008 中各类查询的基本用法和基本结构；数据库索引和视图的设计，主要介绍 SQL Server 2008 中索引和视图的基础知识和用法；自定义函数和存储过程，主要介绍 SQL Server 2008 中自定义函数和存储过程的基本用法和基本结构；触发器和事物，主要介绍 SQL Server 2008 中触发器的基础知识以及事物的规划与设计；数据库安全性管理，主要介绍 SQL Server 2008 数据库安全性管理；备份和还原数据库，主要介绍 SQL Server 2008 数据库维护中的备份的概念以及备份数据的操作方法；数据库的连接与访问，主要介绍 VB 应用程序访问 SQL Server 2008 数据库的常用方法。

本书具有以下几个特点：

1）在编写方式上打破传统的以知识系统性为架构的编写模式，改用任务驱动模式，以工作开发过程为主线，由工作任务引出知识讲解的示例内容，继而引导学生进行课堂练习与实操训练。

2）内容循序渐进，以任务驱动引导知识点的学习，所选任务不但典型、实用，而且具有很强的趣味性和可操作性。

3）在内容编排上，始终通过经典的实际工作任务来讲述 SQL Server 2008 的基本思想、方法和技术。

4）在理论上坚持“够用”原则，将相关知识点分解到实际工作任务中，让读者通过对工作任务的分析和实现来掌握相关理论知识。

5）每章都配备与单元知识相适应的拓展训练，使读者通过拓展训练巩固相关的内容，并掌握实际编程的技能。

本书由具有丰富教学经验和项目开发经验的人员编写，由抚顺职业技术学院的刘凤玲教授和抚顺第一职业技术专业学校的聂思举高级讲师担任主编，抚顺职业技术学院的关沧、张庾以及北京邮电大学的马松岩担任副主编，参加编写的还有李丹、张立群和罗明。全书由刘凤玲统稿。

在本书的编写过程中，参考了大量的相关书籍和资料，在此对这些作者表示诚挚的感谢。

由于编者水平有限，书中难免存在错误及不当之处，敬请广大专家、读者批评指正，以便我们及时修订和补充。

编　者

目　录

第 1 章　数据库的设计与创建

本章的工作任务

本章主要学习 SQL Server 数据库概念、设计与维护基本知识，熟悉关系数据库的设计原则和设计方法。重点介绍了数据库管理系统与数据库系统的概念、关系规范化的含义和使用、数据模型的概念、数据完整性的概念以及数据库设计方法等内容。

主要工作任务是学习使用 SQL Server 2008 数据库集成开发环境与理解 SQL Server 2008 数据库工作原理。

1.1　工作任务 1：商场货物管理系统数据库的规划设计

任务描述与目标

1. 任务描述

本节的工作任务是学习 SQL Server 数据库系统的基础知识，理解数据库相关概念与工作原理，并完成商场货物管理系统数据库的规划设计。

2. 任务目标

1）学习数据库基础知识。

2）掌握数据库设计任务、内容与步骤。

1.1.1　数据库的基本概念

1. 数据管理技术的发展

数据库技术产生于 20 世纪 60 年代末期，是计算机进行数据管理的较新技术。随着计算机硬件技术和软件技术的发展以及数据管理应用需求的不断推动，数据管理技术也在不断地发展和完善。从计算机产生至今，数据管理技术一共经历了 3 个发展阶段：人工管理阶段、文件系统阶段和数据库系统阶段。

（1）人工管理阶段

人工管理阶段处于 20 世纪 40 年代中期～50 年代中期。计算机主要对数据进行科学计算，没有大规模地用于数据管理。在人工管理阶段，硬件只有磁带、纸带和卡片等外存储器（外存），没有磁盘等直接存取的存储设备；软件没有操作系统，也没有专门管理数据的软件；数据采用批处理方式，由程序设计人员安排数据的物理存储和加工处理。

人工管理阶段的数据管理具有以下特点：

1）数据不保存。计算机主要用于科学计算，程序处理时将数据输入，程序处理完毕后将数据输出。一般情况下，输入数据和输出结果都不需要长期保存。

2）数据不共享。数据与程序一一对应，当多个程序使用到相同的数据时，必须各自定义，无法实现数据共享，因此，程序之间存在大量的冗余数据。

3）数据不独立。当数据的逻辑存储结构或物理存储结构发生变化时，程序设计人员必须对程序作出相应的修改，即不能保证数据与程序的独立性。

4）数据由程序管理，没有专门的软件系统负责数据管理工作。程序设计人员需要设计数据的存储结构、存取方法和输入/输出方式等，工作负荷比较大。

人工管理阶段数据与程序的对应关系如图 1-1 所示。

（2）文件系统阶段

文件系统阶段处于 20 世纪 50 年代后期～60 年代中期。计算机不仅应用于科学计算，而且广泛应用于数据管理领域。在文件系统阶段，硬件已经有了磁盘、磁鼓等外部直接存储设备；软件出现了操作系统，并且操作系统提供了专门管理数据的文件系统；数据的处理方式包括文件批处理和联机实时处理等多种方式。

文件系统阶段的数据管理具有以下特点：

1）数据可以长期保存。计算机广泛应用于事务型数据管理，程序经常性地对数据进行更新和查询操作，因此，数据需要以文件的形式长期保存在外存上。

2）数据由文件系统管理。文件系统负责数据管理，提供了程序与数据之间的存取访问方法，程序设计人员不必过多考虑数据的物理结构，减轻了程序设计的工作量。

3）数据共享性差，冗余度大。虽然数据以文件的形式独立存储，能够被不同的程序共同使用，但文件的存储结构不统一，一个文件基本上对应于一组特定的程序。因此，数据的共享性差，仍然存在大量的数据冗余。

4）数据独立性低。文件的物理存储结构与对应的程序之间存在着严格的依赖关系。文件的逻辑结构更改时，程序随之更新；程序更改时，文件的物理存储结构也随之作出相应的变化。因此，数据与程序之间的独立性低。

5）文件系统以记录为单位对数据进行操作。

文件系统阶段数据与程序的对应关系如图 1-2 所示。

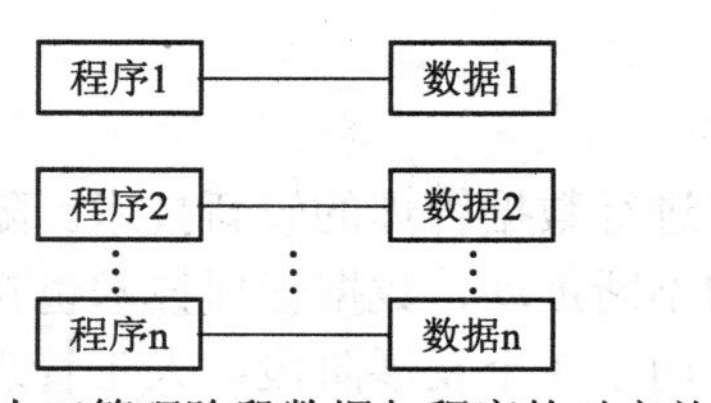

图 1-1 人工管理阶段数据与程序的对应关系

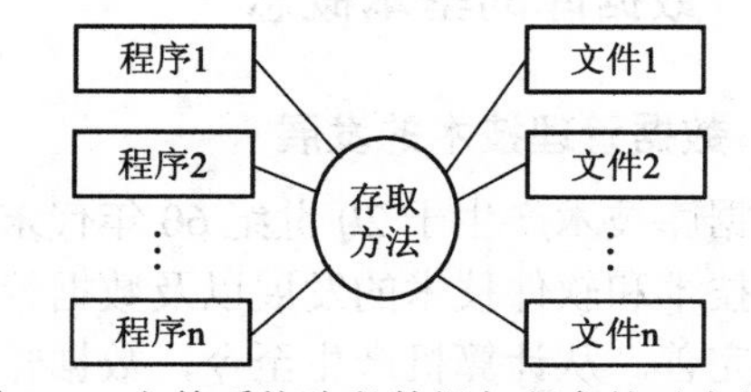

图 1-2 文件系统阶段数据与程序的对应关系

（3）数据库系统阶段

数据库系统阶段处于 20 世纪 60 年代后期至今。随着数据量剧增，数据共享性与独立性的需求越来越广泛，计算机被应用于大规模数据管理中。在数据库系统阶段，硬件价格大幅度下降，出现了大容量和快速存取的磁盘；软件价格上升，文件系统已经不能满足数据管理的需求，出现了专门管理数据的数据库管理系统；数据的处理方式呈现出多样化，包括批处理、联机实时处理和分布式处理等多种方式。

数据库系统阶段的数据管理具有以下特点：

1）数据结构化。在文件系统中，文件内部具有一定的数据结构，但文件之间相互独立，无法反映事物之间的联系；在数据库系统中，全部数据组织成为一个结构化的整体。数据结构化是文件系统与数据库系统的本质区别。

2）数据由数据库管理系统统一控制。应用程序不再直接操纵数据，而是通过数据库管理系统对数据提出操作要求。

3）数据共享性好，冗余度小。数据库管理系统不是面向某个应用，而是面向整个系统描述数据，因此，数据可以被多个应用程序共享使用。数据共享可以减少数据冗余，节约存储空间。数据共享还能够避免数据之间的不相容性与不一致性。

4）数据独立性高。数据独立性包括数据与程序的逻辑独立性和数据与程序的物理独立性。逻辑独立性是指数据的总体逻辑结构改变时，通过改变相应的映像以保持数据的局部逻辑结构不变，从而应用程序不变；物理独立性是指当数据的物理结构改变时，通过改变相应的映像以保持数据的逻辑结构不变，从而应用程序不变。

5）数据库系统阶段的数据管理以记录或数据项为单位。

2．数据库技术的概念

（1）数据

信息是对某种事物的理解。在日常生活中，人们用自然语言描述事物以获取信息。数据（Data）是描述事物的符号序列，是计算机对信息的表达方式。在计算机中，程序设计人员用数据抽象出事物的特性。

数据的表现形式非常丰富，包括数字、文字、图形、图像及声音等。表现形式不能完全表达数据的内容，需要经过语义解释。数据的语义是指数据含义的说明。例如，（2009010101，张山，男，1991-10-1，01）是描述一个学生的数据，该数据的语义解释为：学号为“2009010101”，姓名为“张山”，性别为“男”，出生日期为“1991-10-1”，所属班号为“01”的一个学生。因此，要想描述数据，表现形式和语义是密不可分的。

（2）数据库

数据库（Database，DB）是长期存储在计算机内部的、有组织的、可共享的、冗余度小且独立性高的数据集合。数据库中存储的数据是按照一定数据模型组织的，不仅可以描述事物本身的特性，还可以描述事物之间的联系特性；数据库中存储的数据是面向多种应用的，对于多个用户而言，是在可控冗余的基础上高度共享的；数据库中存储的数据与应用程序之间保持着较高的逻辑独立性和物理独立性。

（3）数据库管理系统

数据库管理系统（Database Management System，DBMS）是位于用户和操作系统之间的进行数据管理的系统软件。数据库管理系统的功能包括以下几个方面。

1）数据定义功能。数据库管理系统提供数据定义语言，以便定义数据库中的各种数据库对象。

2）数据操纵功能。数据库管理系统提供数据操纵语言，以便实现对数据库中数据的基本操作，包括查询、插入、更新和删除。

3）数据库的运行管理功能。为了保证数据库中数据的完整性、安全性、一致性和多用户对数据的并发操作，数据库管理系统必须具有以下 4 种控制功能。

① 完整性控制：保证数据的完整性，保证数据之间满足一定的关系，或者将数据控制在有效的范围内。

② 安全性控制：保证数据的安全性，使每个用户只能按照指定的方式使用和处理指定的数据，保护数据以防止非法使用造成的数据泄密和破坏。

③ 数据恢复：保证系统恢复，能够将数据库从错误状态恢复到某一已知的正确状态。

④ 并发控制：保证并发使用，对多用户的并发操作加以控制和协调，防止相互干扰而得到错误的结果。

4）数据库的建立和维护功能。数据库管理系统在数据库建立和运行过程中，能够实现数据的批量装载、数据库转存、数据库的重新组织以及性能监视等功能。

5）数据组织和管理功能。数据库中存放用户数据、数据字典及存取路径等多种数据，数据库管理系统负责将这些数据分类、组织、存储和管理。数据字典是描述各类数据的集合。

6）数据通信接口功能。数据库管理系统提供与其他软件系统进行通信的接口，以支持客户机/服务器等模式的数据处理。

（4）数据库应用系统

数据库应用系统（Database Application System）是指系统开发人员利用开发工具软件和数据库资源开发的面向某类应用的软件系统，包括面向内部业务管理的管理信息系统和面向外部提供信息服务的开放式信息系统，如学生管理系统、销售管理系统等。

（5）数据库系统

数据库系统（Database System，DBS）是指计算机系统中引入数据库后的系统构成，在不引起混淆的情况下，常将数据库系统称为数据库。狭义地讲，数据库系统的构成包括数据库和数据库管理系统；广义地讲，数据库系统的构成包括硬件、软件、数据库和用户。数据库系统的构成如图 1-3 所示。

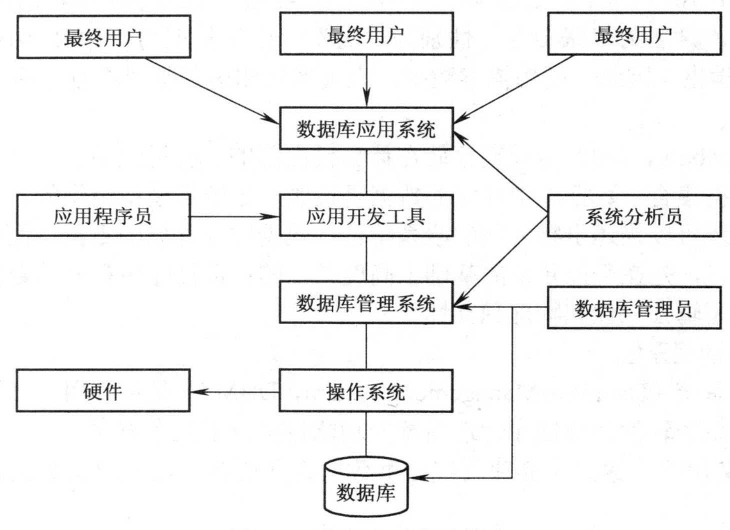

图 1-3　数据库系统的构成

从图 1-3 中可以看出，软件包括操作系统、数据库管理系统、应用开发工具软件和数据库应用系统。人员包括最终用户、应用程序员、系统分析员和数据库管理员。

① 最终用户：是指应用系统的使用者，他们通过应用系统与数据库进行数据交互。

② 应用程序员：是指编制、调试应用系统的专业人员，他们使用高级语言编写应用程序对数据库进行存取操作。

③ 系统分析员：是指负责应用系统的需求分析、数据库的设计、与数据库管理员协商系统配置的专业人员。

④ 数据库管理员（Database Administrator，DBA）：是指负责数据库系统的建立、维护和管理的专业人员，他们是数据库系统中最重要的人员。

1.1.2　数据库系统模型

数据模型是计算机对现实世界的模拟工具，是客观事物及其联系的数据描述。由于计算机不能直接处理现实世界中的具体事物，因此，必须使用数据模型把具体事物抽象转化成计算机能够处理的抽象数据。

在数据抽象过程中，根据应用的目的不同，需要经历 3 个世界的转换和两种模型的构建，如图 1-4 所示。

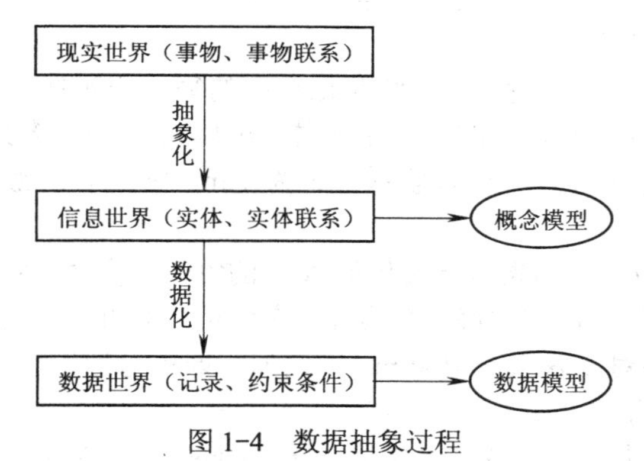

图 1-4　数据抽象过程

1）现实世界：是由客观事物及其相互联系构成的。

2）信息世界：是现实世界在人脑中的反映，是对事物及事物联系的一种抽象化描述。现实世界的事物和事物联系在信息世界中反映为实体和实体联系。

3）数据世界：是信息世界数据化的产物，是对实体及实体联系的一种数据化描述。信息世界的实体和实体联系在数据世界中反映为记录和约束条件。

4）概念模型：也称为信息模型，是按用户的观点对数据和信息建模，主要应用于数据库的设计。

5）数据模型：也称为数据库模型，是按计算机系统的观点对数据建模，主要用于 DBMS 对数据的实现。

1. 概念模型

（1）概念模型的基本概念

概念模型用于信息世界的建模，是用户与数据库设计人员的交流工具。概念模型涉及的基本概念如下：

1）实体（Entity）。实体是客观存在并可以相互区分的事物。例如，一个学生、一门课程都是实体。

2）属性（Attribute）。属性是实体所具有的某一特性，一个实体由若干个属性组成。例如，学生的学号、姓名和性别等都是学生的属性。

3）键（Key）。键是唯一标识实体的属性集。例如，学号属性唯一标识学生实体，可以充当学生实体的键。

4）域（Domain）。域是属性的取值范围。例如，性别的域是（男，女）。

5）实体型（Entity Type）。用实体名及其属性名来描述同类实体，称为实体型。例如，学生（学号，姓名，性别）是一个实体型。

6）实体集（Entity Set）。实体集是同型实体的集合。例如，全部学生是一个实体集。在不引起混淆的情况下，常将实体型、实体集统称为实体。

7）联系（Relationship）。在信息世界中，用实体内部的联系以及实体之间的联系来反映现实世界事物内部以及事物之间的联系。实体内部的联系是指各属性之间的联系；实体之间的联系是指两个实体或多个实体之间的联系，又分为以下 3 类。

① 一对一联系（1:1）：如果对于实体集 A 中的每一个实体，实体集 B 中至多有一个实体与之联系；反之亦然，则称实体集 A 与实体集 B 具有一对一联系，记为 1:1。例如，系和系主任之间存在一对一联系。

② 一对多联系（1:m）：如果对于实体集 A 中的每一个实体，实体集 B 中有多个实体与之联系；反之，对于实体集 B 中的每一个实体，实体集 A 中至多只有一个实体与之联系，则称实体集 A 与实体集 B 具有一对多联系，记为 1:m。例如，班级和学生之间存在一对多联系。

③ 多对多联系（m:n）：如果对于实体集 A 中的每一个实体，实体集 B 中有多个实体与之联系；反之，对于实体集 B 中的每一个实体，实体集 A 中也有多个实体与之联系，则称实体集 A 与实体 B 具有多对多联系，记为 m:n。例如，课程与学生之间存在多对多联系。

（2）概念模型的表示方法

概念模型的表示方法很多，最常用的是 Peter Chen 于 1976 年提出的实体—联系方法（Entity-Relationship Approach，E-R）。该方法使用 E-R 图描述信息世界的概念模型。

E-R 图的绘制包括以下 4 个步骤。

1）确定实体型：用矩形框表示实体型，框内标明实体名。

2）确定属性：用椭圆框表示属性，框内标明属性名，通过无向边连到相关实体型或联系。

3）确定联系：用菱形框表示，框内标明联系名，通过无向边（或有向边）连到参与联系的每个实体型，并在无向边上标明联系的类型（1:1、l:n 或 m:n）。

4）确定键：用下画线在键上标明。

2．数据模型

数据模型由 3 个要素组成，分别是：数据结构、数据操作和数据的约束条件。

1）数据结构是对系统静态特性的描述，是数据库对象类型的集合。这些对象类型是数据库的组成成分，通常包含两类：一类是数据自身描述有关的对象，另一类是数据之间联系有关的对象。

2）数据操作是对系统动态特性的描述，是对数据库中各种对象的值允许执行的操作的集合。这些操作包含两类：一类是数据检索操作，另一类是数据更新（包括插入、删除、修改）操作。数据的约束条件是一组数据完整性规则的集合。

3）数据完整性规则是指数据及其联系所具有的制约和依赖规则，用于限定数据库状态以及状态的变化，以便保证数据的正确性、有效性及相容性。

根据数据结构中描述数据之间联系方式的不同，数据模型分为 3 种类型，分别是层次模型、网状模型和关系模型。

（1）层次模型

层次模型用树状结构来描述数据之间的联系。层次模型是数据库系统最早采用的数据模型，典型代表是 1968 年 IBM 公司的 IMS 数据库管理系统。

层次模型的数据结构由节点和连线组成，节点表示数据，连线表示数据之间的联系，层次模型的示意图如图 1-5 所示。

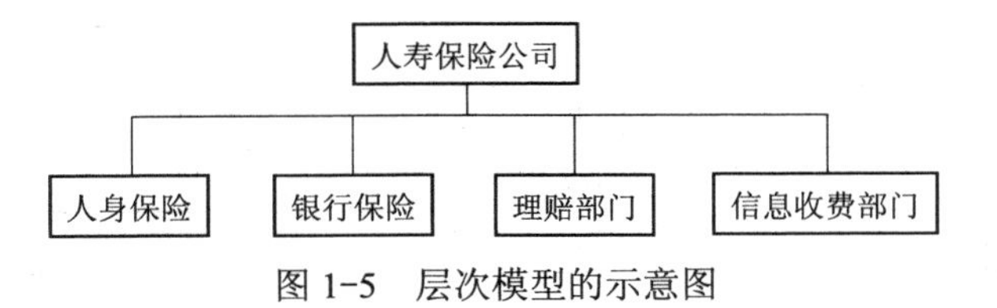

图 1-5　层次模型的示意图

层次模型具有以下两个特点：

1）有且只有一个节点没有双亲节点，这个节点称为根节点。

2）根节点以外的其他节点有且只有一个双亲节点。

从层次模型的示意图中可以看出，层次模型的优点是结构清晰，层次分明，便于描述数据之间一对多的联系；缺点是数据之间的多对多联系描述复杂，容易产生冗余数据。

（2）网状模型

网状模型用图状结构来描述数据之间的联系。网状模型能够直观地表示数据之间的非层次关系，典型代表是 20 世纪 70 年代研制的 DBTG 系统。

网状模型的数据结构由节点和有向连线组成，网状模型的示意图如图 1-6 所示。

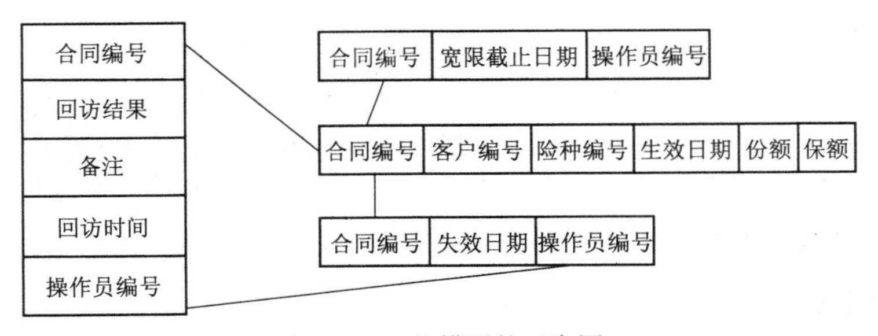

图 1-6　网状模型的示意图

网状模型具有以下 3 个特点：

1）允许多个节点没有双亲节点。

2）允许节点有多个双亲节点。

3）允许两个节点之间有多种联系。

从网状模型的示意图中可以看出，网状模型的优点是更直接地描述现实世界，易于反映数据之间的联系，避免了数据的冗余；缺点是数据之间的联系错综复杂，随着数据的增多，数据库的结构就变得相当复杂，不利于用户对数据进行维护。

（3）关系模型

关系模型用二维表来描述数据以及数据之间的联系。1970 年，IBM 公司的 E.F. Codd 提出了关系模型。它建立在严格的数学概念基础上，是目前最重要和最实用的一种数据模型。

关系模型的数据结构是二维表格。每一个二维表由行和列组成，每一行描述了一个对象的实例信息；每一列描述了对象的属性信息。关系模型的数据结构见表 1-1。

表 1-1　关系模型的数据结构

s_id	S_supertype	s_name
1	187	海尔
2	187	松下
3	187	长虹
4	187	康佳
5	187	海信
6	368	好太太
7	368	爱妻

从表 1-1 可以看出，关系模型的优点是数据结构简单、理论基础严密、数据与数据间的联系表示格式统一，便于描述数据间多对多的联系。

除了上述 3 种数据模型以外，面向对象数据模型作为新的数据模型正在研究和发展中。

1.1.3　数据完整性

关系数据完整性是对关系的某种约束条件。关系数据库提供了强大的完整性控制机制，允许定义 3 种类型的完整性：实体完整性、参照完整性和用户定义完整性。其中，实体完整性和参照完整性是关系必须满足的约束条件，由关系数据库自动支持。

1. 实体完整性

实体完整性规则：若属性（或属性组）A 是关系 R 的主属性，则属性 A 不能取空值。

实体完整性对关系的主键进行了约束限制，它规定不仅主键整体不能取空值，而且所有的主属性都不能取空值。例如，选修（学号，课程号，成绩）中，“学号”、“课程号”两个属性都不能取空值，而不仅仅是整体不能取空值。

2. 参照完整性

参照完整性规则：若属性（或属性组）F 是关系 R（R 称为参照关系）的外键，F 与关系 S（S 称为被参照关系）的主键 K 相对应，则对于 R 中每个元组在 F 上的分量值必须满足：

1）或者取空值（F 的每个属性值都为空）。

2）或者等于 S 中某个元组的主键值。

参照完整性对关系的外键进行了约束限制。例如，班级关系和学生关系，学生关系中每个元组的外键“所属班号”只能取两类值：所属班号取空值，说明尚未给该元组表示的学生分配班级；所属班号取班级关系中某个元组的“班号”属性值，说明学生分配到了某个已经存在的班级中。如果所属班号未取上述两类值，说明学生分配到了某个不存在的班级中，这在现实世界的实际情况中是不存在的。

3．用户定义完整性

用户定义完整性是针对关系数据库中的具体数据所设置的约束条件。例如，学生关系中，“性别”属性的取值范围限制为（男，女）。

1.1.4　关系型数据库范式理论

范式是遵循一定规则的规范化的关系模式，关系数据库中的关系必须满足不同级别的范式。目前有 6 种范式：第一范式（1NF）、第二范式（2NF）、第三范式（3NF）、Boyce-Codd 范式（BCNF）、第四范式（4NF）和第五范式（5NF）。一个关系满足的范式越高，数据冗余度就越低，性能就越高。在实际的数据库应用中，通常要求关系满足 3NF。

1）1NF：如果一个关系模式 R 的所有属性都是不可再分的基本数据项，则称 R 是第一范式，记为 R∈1NF。lNF 是对关系模式的最基本的要求，不满足 lNF 的数据库不能称为关系数据库。

2）2NF：如果关系模式 R∈1NF，并且每一个非主属性都完全函数依赖于 R 的主键，则称 R 是第二范式，记为 R∈2NF。

3）3NF：如果关系模式 R∈2NF，并且每一个非主属性都不传递函数依赖于 R 的主键，则称 R 是第三范式，记为 R∈3NF。

关系规范化的过程是通过对关系模式的无损分解实现的，即将低一级的关系模式分解为若干个高一级的关系模式，并要求分解后的关系模式集合与原关系模式等价。

例 1-1　将学生情况关系规范化为 3NF。

1）学生情况∈1NF。

2）判断学生情况关系是否是 2NF。由于关系中存在姓名、性别、所属系号和宿舍楼号对主键（学号，课程号）的部分函数依赖，所以学生情况关系不是 2NF。

3）将学生情况关系分解为两个关系模式：

① 学生情况 1（学号，姓名，性别，所属系号，宿舍楼号）∈2NF。

② 学生情况 2（学号，课程号，成绩）∈2NF。

4）判断学生情况 1、学生情况 2 关系是否是 3NF。由于学生情况 1 关系中存在宿舍楼号对主键学号的传递函数依赖，所以学生情况 1 关系不是 3NF；学生情况 2∈3NF。

5）将学生情况 1 关系分解为两个关系模式：

① 学生情况 11（学号，姓名，性别，所属系号）∈3NF。

② 学生情况 12（所属系号，宿舍楼号）∈3NF。

6）学生情况关系无损分解为 3 个满足 3NF 的关系模式，消除了插入异常、删除异常、数据冗余和更新异常问题，实现了关系规范化。规范化的 3 个关系模式如下：

① 学生情况 11（学号，姓名，性别，所属系号）。

② 学生情况 12（所属系号，宿舍楼号）。

③ 学生情况 2（学号，课程号，成绩）。

1.1.5　数据库设计方法

1．数据库的设计任务与内容

数据库的设计任务是在 DBMS 的支持下，按照应用的要求，为某一部门或组织设计一个结构合理、使用方便和效率较高的数据库及其应用系统。

数据库设计应包含两方面的内容：一是结构设计，也就是设计数据库框架或数据库结构；二是行为设计，即设计应用程序、事务处理等。

2. 数据库的设计方法

目前，常用的各种数据库设计方法都属于规范化设计法，即都是运用软件工程的思想与方法，根据数据库设计的特点，提出了各种设计准则与设计规程。这种工程化的规范设计方法也是在目前技术条件下设计数据库最实用的方法。

在规范设计法中，数据库设计的核心与关键是数据库逻辑结构设计和数据库物理结构设计。数据库逻辑结构设计是根据用户要求和特定数据库管理系统的具体特点，以数据库设计理论为依据，设计数据库的全局逻辑结构和每个用户的局部逻辑结构。数据库物理结构设计是在逻辑结构确定之后，设计数据库的存储结构及其他实现细节。

3. 数据库的设计步骤

需求分析：需求分析的结果是否准确地反映了用户的实际要求，将直接影响到后面各个阶段的设计，并影响到设计结果是否合理和实用。

概念结构设计：在将现实世界需求转化为机器世界的模型之前，先以一种独立于具体数据库管理系统的逻辑描述方法来描述数据库的逻辑结构，即设计数据库的概念结构。

逻辑结构设计：抽象的概念结构转换为所选用的DBMS支持的数据模型，并对其进行优化。

数据库物理设计：逻辑数据模型选取一个最适合应用环境的物理结构。之后，在数据库实施阶段，设计人员运用DBMS提供的数据语言及其宿主语言，根据物理设计的结果建立数据库。

1.1.6 数据库设计的工程思想

通过分析、比较与综合各种常用的数据库规范设计方法，我们将数据库设计分为6个阶段，如图1-7所示。

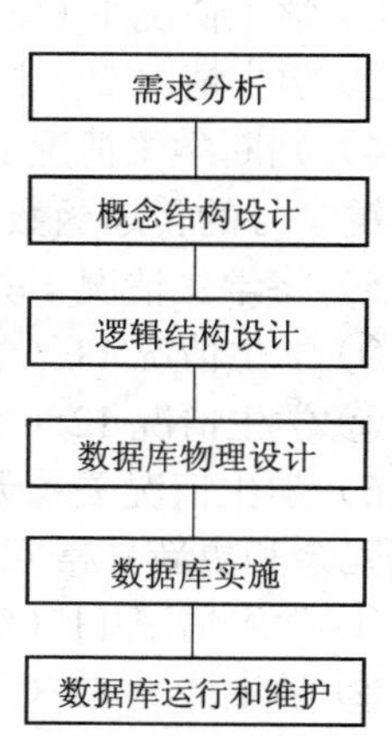

图1-7 数据库设计的步骤

1. 需求分析

进行数据库设计首先必须准确了解与分析用户需求（包括数据与处理）。需求分析是整个设计过程的基础，是最困难、最耗费时间的一步。需求分析的结果是否准确地反映了用户的实际要求，将直接影响到后面各个阶段的设计，并影响到设计结果是否合理和实用。

2. 概念结构设计

准确抽象出现实世界的需求后，下一步应该考虑如何实现用户的这些需求。由于数据库逻辑结构依赖于具体的DBMS，直接设计数据库的逻辑结构会增加设计人员对不同数据库管理系统的数据库模式的理解负担，因此在将现实世界需求转化为机器世界的模型之前，我们先以一种独立于具体数据库管理系统的逻辑描述方法来描述数据库的逻辑结构，即设计数据库的概念结构。概念结构设计是整个数据库设计的关键。

3. 逻辑结构设计

逻辑结构设计是将抽象的概念结构转换为所选用的 DBMS 支持的数据模型，并对其进行优化。

4. 数据库物理设计

数据库物理设计是为逻辑数据模型选取一个最适合应用环境的物理结构（包括存储结构和存取方法）。

5. 数据库实施

在数据库实施阶段，设计人员运用 DBMS 提供的数据语言及其宿主语言，根据逻辑设计和物理设计的结果建立数据库，编制与调试应用程序，组织数据入库，并进行试运行。

6. 数据库运行和维护

数据库应用系统经过试运行后即可投入正式运行。在数据库系统运行过程中必须不断地对其进行评价、调整与修改。

设计一个完善的数据库应用系统，往往是这 6 个阶段不断反复的过程。

在数据库设计过程中必须注意以下问题：

1）数据库设计过程中要注意充分调动用户的积极性。用户的积极参与是数据库设计成功的关键因素之一。用户最了解自己的业务，最了解自己的需求，用户的积极配合能够缩短需求分析的进程，帮助设计人员尽快熟悉业务，更加准确地抽象出用户的需求，减少反复，也使设计出的系统与用户的最初设想更接近。同时用户参与意见，双方共同对设计结果承担责任，也可以减少数据库设计的风险。

2）应用环境的改变、新技术的出现等都会导致应用需求的变化，因此设计人员在设计数据库时必须充分考虑到系统的可扩充性，使设计易于变动。一个设计优良的数据库系统应该具有一定的可伸缩性，应用环境的改变和新需求的出现一般不会推翻原设计，不会对现有的应用程序和数据造成大的影响，而只是在原设计基础上做一些扩充即可满足新的要求。

3）系统的可扩充性最终都是有一定限度的。当应用环境或应用需求发生巨大变化时，原设计方案可能终将无法再进行扩充，必须推倒重来，这时就会开始一个新的数据库设计的生命周期。但在设计新数据库应用的过程中，必须充分考虑到已有应用，尽量使用户能够平稳地从旧系统迁移到新系统。

1.1.7 任务实施

数据库设计是指根据给定的应用环境和用户的需求，构造最佳的数据模型，选择合适的数据库管理系统和开发工具，建立数据库并开发应用系统的过程。

本书采用“商场货物管理系统”作为数据库设计实例贯穿本书。

1. 需求分析

1）信息需求。商场货物管理系统以货物为主要处理对象，同时需要对货物的基本信息进行管理。

① 货物信息：p_type、p_id、p_name、p_price、p_quantity、p_image 等。

② 客户信息：c_name、c_pass、c_header、c_phone、c_question、c_answer 等。

③ 主要类型表信息：t_id、p_type。

④ 付账信息：pay_id、pay_payment、pay_msg。

2）处理需求。商场货物管理系统面向操作员和客户两类用户。

2. 概念结构设计

根据需求分析构建商场货物管理系统的 E-R 图。为了描述清晰，将部分实体及属性、实体及联系用 E-R 图表示，如图 1-8 所示。

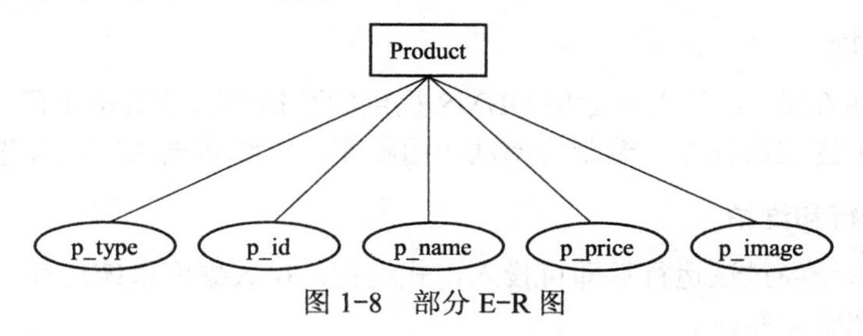

图 1-8 部分 E-R 图

3. 逻辑结构设计

1）E-R 图转换为关系模式。根据 E-R 图转换为关系模式的原则，商场货物管理系统共包含 8 个关系，分别是：

Product (p_type, p_id, p_name, p_price, p_image)

Customer (c_name, c_pass, c_header, c_phone, c_question, c_answer, c_address)

demo (name, pass, mail, phone)

Idea (id, c_name, c_header, new_message, re_message, new_time, re_time)

main_type (t_id, p_type)

Notice (n_id, n_message, n_admin, n_header, n_time)

Orders (order_id, order_payment, order_address, order_email, order_user, order_time)

payment (pay_id, pay_payment, pay_msg)

2）关系规范化。根据关系规范化理论，上述 8 个关系都是 3NF。

1.2 工作任务 2：学习使用 SQL Server 2008

➘ 任务描述与目标

1. 任务描述

本节主要介绍 Microsoft SQL Server 2008 中的一些新的特性、优点和功能，读者需要掌握 SQL Server 2008 数据库的基本架构与工作原理。

2. 任务目标

1）了解 SQL Server 2008 的产品概况及其新增的功能。

2）掌握 SQL Server 2008 的安装要求以及安装过程。

3）掌握 SQL Server 2008 的配置和管理。

4）熟悉使用 SQL Server 2008 的常用管理工具。

1.2.1 SQL Server 2008 数据库系统简介

1. SQL Server 2008 基本概况

SQL Server 2008 在 Microsoft 的数据平台上发布，用户可以应用它随时随地管理任何数据。它可以将结构化、半结构化和非结构化文档的数据（如图像和音乐）直接存储到数据库中。SQL Server 2008 提供一系列丰富的集成服务，可以对数据进行查询、搜索、同步、报告和分析之类的操作。数据可以存储在各种设备上，从数据中心的大型服务器一直到个人计算机，不管数据存储在哪里，用户都可以直接控制和管理。

SQL Server 2008 不仅允许用户在使用 Microsoft .NET 和 Visual Studio 等编程软件开发的自定义应用程序中使用数据，而且允许用户在面向服务的架构（SOA）和通过 Microsoft BizTalk Server 进行的业务流程中使用数据。信息工作人员可以通过他们日常使用的工具（如 Microsoft Office 2007 系统）直接访问数据。SQL Server 2008 提供一个可信、高效的智能数据平台，可以满足用户的所有数据需求。目前，SQL Server 2008 拥有以下版本：

1）Enterprise（x86、x64 和 IA64）服务器版。

2）Standard（x86 和 x64）服务器版。

3）SQL Server 2008 Developer（x86、x64 和 IA64）专业版。

4）Workgroup（x86 和 x64）专业版。

5）Web（x86、x64）专业版。

6）SQL Server Express（x86 和 x64）专业版。

7）SQL server Express with Advanced Services（x86 和 x64）专业版。

8）Compact 3.5 SPl&Compact 3.1（x86）专业版。

2. SQL Server 2008 新增功能

（1）MERGE语句

Microsoft SQL Server 2008 包含用于合并两个行集（rowset）数据的新句法。

根据一个源数据表对另一个数据表进行确定性的插入、更新和删除等复杂操作，运用新的 MERGE 语句，开发者只需使用一条命令就可以完成。

（2）传递表值参数

表值参数表示用户可以把一个表类型作为参数传递到函数或存储过程中。利用更高级的表值参数的功能，用户可以向被声明为 T-SQL 变量的表中导入数据，然后把该表作为一个参数传递到存储过程或函数中去。表值参数的优点在于用户可以向存储过程或函数发送多行数据，而无需像以前那样必须声明多个参数或者使用 XML 参数类型来处理多行数据。

（3）新增数据类型

Microsoft SQL Server 2008 新增了一些用户可以自行开发的新数据类型，包括 date 和 time 数据类型，同时也包括了 hierarchyid 系统数据类型。

日期系统数据类型 datetime2 可以精确到 100ns（纳秒），可以通过使用 datetime2(n)选择要精确到的小数位。

text、ntext 和 image 数据类型有一些潜在的变化。在 SQL Server 2008 中，当数据被写到一个 text、ntext 或者 image 数据类型当中时，如果数据比 8000B（字节）少时（对于 ntext 来说是 4000B，对于 text 和 image 是 8000B 数据会被存储在行中，如果数据长度超出上述限制值，就需要一个数据指针，将数据存储在一个单独的数据页中。

（4）报表服务

Microsoft SQL Server 2008 报表服务提供了完全基于服务器的平台，还提供了完整的企业报表生命周期，使得企业可以在企业内部给需要的地方发送相关的信息。

（5）声明管理框架

SQL Server 2008 引入了声明管理框架（Declarative Management Framework，DMF），一个为 SQL Server 2008 数据库引擎设计的基于策略的新型管理架构；基于策略的管理，有效改善了数据库性能。DMF 是用来在一个网内管理一个或多个 SQL Server 实例的基于策略的系统。它通过利用 SQL Server Management Studio 创建用以管理服务器实体的策略，能够让用户强制执行系统配置策略。

使用 DMF 来应用策略非常简单。用户可以很容易地选择一个或多个接受管理的目标数据库，也可以直接检查这些目标数据库是否遵从了某种策略，或直接强制目标数据库遵从这个策略。这些操作都可以在 GUI 控制台内执行，通常只需要花几分钟的时间就能制定和执行这些操作。

（6）综合数据的可编程性

数据可编程性平台为开发者提供了一个综合的编程框架、Web Services和数据连接技术来有效地访问和管理异构数据。Microsoft SQL Server 2008是一个综合数据可编程性平台的核心，这个平台使得用户可以访问和操纵企业中许多不同的设备、平台和数据服务，从而获得的关键业务数据。

通过将框架、数据连接技术、编程语言、Web Services、开发工具和数据无缝集成，提高了开发人员的工作效率，具体表现在以下几个方面：

1）使用 ADO.NET Entity Framework 开发下一代以数据为中心的应用程序。

2）使用 LINQ 改革数据访问查询。

3）通过 Visual Studio 来使用数据可编程性技术。

4）在 SQL Server 2008 中存储任何类型的数据。

5）利用广泛的数据连接技术。

（7）数据仓库平台

SQL Server 2008 提供了一个全面和可扩展的数据仓库平台，使得用户可以更快地将数据整合到数据仓库中，衡量和管理不断增长的数据和用户的空间，同时使所有的用户具有洞察力。通过提高数据的及时性，整合用户所有的系统和校验数据，同时降低用户的 IT 部门的负担，从而使用户能够对商业全面掌握，具体表现在以下几个方面：

1）快速建立数据仓库。

2）加强数据整合。

3）轻松管理数据。

4）企业可扩展性。

5）降低管理费用。

6）改进可视化开发。
7）集中和合并监控。
8）增强可管理性。
9）高级的分析能力。
10）丰富的可视化和协作能力。
11）使用复制在企业中发送数据。

1.2.2 SQL Server 2008 的安装

SQL Server 2008 安装向导基于 Windows Installer 组件。安装向导提供一个功能树以安装所有 SQL Server 2008 组件，包括：

1）数据库引擎。
2）Analysis Services。
3）Reporting Services。
4）Integration Services SQL Server 2008 数据库程序设计。
5）管理工具。
6）连接组件。
7）示例数据库、示例和 SQL Server 联机丛书。

注意：对于本地安装，必须以管理员身份运行安装程序。如果从远程共享安装 SQL Server，则必须使用对远程共享具有读取和执行权限的域账户。

1. SQL Server 2008 安装要求

1）SQL Server 2008 的 32 位和 64 位版本的安装要求。

① Microsoft 建议用户在使用 NTFS 文件格式的计算机上运行 SQL Server 2008，但针对升级到 SQL Server 2008 的情况，不阻止使用 FAT32 文件系统。

② SQL Server 安装程序会阻止在只读或压缩驱动器上进行安装。

③ SQL Server 不安装.NET Framework 3.5 软件开发工具包（SDK）。但是，此 SDK 包含在将. NET Framework 用于 SQL Server 开发时可以使用的工具中。用户可以从.NET Framework 网站下载.NET Framework SDK。

④ 在 SQL Server 2008 安装过程中重新启动计算机的要求：安装.NET Framework 需要重新启动操作系统。如果安装 Windows Installer 组件也需要重新启动操作系统，则安装程序将等到.NET Framework 和 Windows Installer 组件安装完成后，才进行重新启动。

2）安装框架。

① NET Framework 3.5。
② SQL Server Native Client。
③ SQL Server 安装程序支持文件。

3）软件支持。

SQL Server 2008 安装程序需要使用 Microsoft Windows Installer 4.5 或更高版本以及 Microsoft 数据访问组件（MDAC）2.8 SPl 或更高版本。安装所需组件之后，SQL Server 安装程序将验证要安装 SQL Server 2008 的计算机是否也满足成功安装所需的所有其他要求。

4）支持的操作系统都具有内置网络软件。独立的命名实例和默认实例支持以下网络协议。

① Shared Memory。

② Named Pipes。

③ TCP/IP。

④ VIA。

5）硬盘空间要求。安装 SQL Server 2008 的各组件所需硬盘空间容量如下：

① 数据库引擎和数据文件、复制以及全文搜索需要 280MB。

② Analysis Services 和数据文件需要 90MB。

③ Reporting Services 和报表管理器需要 120MB。

④ Integration Services 需要 120MB。

⑤ 客户端组件需要 850MB。

⑥ SQL Server 联机丛书和 SQL Server Compact 联机丛书需要 240MB。

6）显示器要求。SQL Server 2008 图形工具需使用 VGA 或更高分辨率，分辨率至少为 1024 像素×768 像素。

2. SQL Server 2008 安装过程

SQL Server 2008 安装向导提供了一个功能树，用来安装所有 SQL Server 组件，包括计划、安装、维护、工具、资源、高级和选项等功能。各功能选项中所包含的内容以及安装步骤如下：

1）插入 SQL Server 安装光盘，系统自动引导进入安装中心，如图 1-9 所示。选择“安装”→“全新 SQL Server 独立安装”命令。

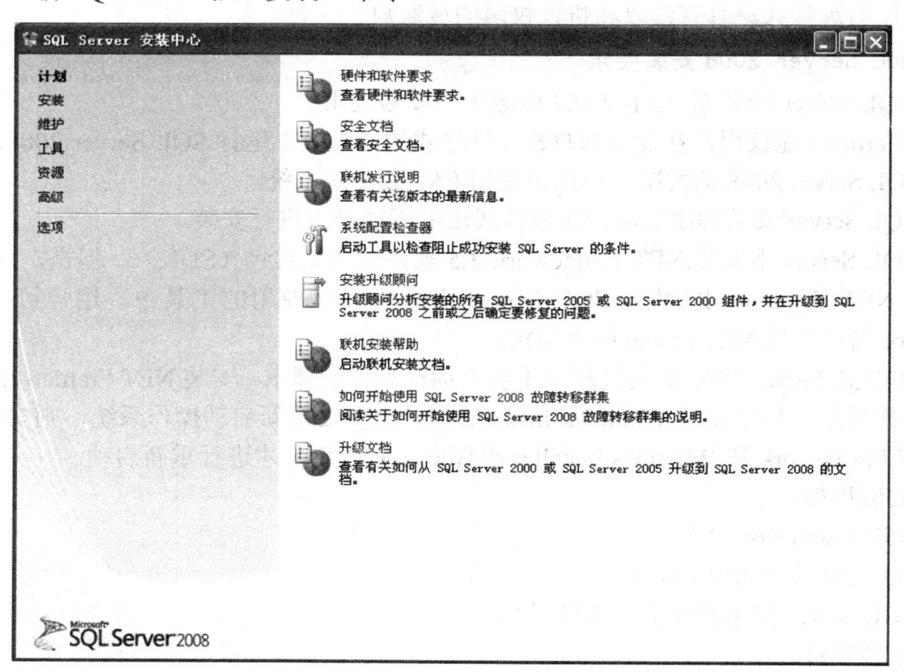

图 1-9　SQL Server 2008 安装中心

2）系统自动执行安装程序支持规则，检查系统安装所需环境。如果出现“Microsoft .NET Framework 3.5 SP1 安装程序”对话框，则选中相应的单选框以接受.NET Framework 3.5 许可协议。单击“安装”按钮。当.NET Framework 3.5 的安装完成后，单击“完成”按钮。

3）Windows Installer 4.5 也是必须安装的，并且可以由安装向导进行安装。如果系统提示需重新启动计算机，则重新启动计算机通过安装程序支持规则检验，如图 1-10 所示。

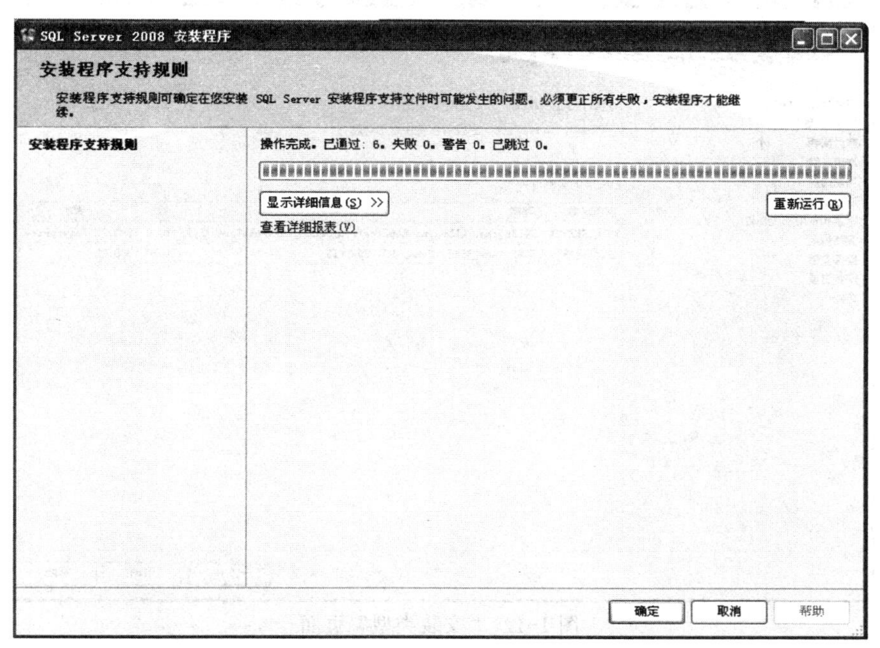

图 1-10　SQL Server 2008 安装支持规则

4）单击“确定”按钮，打开“安装程序支持文件”页面，如图 1-11 所示。

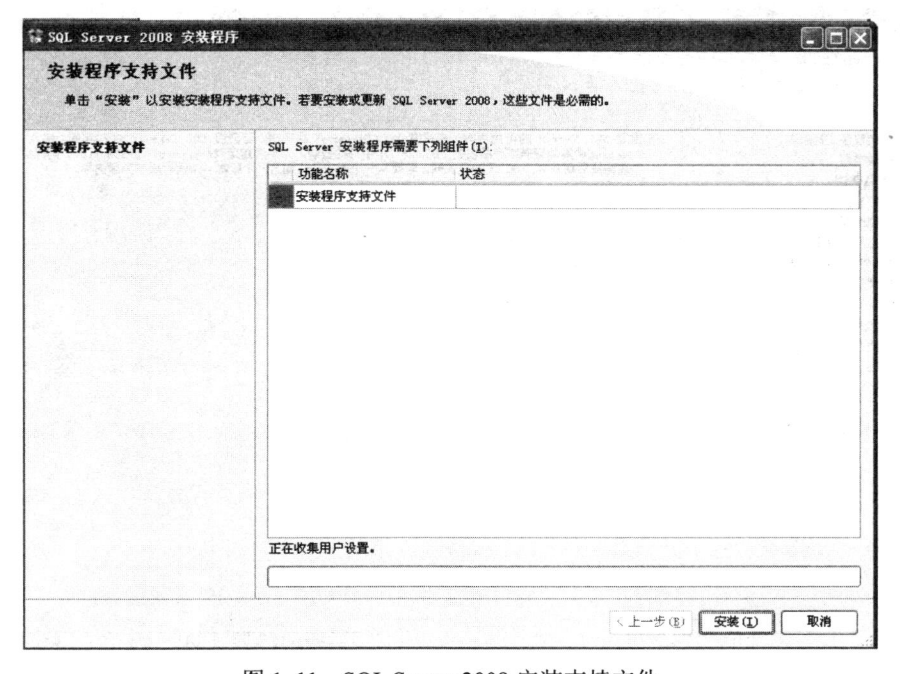

图 1-11　SQL Server 2008 安装支持文件

5）单击“安装”按钮，打开“安装类型”页面，选择“执行 SQL Server 2008 的全新安装”项，如图 1-12 所示。

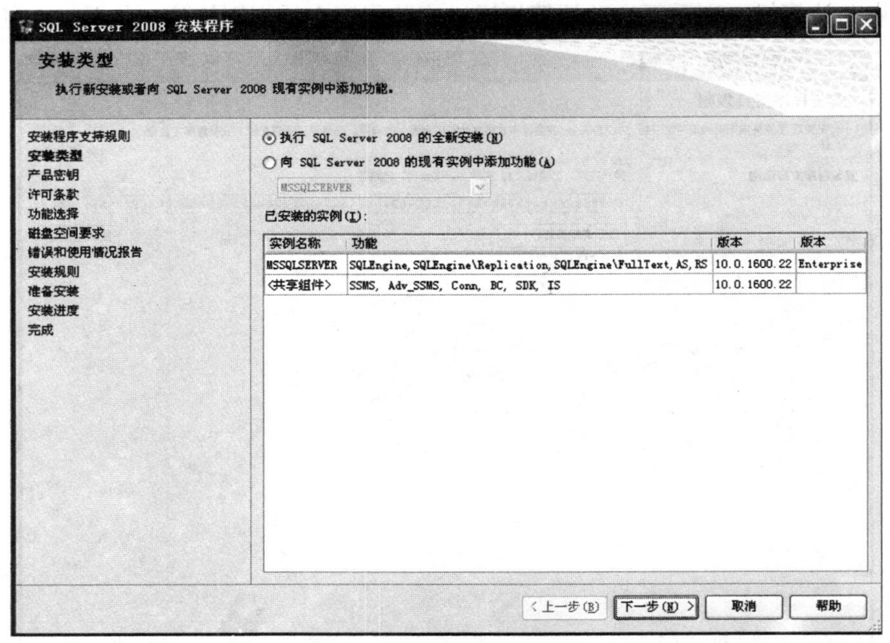

图 1-12 “安装类型”页面

6）单击“下一步”按钮，进入“产品密钥”页面，根据实际情况是安装具有 PID 密钥产品的生产版本还是指定安装免费版本的 SQL Server，选择相应的单选按钮，如图 1-13 所示。

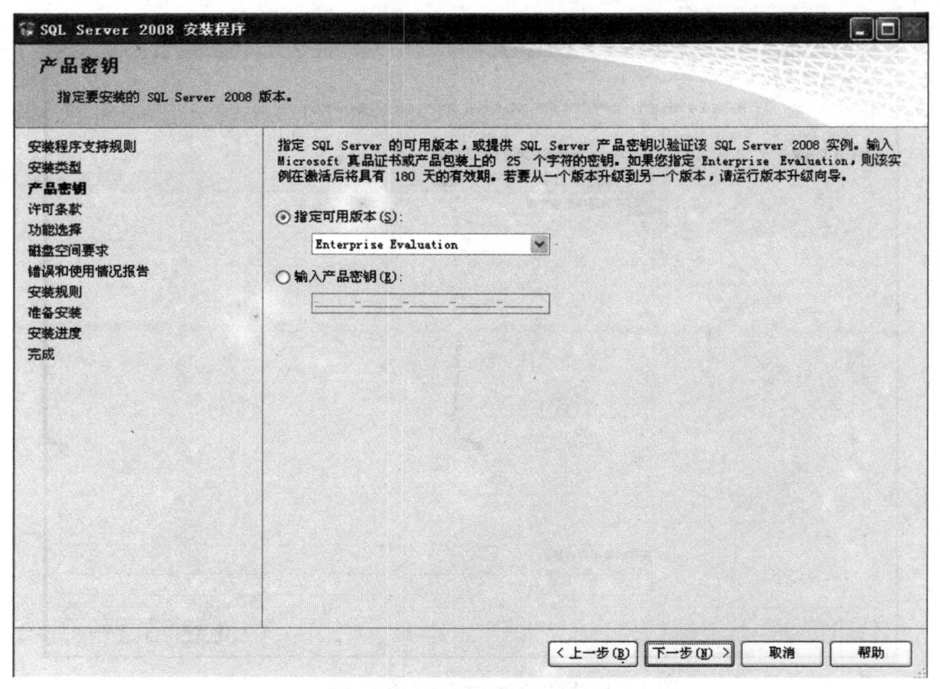

图 1-13 “产品密钥”页面

7）单击“下一步”按钮，打开“许可条款”页面，如图 1-14 所示。选择“我接受许可条款”复选框。

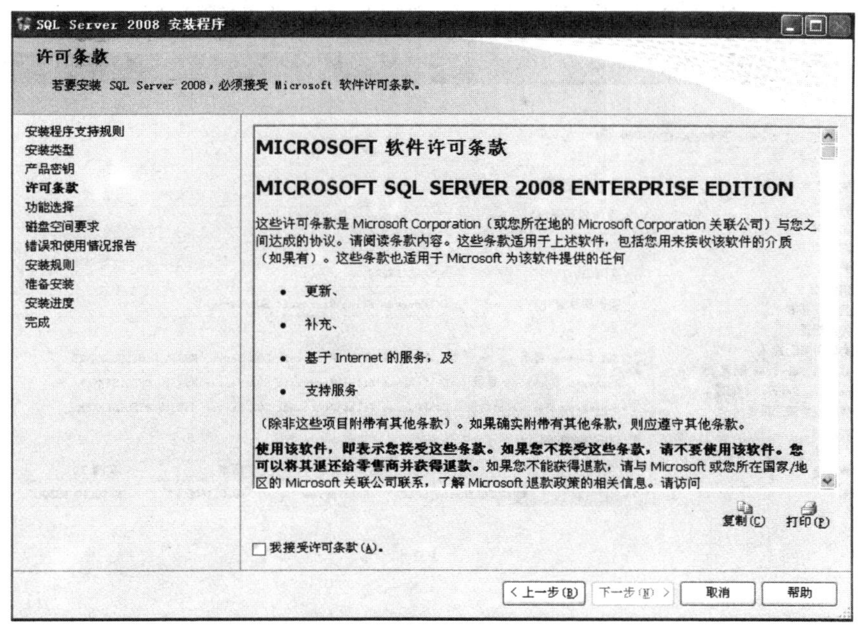

图 1-14　“许可条款”页面

8）单击“下一步”按钮，打开“功能选择”页面，如图 1-15 所示，选择要安装的组件。若要更改共享组件的安装路径，修改该对话框底部字段中的路径名，或单击右侧“浏览”按钮选择所需的安装目录。

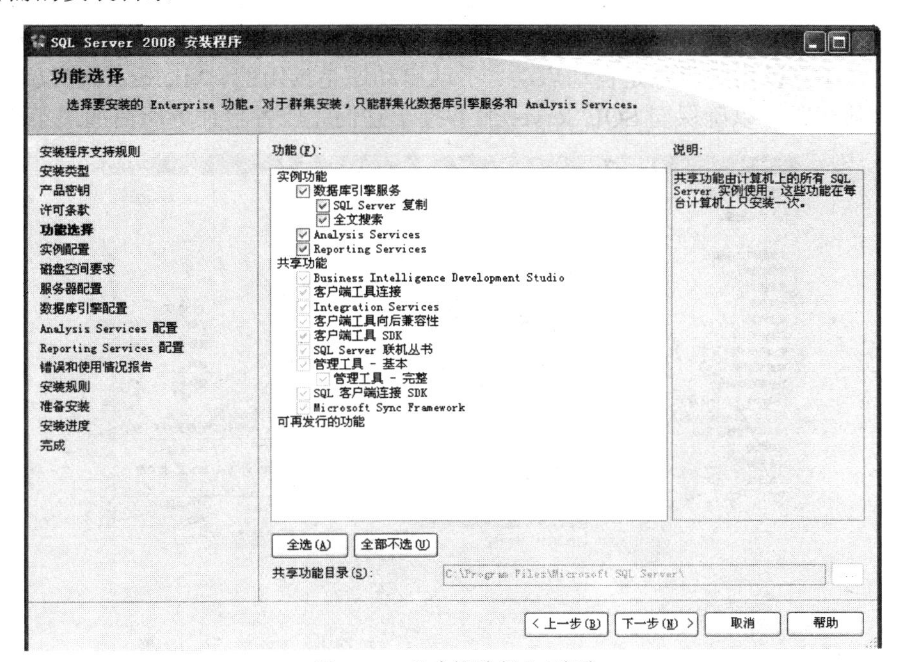

图 1-15　“功能选择”页面

9）单击“下一步”按钮，打开“实例配置”页面，可以指定是创建 SQL Server 的默认实例还是命名实例，如图 1-16 所示。单击“下一步”按钮，打开“磁盘空间要求”页面，计算指定的功能所需的磁盘空间，然后将所需空间与可用磁盘空间进行比较。

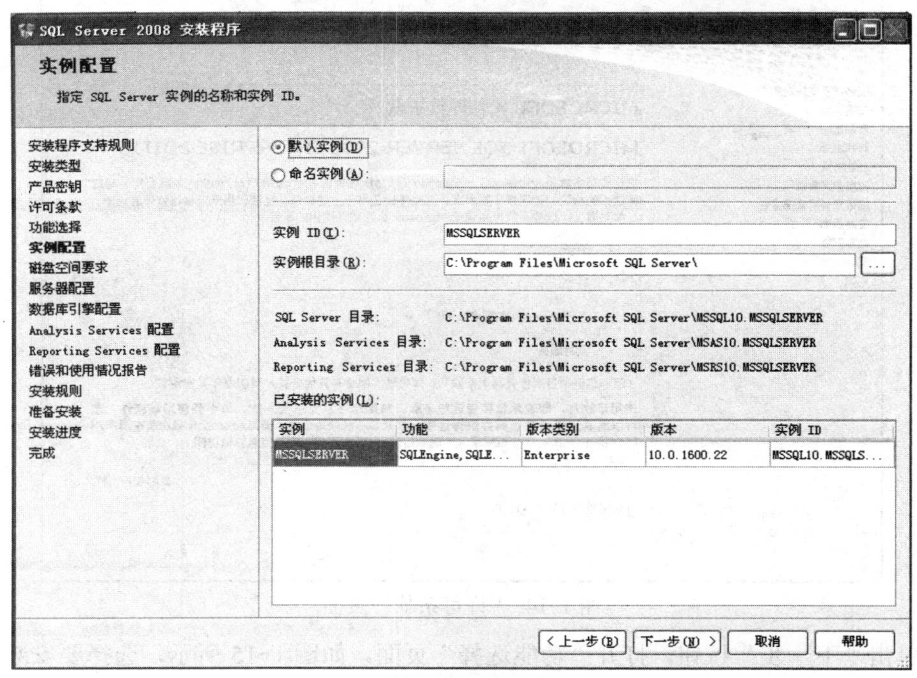

图 1-16 “实例配置”页面

10）单击“下一步”按钮，打开“服务器配置”页面，如图 1-17 所示，为 SQL Server 服务分配登录账户。可以为所有的 SQL Server 服务分配相同的登录账户，也可以分别配置各个服务账户，还可以指定服务是自动启动、手动启动还是禁用的。Microsoft 建议对各个服务账户进行单独配置，以确保向 SQL Server 服务授予它们完成各自任务所需的最小权限。

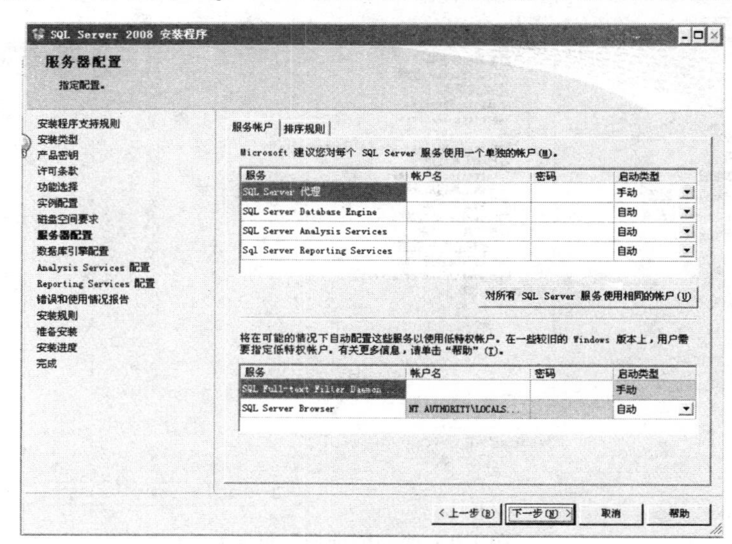

图 1-17 “服务器配置”页面

11）单击“下一步”按钮，打开“数据库引擎配置”页面，如图 1-18 所示。

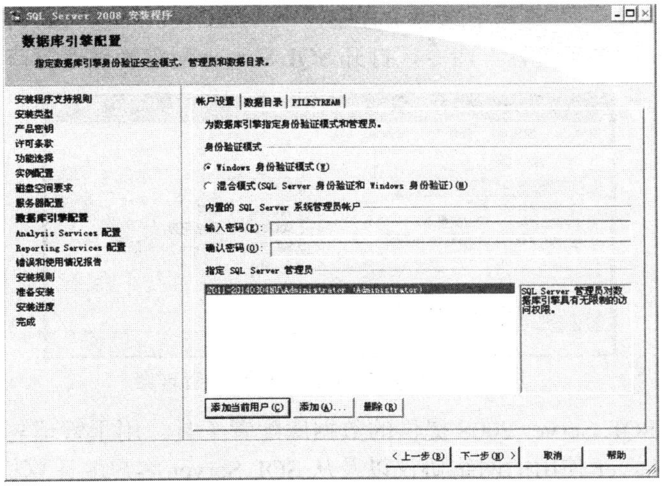

图 1-18 “数据库引擎配置”页面

12）单击“下一步”按钮，打开“准备安装”页面。显示用户在安装过程中指定的安装选项的树视图。若要继续，单击“安装”按钮。在安装过程中，“安装进度”页面会提供相应的状态，因此可以在安装过程中监视安装进度，如图 1-19 所示。

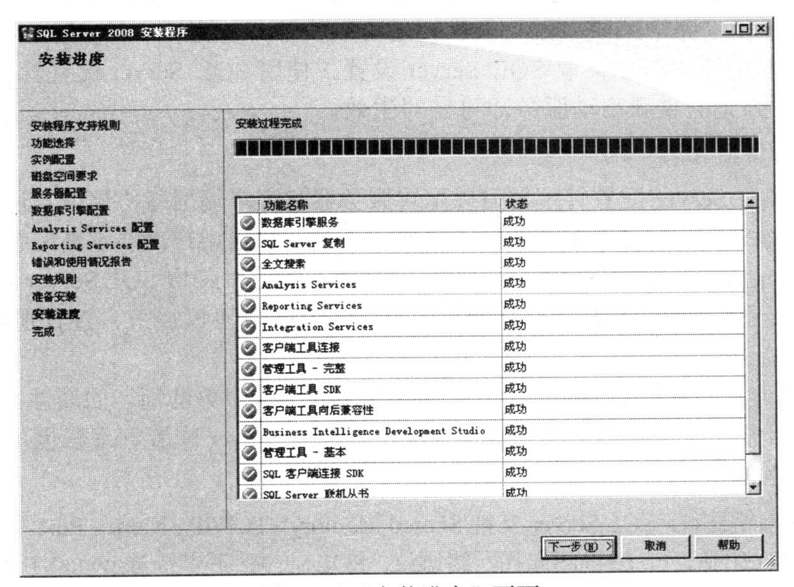

图 1-19 “安装进度”页面

13）单击“下一步”按钮，直至出现“完成”页面，完成整个安装过程。安装完成后，“完成”页会提供指向安装日志文件摘要以及其他重要说明的链接。

1.2.3 SQL Server 2008 配置和管理

SQL Server 2008 提供了很多实用的管理和开发工具，使用它们可以方便地对数据库进行管理和维护。

1. 配置管理器

在 Windows 的“开始”菜单中选择“程序”→“Microsoft SQL Server 2008”→“配置工具”→“SQL Server 配置管理器”命令，打开 SQL Server 配置管理器窗口，如图 1-20 所示。

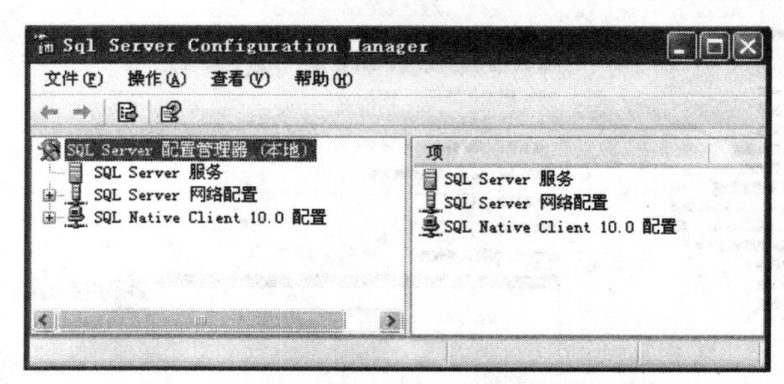

图 1-20　SQL Server 2008 配置管理器

配置管理器是 SQL Server 2008 提供的数据库配置工具，用于管理与 SQL Server 相关联的服务，配置 SQL Server 使用的网络协议以及从 SQL Server 客户端计算机管理的网络连接配置。具体功能包括：

1）管理服务。使用 SQL Server 配置管理器可以启动、暂停、恢复或停止 SQL Server 服务，还可以查看或更改服务属性。

2）更改服务使用的账户。使用 SQL Server 配置管理器可以更改 SQL Server 或 SQL Server Agent 使用的账户或更改账户密码，还可以执行其他配置，如在 Windows 注册表中设置权限以使新的账户可以读取 SQL Server 设置。使用 SQL Server 配置管理器、SMO 和 WMI 更改的密码无需重新启动服务即可立即生效。

3）管理服务器和客户端网络协议。

① 使用 SQL Server 配置管理器可以配置服务器和客户端网络协议以及连接选项。启用正确协议后，通常不需要更改服务器网络连接。但是，如果用户需要重新配置服务器连接，以使 SQL Server 侦听特定的网络协议、端口或管道，则可以使用 SQL Server 配置管理器。

② 可以管理服务器和客户端网络协议，其中包括强制协议加密、查看别名属性或启用/禁用协议等功能。

③ 可以创建或删除别名、更改使用协议的顺序或查看服务器别名的属性。虽然某些操作（如启动和停止服务）应使用群集管理器，但使用 SQL Server 配置管理器也可以查看有关故障转移群集实例的信息。

④ 可用的网络协议。SQL Server 支持 Shared Memory、TCP/IP、Named Pipes 以及 VIA 协议。有关选择网络协议的信息，请参阅选择网络协议。SQL Server 不支持 Banyan VINES 顺序包协议（SPP）、多协议、AppleTalk 或 NWLink IPX/SPX。以前使用这些协议连接的客户端必须选择其他协议才能连接到 SQL Server，不能使用 SQL Server 配置管理器来配置 WinSock 代理。

2. SQL Server Management Studio 应用

SQL Server Management Studio 是一个集成环境，是 SQL Server 2008 数据库系统中最重要的管理工具，是数据库管理的中心，用于访问、配置、管理和开发 SQL Server 的所有组件。SQL Server Management Studio 组合了大量图形工具和丰富的脚本编辑器，使各种技术水平的开发人员和管理员都能访问 SQL Server。

SQL Server Management Studio 将早期版本的 SQL Server 中所包含的企业管理器、查询分析器和 Analysis Manager 功能整合到单一的环境中。此外，SQL Server Management Studio 还可以和 SQL Server 的所有组件协同工作，如 Reporting Services、Integration Services 和 SQL Server Compact 3.5。开发人员可以获得熟悉的体验，而数据库管理员可获得功能齐全的单一实用工具，其中包含易于使用的图形工具和丰富的脚本撰写功能。

（1）打开SQL Server Management Studio

在 Windows 中依次选择“开始”→“程序”→“Microsoft SQL Server 2008”→“SQL Server Management Studio”命令，打开“连接到服务器”对话框，如图 1-21 所示。

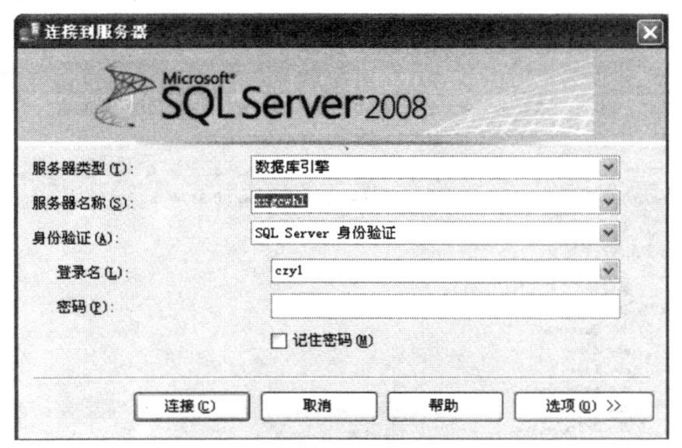

图 1-21　“连接到服务器”对话框

在对话框中选择服务器类型，输入服务器名称，然后选择身份验证模式。SQL Server 提供两种身份验证模式，即“Windows 身份验证”模式与“SQL Server 和 Windows 身份验证”模式。具体验证模式设置见 7.2 小节的“身份验证模式”。

选择完成后，单击“连接”按钮，打开“Microsoft SQL Server Management Studio”窗口，如图 1-22 所示。

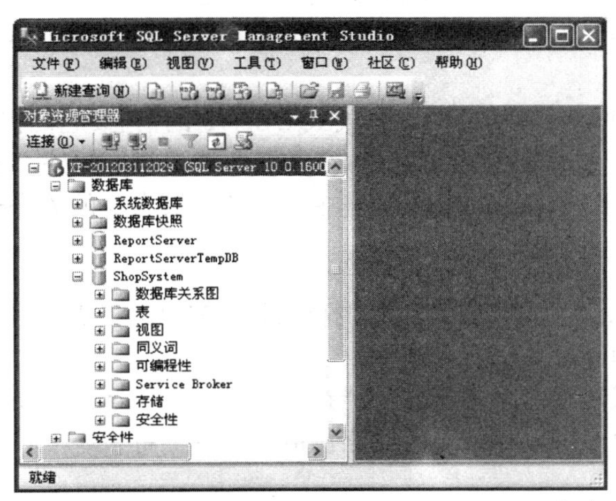

图 1-22　“Microsoft SQL Server Management Studio”窗口

（2）使用SQL Server Management Studio

这是一个标准的 Visual Studio 界面。默认情况下，窗口左侧是对象资源管理器，以树状结构显示数据库服务器及其中的数据库对象；窗口的右侧窗格中显示数据库对象的具体信息。

1）在对象资源管理器中展开“数据库”项，可以查看当前数据库服务器中包含的所有数据库，其中包括系统数据库和用户数据库。同样，展开一个数据库项，可以查看到数据库中包含的对象信息。

2）在 SQL Server Management Studio 中，还可以管理 Transact-SQL（简称 T-SQL）脚本。T-SQL 是 SQL Server 的数据库结构化查询语言。

单击工具栏中的“新建查询”图标，打开脚本编辑窗口，系统自动生成一个脚本的名称，如 SQLQueryl.sql。执行 SQL 语句通常要针对特定的数据库，在工具栏中有一个数据库组合框，默认的数据库为 master，可以从中选择当前脚本应用的数据库。

在编辑窗口中输入 SQL 语句，输入完成后单击工具栏中的“执行”按钮，可以执行 SQL 语句，在窗口的右下方将显示结果集，如图 1-23 所示。

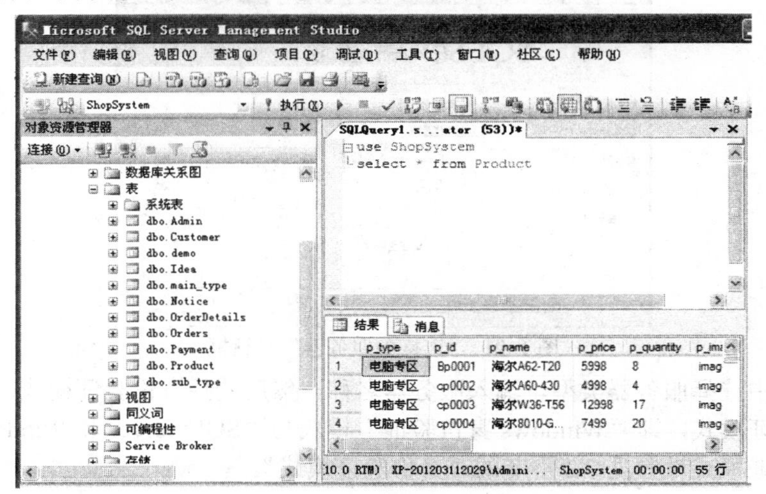

图 1-23　T-SQL 查询

3）在 SQL Server Management Studio 的菜单栏中选择“帮助”命令，分别单击“如何实现”、“搜索”、“目录”、“索引”或“帮助收藏夹”按钮，均可访问 SQL Server 2008 联机丛书以获取帮助。

“帮助”菜单以几种不同的途径提供有关SQL Server的信息。它还提供了对以前无法在“帮助”环境中使用的SQL Server社区和MSDN在线资源的访问。此外，还可以将“帮助”环境配置为在SQL Server Management Studio环境中启动或在其自身的关联外部窗口中启动。

3. 注册服务器

服务器是 SQL Server 数据库管理系统的核心，为客户端提供网络服务，使用户能够利用本地或远程访问和管理 SQL Server 数据库。

只有在注册本地或远程服务器后，才能在 SQL Server Management Studio 中管理这些服务器。注册服务器使用户可以存储服务器连接信息，以供将来连接时使用。在注册服务器时必须指定以下参数：

1）服务器的类型。在 Microsoft SQL Server 中，可以注册以下类型的服务器：SQL Server 数据库引擎、Analysis Services、Reporting Services、Integration Services 和 SQL Server Compact 3.5。

2）服务器的名称。

3）登录到服务器时使用的身份验证的类型。

4）指定用户名和密码。

在 SQL Server Management Studio 中注册服务器有以下 3 种方法：

1）在安装 SQL Server Management Studio 后首次启动它时，将自动注册 SQL Server 的本地实例。

2）随时启动自动注册过程来还原本地服务器实例的注册。

3）使用 SQL Server Management Studio 的“已注册的服务器”工具注册服务器。

新建服务器注册具体步骤如下：

1）在 SQL Server Management Studio 中选择“视图”→“已注册的服务器”命令，展开“数据库引擎”，右键单击“Central Management Servers（中央管理服务器）”项，然后选择“注册中央管理服务器”命令，如图 1-24 所示。

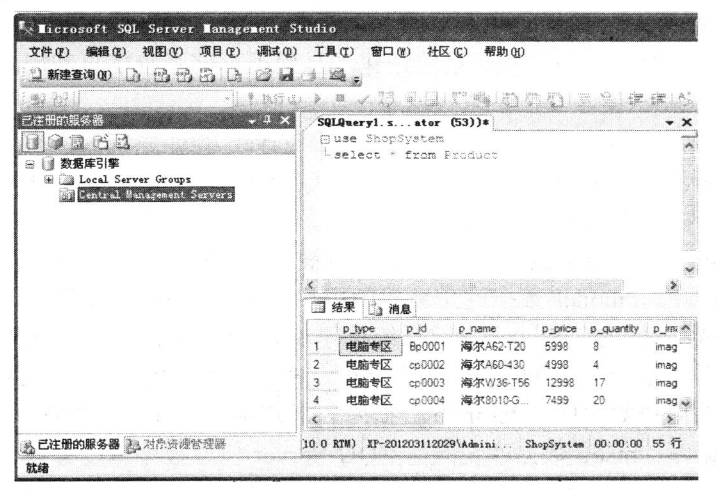

图 1-24　注册中央管理服务器

也可以选择“已注册的服务器”窗口→“管理服务器组”→“新建服务器注册”命令。在打开的“新建服务器注册”对话框中，注册要作为中央管理服务器的 SQL Server 实例，如图 1-25 所示。

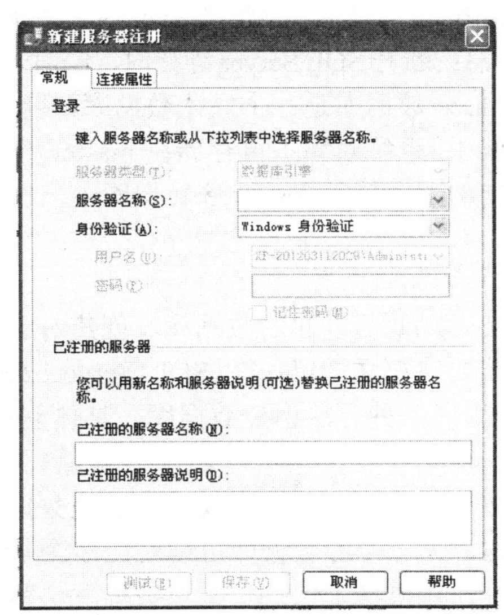

图 1-25　新建服务器注册

注意：在一个客户端上可以同时管理多个 SQL Server 服务器。为了方便管理，可以创建服务器组并将服务器放在不同的服务器组中，从而实现分类管理。

2）在“已注册的服务器”窗口中，右键单击管理服务器组，选择“新建服务器组”命令。键入组名称和说明，然后单击“确定”按钮，即可创建服务器组。

1.2.4 SQL Server 2008 数据库系统构成

1. SQL Server 2008 数据库的系统结构

SQL Server 2008 数据库由 3 种类型组成：系统数据库、用户数据库数和数据库快照。

（1）系统数据库

系统数据库由 SQL Server 2008 系统创建，是用于存储系统信息和用户数据库信息的数据库。SQL Server 2008 包含 5 个系统数据库：

1）master 数据库。master 数据库记录了 SQL Server 2008 系统的所有系统级信息。这些系统信息包括所有的登录信息、系统设置信息、SQL Server 2008 的初始化信息和其他系统数据库及用户数据库的相关信息。master 数据库是最重要的系统数据库，系统根据 master 数据库来管理其他数据库，一旦 master 数据库的信息被破坏，SQL Server 将无法启动。

2）model 数据库。model 数据库是新建的用户数据库和 tempdb 数据库的模板与原型。创建用户数据库或启动 SQL Server 引起系统重建 tempdb 数据库时，系统将 model 数据库中的内容复制到新的数据库中来创建数据库的第一部分，然后用空页填充新数据库的剩余部分。因此，新建的用户数据库与 tempdb 数据库，最初都与 model 数据库的内容完全相同。

3）msdb 数据库。msdb 数据库记录了 SQL Server 代理程序调度警报作业及记录操作员等信息。SQL Server 的代理程序按照系统管理员的设定监控数据的非法操作并发出警报，系统使用 msdb 数据库来存储警报以及计划、备份和恢复等相关信息。

4）tempdb 数据库。tempdb 数据库记录了连接于 SQL Server 系统的所有用户的临时数据库对象。当事务没有提交时，系统会产生临时对象，tempdb 数据库为所有的临时表、临时存储过程及其他临时操作提供了存储空间。每次启动 SQL Server 时，系统都会重建 tempdb 数据库，即该数据库中不存储任何临时信息；断开 SQL Server 连接时，临时表与存储过程自动被删除。

5）resource 数据库。resource 数据库是一个只读数据库，包含了 SQL Server 2008 的所有系统对象。在 SQL Server 2008 中，系统对象不再存储在 master 数据库中，而是存储在 resource 数据库中。系统对象在物理结构上存储于 resource 数据库中，在逻辑结构上显示于每个数据库的 sys 架构中。

（2）用户数据库

用户数据库即用户根据实际需要所创建的数据库，创建时必须确定数据库的名称、所有者、大小以及存储该数据库的文件和文件组。在 SQL Server 2008 中可以使用 SQL Server Management Studio 和 T-SQL 语言两种方法创建数据库，具体创建步骤见 1.3 节。

（3）数据库快照

数据库快照是一个数据库的只读副本和静态视图，它是数据库所有数据的映射，由快照被执行的时间点来决定它的内容。一个源数据库可以对应多个数据库快照，每个数据库快照都与创建快照时存在的源数据库在事务上保持一致。数据库快照的作用体现在两个方面：

1）维护历史数据以生成报表，系统可以在某个时间点创建数据库快照，以便日后制作报表。

2）加快数据恢复的操作效率，系统使用数据库快照还原数据到快照时的状态比从备份进行还原操作速度要快。

数据库快照是 SQL Server 2008 的新增功能，只能在企业版中使用。创建数据库快照时，只能使用 T-SQL 语句，而不能使用 SQL Server Management Studio 的图形工具。

2. SQL Server 2008 数据库的存储结构

（1）逻辑存储结构

数据库的逻辑存储结构是以用户角度看到的数据库的体系结构。从用户的角度出发，数据库是一个集合，包括存放的数据和支持这些数据存储、数据检索、数据安全性和完整性的各种数据库对象。SQL Server 2008 的数据库对象包括表、索引、视图、同义词、存储过程和触发器等，如图 1-26 所示。

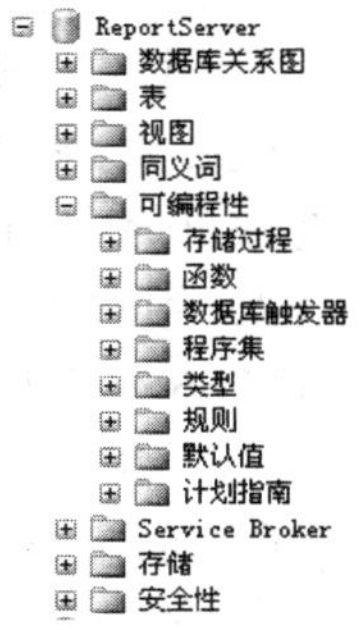

ReportServer
数据库关系图
表
视图
同义词
可编程性
存储过程
函数
数据库触发器
程序集
类型
规则
默认值
计划指南
Service Broker
存储
安全性

图 1-26　数据库的逻辑存储结构

1）表：是存储各种数据的数据库对象。

2）索引：是加快数据查询速度的数据库对象。

3）视图：是由表派生出来的用于查看数据的数据库对象。

4）同义词：是 SQL Server 2008 的新增对象，用于定义对象的另一个名称。

5）存储过程：是完成特定功能的 T-SQL 语句集合构成的数据库对象。

6）触发器：是特殊的存储过程，操作 DDL、DML 语句时自动执行的数据库对象。

（2）物理存储结构

数据库的物理存储结构是以数据库设计者角度看到的数据库的体系结构。从数据库设计者的角度出发，数据库中所有的数据、对象和数据库操作日志在磁盘上都是以文件为单位存储的。在 SQL Server 2008 中，每个数据库由一组操作系统文件组成。根据这些文件的作用不同，数据库文件划分为两类：数据文件和日志文件。

1）数据文件。数据文件存储数据和对象，如表、索引等。数据文件又分为以下两类：

① 主数据文件。包含数据库的启动信息，并指向数据库中的其他文件。用户数据和对象可存储在此文件中，也可以存储在次数据文件中。每个数据库有且仅有一个主数据文件。主数据文件的扩展名一般为 mdf。

② 次数据文件。次数据文件存储数据库中不能置于主数据文件中的数据和对象。次数据文件主要用于两种情况：一种情况是通过在不同磁盘上存放次数据文件将数据库的数据分散到多个磁盘上；另一种情况是当主数据文件的容量超过了系统限制后，设置次数据文件，使得数据库容量继续增加。次数据文件是可选的，每个数据库允许有多个次数据文件，也允许没有次数据文件。次数据文件的扩展名一般为 ndf。

2）日志文件：日志文件用于存储恢复数据库的事务日志信息。每个数据库至少有一个日志文件。日志文件的扩展名一般为 ldf。

在 SQL Server 2008 中，每个数据库至少由两个文件构成，即一个主数据文件和一个日志文件。默认情况下，数据文件和日志文件设置于相同路径，在实际应用中，建议将这两种文件设置于不同磁盘以便于数据库的恢复。

3. 文件组

文件组是数据文件的逻辑集合。为了便于数据的分配和管理，SQL Server 2008 允许将多个数据文件归纳为一组，并赋予此组一个名称，这就是文件组。

文件组能够控制各个数据文件的存放位置，提高数据的存储访问效率。例如，某个数据库有一个数据库文件组 filegroup1，包含 3 个次数据文件 data1.df、data2.df 和 data3.ndf，并且这 3 个文件分别存储于 3 个磁盘上。在文件组 filegroup1 上创建一个表时，表中数据分布在 3 个磁盘上，从而提高了数据的存储效率；对表中数据执行查询操作时，系统同时扫描 3 个磁盘，从而提高了数据的访问效率。

与数据文件类似，文件组也分为两类：主文件组和用户定义文件组。

1）主文件组：主文件组包含主数据文件和没有被存储到用户定义文件组中的次数据文件。SQL Server 2008 的主文件组是 PRIMARY 文件组。PRIMARY 文件组是默认文件组，如果在数据库中创建对象时没有指定对象所属的文件组，对象将被分配给默认文件组。

2）用户定义文件组：用户定义文件组对次数据文件进行分组。一个数据库最多可以包含 32 766 个用户定义文件组。

文件组的管理必须遵循以下规则：

① 每个文件组只能属于一个数据库。

② 每个数据文件只能属于一个文件组。

③ 日志文件是独立的，不能属于任何文件组。

④ 只允许将一个文件组指定为默认文件组，可以使用 T-SQL 语句更改默认文件组。

4. 空间分配

在 SQL Server 2008 中，日志文件是以日志记录为单位组成的；数据文件是以页和区为单位进行空间分配的。页是 SQL Server 2008 存储数据的基本物理空间单位。每个页的大小是 8 KB，即 8192B，表中每一行记录不允许跨页存储。区是 8 个连续页的集合，即每个区的大小是 64 KB。每个表或索引至少占有一个区。数据库的物理存储结构如图 1-27 所示。

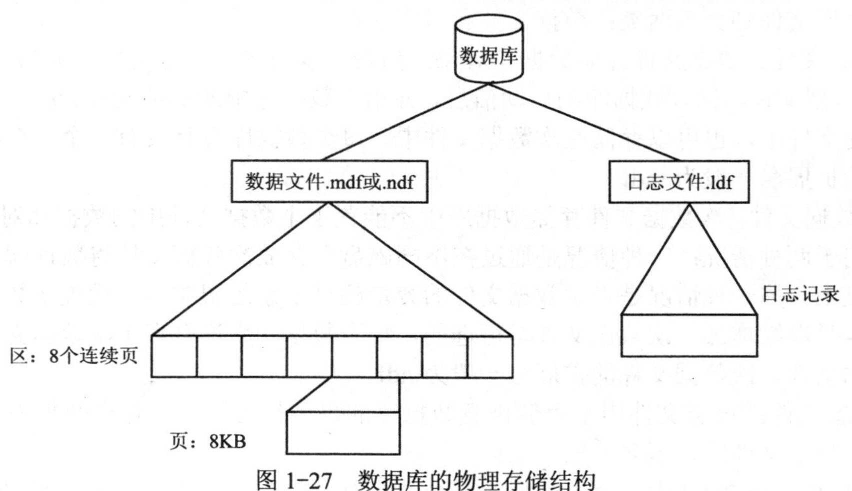

图 1-27　数据库的物理存储结构

1.2.5　任务实施

任务实施的步骤如下：

1）安装 SQL Server 2008。按 SQL Server 2008 安装过程在 Windows XP 下安装好 SQL

Server 2008。

2）使用 SQL Server 2008。打开 SQL Server 2008 中的 SQL Server Management Studio，在“新建查询”窗口中输入下列语句：

```
USE master
GO
SELECT * FROM spt_values
GO
```

执行结果如图 1-28 所示。

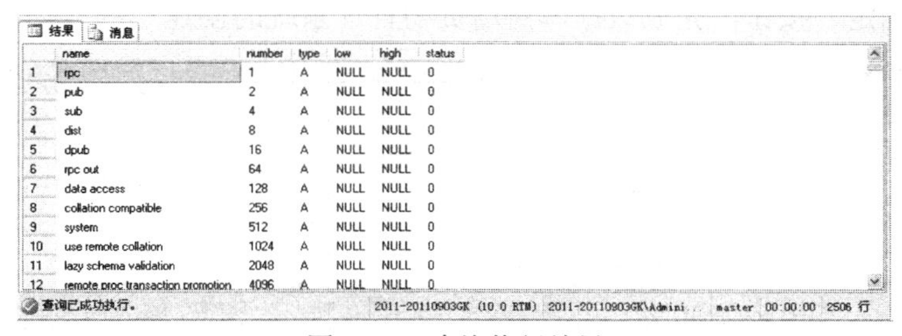

图 1-28　查询执行结果

1.3　工作任务 3：商场货物管理系统数据库的创建和维护

任务描述与目标

1. 任务描述

本节的工作任务是学习 SQL Server 数据库系统的基础知识，掌握数据库设计、创建与维护方法，建立商场货物管理系统数据库。

2. 任务目标

1）学习数据库基础知识。

2）掌握 SQL Server 2008 数据库的基本结构与工作原理。

3）掌握数据库设计、创建与维护方法。

1.3.1　使用 SQL Server Management Studio 创建数据库

1. 使用“对象资源管理器”创建数据库

具体操作步骤如下：

1）打开 SQL Server Management Studio。在“对象资源管理器”窗口中，选择“数据库”，单击鼠标右键，在弹出的快捷菜单中选择“新建数据库”命令，打开“新建数据库”窗口。在“新建数据库”窗口中有“常规”、“选项”和“文件组”3 个选项卡需要进行设置。

2）“常规”选项卡设置，如图 1-29 所示。

① 在“数据库名称”文本框中输入数据库名称“商场货物管理系统”。

②“所有者”文本框用于设置创建数据库的用户，采用默认值。

③“数据库文件”列表用于设置数据文件与日志文件的逻辑文件名、初始大小、自动增

长和路径等属性，采用默认值。

④“添加”和“删除”按钮用于添加或删除数据文件和日志文件。

3）“选项”选项卡设置。在该“选项”页面中，允许设定“排序规则”、“恢复模式”、“兼容级别”和“其他选项”等数据库选项，采用默认值。

4）“文件组”选项卡设置。

① 主窗口区域允许对文件组进行只读和默认属性设置。

②“添加”和“删除”按钮用于添加或删除用户定义文件组。

5）单击“确定”按钮，完成数据库商场货物管理系统的创建。

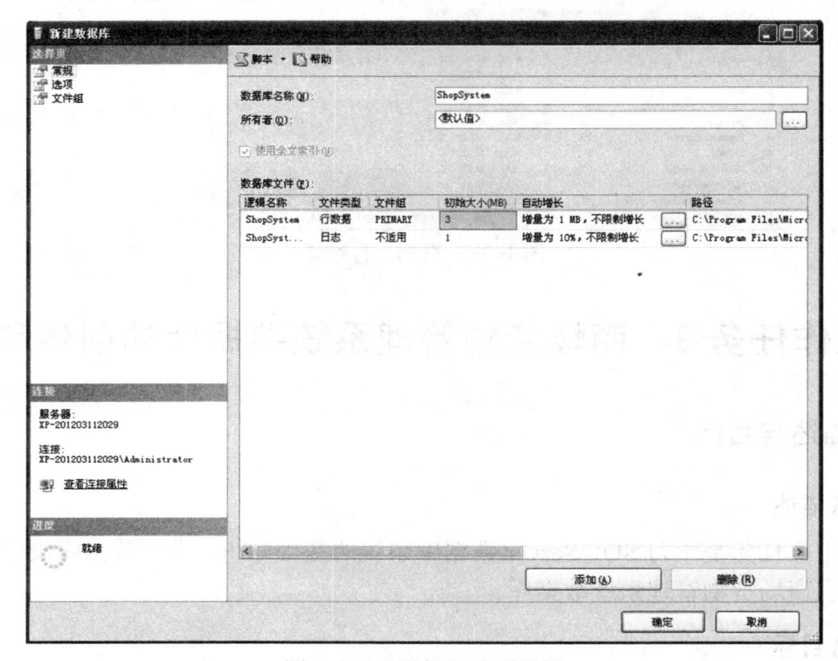

图 1-29 “常规”选项设置

2. 使用 T-SQL 语句创建数据库

对于数据库设计者和数据库管理员（DBA）而言，有时使用 T-SQL 语句创建数据库更加灵活、便利。T-SQL 使用 CREATE DATABASE 语句创建数据库，包括：创建用户数据库、附加数据库和创建数据库快照。CREATE DATABASE 语句创建用户数据库的语法格式如下：

```
CREATE DATABASE database_name
[ON[PRIMARY]
    [<filespec>[,…n]]
    [,<filegroup>[,…n]]
]
[LOG ON[<filespec>[,…n]]
<filespec>::=
(NAME=logical file_name,
  FILENAME='os_file_name'
  [,SIZE=size[KB|MB|GB|TB]]
  [,MAXSIZE={max_size[KB|MB|GB|TB]|UNLIMITED}]
  [,FILEGROWTH=growth_increment[KB|MB|GB|TB|%]]
```

```
)
<filegroup>::=FILEGROUP filegroup_name<filespec>[,…n]
```

（1）格式说明

① 大写字母：表示 T-SQL 语句的关键字。

② 小写字母：表示用户书写 T-SQL 语句时自定义的参数。

③ 方括号[]：表示方括号中的内容是可以省略的选项。

④ 尖括号<>：尖括号中的内容表示该选项需要额外说明，选项的真正语法在“：：=”后定义。

⑤ 大括号{A | B}：大括号中的 A 或 B 必选其一。

⑥ [,…n]：表示相同的选项允许重复 n 次。

（2）参数说明

1）关键字参数说明。

① ON：用于指定数据库的数据文件和文件组列表。

② PRIMARY：用于指定主文件组中的数据文件。如果没有指定 PRIMARY 参数，则 CREATE DATABASE 语句中的第一个文件成为主文件。

③ LOG ON：用于指定数据库的日志文件列表。

④ NAME：用于指定数据文件或日志文件的逻辑文件名。

⑤ FILENAME：用于指定数据文件或日志文件的存放路径和物理文件名。

⑥ SIZE：用于指定数据文件或日志文件的初始大小，可以使用 KB、MB、GB 及 TB 为单位，默认为 MB。

⑦ MAXSIZE：用于指定数据文件或日志文件的最大值。

⑧ UNLIMITED：用于指定数据文件或日志文件增长到硬盘满为止。

⑨ FILEGROWTH：用于指定数据文件或日志文件增长的增量。可以使用 KB、MB、GB、TB 及百分比为单位，默认为 MB。

2）自定义参数说明。

① database_name：表示数据库名称。

② filespec：表示文件格式。

③ filegroup：表示文件组格式。

④ logical file_name：表示逻辑文件名。

⑤ os_file_name：表示文件的存放路径和物理文件名。

⑥ size：表示文件的初始大小。

⑦ max_size：表示文件的最大容量。

⑧ growth_increment：表示文件自动增长值。

⑨ filegroup_name：表示文件组名。

1.3.2　数据库的操作

1. 查看数据库

可以使用系统存储过程 sp_helpdb 查看所有或者特定数据库的信息，数据库的信息包括数据库的名称、大小、所有者、ID、创建日期、数据库选项及数据库所有文件的信息。

例 1-2 使用系统存储过程 sp_helpdb 查看所有数据库的信息。

在查询编辑器中输入如下语句：

```
EXEC sp_helpdb
GO
```

例 1-3 使用系统存储过程 sp_helpdb 查看商场货物管理系统数据库的信息。

在查询编辑器中输入如下语句：

```
EXEC sp_helpdb 商场货物管理系统
GO
```

2. 修改数据库

修改数据库有两种途径：一种是在对象资源管理器中通过菜单修改数据库；另一种是在查询编辑器中输入修改数据库的 T-SQL 语句并运行，完成修改数据库的操作。

（1）在对象资源管理器中修改数据库

可以在对象资源管理器中右击需要修改选项的数据库，在弹出的快捷菜单中选择“属性”命令，打开“数据库属性”窗口进行设置，如图 1-30 所示。设置结束后单击“确定”按钮，完成修改操作。

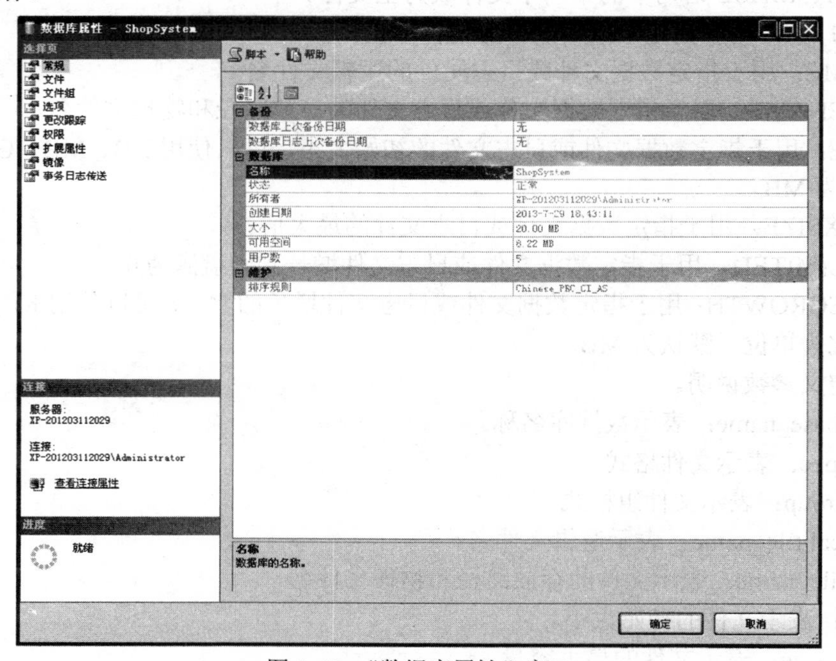

图 1-30 “数据库属性”窗口

（2）在查询编辑器中修改数据库

修改数据库的 T-SQL 语句是 ALTER DATABASE 语句。该语句的语法格式如下：

```
ALTER DATABASE database_name
{
 |MODIFY NAME = new_database_name
 |COLLATE collation_name
 |<file_and_filegroup_options>
 |<set_database_options>
}
```

其中各参数的含义说明如下。

① database_name：数据库的原有名称。

② new_database_name：数据库的新名称。

③ collation_name：指定数据库的排序规则。

④ file_and_filegroup_options：文件和文件组选项。

⑤ set_database_options：数据库设置选项。

例 1-4 设置商场货物管理系统数据库的排序规则为法语规则。

在查询编辑器中输入如下语句：

```
ATLER DATABASE ShopSystem COLLATE French_CI_AI
GO
```

例 1-5 设置商场货物管理系统数据库为只读数据库。

在查询编辑器中输入如下语句：

```
ALTER DATABASE ShopSystem SET READ_ONLY
GO
```

3．删除数据库

删除数据库有两种途径：一种是在对象资源管理器中右击数据库，然后在弹出的快捷菜单中选择“删除”命令来删除数据库；另一种是在查询编辑器中输入删除数据库的 T-SQL 语句并运行，完成修改数据库操作。

（1）在对象资源管理器中删除数据库

可以在对象资源管理器中右击需要删除的数据库，在弹出的快捷菜单中选择“删除”命令，打开“删除对象”窗口进行设置，如图 1-31 所示。单击“确定”按钮，完成删除操作。

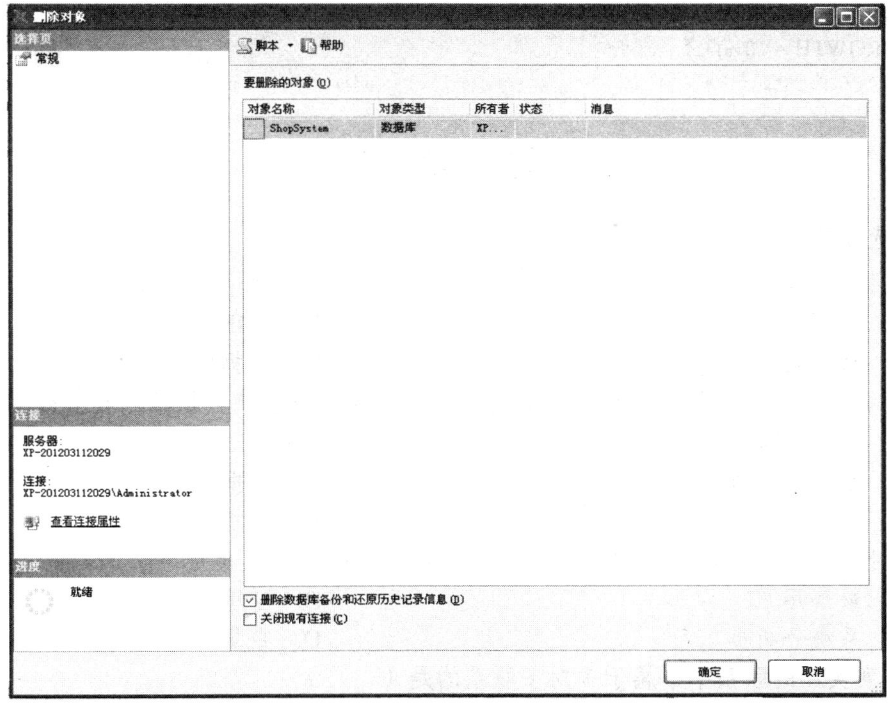

图 1-31 “删除对象”窗口

（2）在查询编辑器中删除数据库

删除数据库的 T-SQL 语句是 DROP DATABASE 语句。该语句的语法格式如下：

```
DROP DATABASE {database_name} […,n]
```

其中参数 database_name 的含义是数据库名称。

例 1-6 删除商场货物管理系统数据库。

在查询编辑器中输入如下语句：

```
DROP DATABASE ShopSystem
GO
```

1.3.3 任务实施

在商场货物管理系统中创建一个名称为“ShopSystem”的用户数据库，该数据库包括一个主数据文件和一个日志文件。主数据文件的初始大小为 10MB，最大长度为 100MB，文件增长率为 10%；日志文件的初始大小为 10MB，最大长度为 100MB，文件增长率为 10%。

该过程使用 T-SQL 语句来实现，具体方法为在查询编辑器中输入下列 T-SQL 语句后选择“查询”→“执行”命令，即可完成商场货物管理系统的创建，代码如下：

```
CREATE DATABASE ShopSystem
ON   PRIMARY
( NAME ='shop_dat', FILENAME ='C:\shop_dat.mdf ' ,
 SIZE = 10MB ,
 MAXSIZE = 100MB, FILEGROWTH = 10%)
 LOG ON
( NAME = 'shop_log', FILENAME = 'C:\shop_log.ldf ' ,
 SIZE = 10MB ,
MAXSIZE = 100MB,
FILEGROWTH = 10%)
GO
```

习 题 1

一、选择题

1. 数据库系统阶段与文件系统阶段管理数据的本质区别是（　　）。

A. 数据结构化　　B. DBMS 管理数据

C. 数据共享性强　　D. 数据独立性高

2. 数据库管理系统保证数据之间满足一定的关系，或者将数据控制在有效的范围内，这属于（　　）控制功能。

A. 数据安全性　　B. 数据完整性

C. 并发控制　　D. 数据恢复

3. 数据库系统中负责数据库系统的建立、维护和管理的人员是（　　）。

A. 最终用户　　B. 应用程序员

C. 系统分析员　　D. 数据库管理员

4. 下列实体的联系中，属于多对多联系的是（　　）。

A. 学生与课程　　B. 学校与校长

C. 住院的病人与病床　　D. 职工与工资

5. 关系模型的数据结构是（　　）。

A. 数　　B. 图　　C. 二维表　　D. 二叉树

6. 下列不属于SQL特点的是（　　）。

A. 综合统一

B. 数据操作必须指明数据的存取路径

C. 采用面向集合的操作方式

D. 具有交互式和嵌入式两种使用方式

7. 下列属于DDL对应的动词是（　　）。

A. CREAT　　B. SELECT　　C. DELETE　　D. REVOKE

8. 在实际的数据库应用中，通常要求关系满足（　　）。

A. 1NF　　B. 2NF　　C. 3NF　　D. BCNF

9. 数据库设计过程中，（　　）将E-R图转换为关系模式并进行关系规范化。

A. 需求分析阶段　　B. 概念结构设计阶段

C. 逻辑结构设计阶段　　D. 物理结构设计阶段

10. 强制关系中的主属性不能为空，满足以下（　　）。

A. 实体完整性　　B. 参照完整性

C. 用户定义完整性　　D. 域完整性

11. 下列能够创建数据库文件组的语句是（　　）。

A. ALTER DATABASE…ADD FILE

B. ALTER DATABASE…MODIFY FILEGROUP

C. ALTER DATABASE…ADD FILEGROUP

D. ALTER DATABASE…REMOVE FILEGROUP

12. ALTER DATABASE语句进行数据库的修改，不能完成（　　）。

A. 扩大数据库文件大小　　B. 缩小数据库控件

C. 设置数据库选项属性　　D. 更改数据库名称

13. 能够在服务器之间移动数据库的操作是（　　）。

A. 创建数据库　　B. 修改数据库

C. 分离数据库　　D. 删除数据库

二、填空题

1. 数据是________________________________。

2. 数据库是一个________________的数据集合。数据库中的数据是按照一定的________________组织、描述和存储的，有较小的________________、较高的________________。

3. 数据库的发展大致划分为以下几个阶段：____________、____________、和________________。

4. 实体—联系模型属于____________模型。实体—联系模型是用____________图来描述现实世界的概念模型。

5. 文件组是________________。

三、简答题

1. 数据管理技术的3个发展阶段及其特点是什么？
2. DB、DBMS和DBS的概念是什么？DBMS的功能是什么？DBS的组成是什么？
3. 从DBA和用户角度来看，数据库系统的结构分别是什么？
4. 关系数据库的数据结构和数据完整性分别是什么？

拓展训练1

1. 试在查询分析器中建立一个数据库testdb，数据文件的逻辑名称为testdb_dat，大小为10MB，最大尺寸为50MB，增长增量为5MB；该数据库的日志文件的逻辑名称是testdb_log，文件大小为5MB，最大尺寸为25MB，增长增量为2MB。
2. 查看数据库testdb的信息。
3. 设置数据库testdb的名称为testdb1。

第 2 章　数据表的创建与维护

➘ 本章的工作任务

本章主要介绍 SQL Server 2008 中数据表的基本概念、创建与维护数据表的方法以及实现数据库完整性的相关内容，主要工作任务是解决商场货物管理系统中各种表的创建和维护。

2.1　工作任务 1：学习表及数据类型的基本概念

➘ 任务描述与目标

1．任务描述

本节的工作任务是了解数据表的基本概念和数据类型的基本概念，完成对用户表定义适合的数据类型。

2．任务目标

1）掌握使用 SQL Server 系统数据类型的方法。

2）掌握对用户表定义数据类型的方法。

2.1.1　数据表的概念

在关系数据库中，表（Table）是按照行和列的格式组织和存储数据的数据库对象。表中的行（Row）也称为元组或记录，每一行代表一个唯一的记录；表中的列（Column）也称为字段或属性，每一列代表记录中的一个字段。

在 SQL Server 2008 中，用户对表的操作表现为两个方面：

1）定义表的结构。表的结构也称为“型”（type），用于描述存储于表中的数据的逻辑结构和属性特征。型的定义采用 DDL 语句，包括创建表结构、修改表结构和删除表结构等操作。

2）操作表的数据。表的数据也称为“值”（Value），是型的具体赋值。值的操作采用 DML 语句，包括插入数据、更新数据、删除数据和检索数据等操作。

2.1.2　表的类型

在 SQL Server 2008 中，根据表的作用和特点不同，将表分为以下 4 种类型。

1）基本表。基本表简称表，就是通常意义的数据库中存储数据的表。基本表是最重要的、最基本的一种表，也是最经常使用的表。

2）分区表。分区表是将数据水平划分为多个单元的表，这些单元允许分布于数据库的多个文件组中。分区表适用于数据量大的表和数据经常以不同方式访问的表。如果分区表存储的数据量很大或访问方式不同，可以实现不同单元数据的并行访问以提高数据的使用效率。

3）临时表。临时表是临时创建的、不能永久保存的表。临时表是在 tempdb 数据库中创建的，包括本地临时表和全局临时表两种类型：

① 本地临时表只对创建者可见，当用户与 SQL Server 实例建立连接时，允许创建本地临时表；当用户与 SQL Server 实例断开连接时，系统自动删除本地临时表。

② 全局临时表对任何用户和任何 SQL Server 实例连接都是可见的。当引用全局临时表的所有用户都与 SQL Server 实例断开连接后，全局临时表被自动删除。

4）系统表。系统表是存储 SQL Server 服务器配置、数据库设置及对象描述等系统信息的表。SQL Server 2008 将系统表作为只读视图实现，一般情况下，用户无法直接查询或更新系统表，建议通过使用目录视图访问系统表中的数据。

2.1.3 系统数据类型

系统数据类型是 SQL Server 2008 提供的数据类型，包括字符数据类型、精确数值数据类型、近似数值数据类型、二进制数据类型、日期时间数据类型、unicode 数据类型和特殊数据类型。

1．字符数据类型

字符数据类型用于存储由字母、数字和符号组成的字符串，包括 char、varchar 和 text 3 种字符数据类型，见表 2-1。

表 2-1 字符数据类型

数据类型	类型	语法格式	存储长度	说明
char	定长字符数据类型	char (n), n 取 1～8KB	n 字节	若输入字符长度<n，则以空格填满；若长度>n，截断超出部分
varchar	变长字符数据类型	varchar (n), n 取 0～8KB	实际长度	可以节省存储空间
text	变长字符数据类型	text	实际长度	用于存储超过 8KB 的文本数据，不需要指定长度，自动分配空间

2．精确数值数据类型

精确数值数据类型包括整型数据类型、十进制数据类型和货币数据类型，见表 2-2。

表 2-2 精确数值数据类型

数据类型	类型	语法格式	存储长度	说明
bit	整型数据类型	int	1 bit	取值为 0 或 1，8 个 bit 列占用 1 个字节
tinyint		tinyint	1 个字节	存储范围为 0～255
smallint		smallint	2 个字节	–215～（215–1）内所有正负整数
int		int	4 个字节	–231～（231–1）内所有正负整数
bigint		bigint	8 个字节	–263～（263–1）内所有正负整数
numeric	十进制数据类型	numeric(p,s)	实际长度	p 表示总位数，s 表示小数点后的位数提供小数所需要的实际存储空间
decimal		decimal(p,s)		
smallmoney	货币数据类型	smallmoney	4 个字节	小型货币值，精确到 4 位小数
money		money	8 个字节	大型货币值，精确到 4 位小数

3. 近似数值数据类型

近似数值数据类型包括 float 和 real 两种数据类型，见表 2-3。

表 2-3　近似数值数据类型

数据类型	精确度	语法格式	存储长度	说明
float	精确到 15 位小数	float	8 个字节	取值范围为-1.79E+308～1.79E+308
real	精确到 7 位小数	real	4 个字节	取值范围为-3.40E+38～3.40E+38

4. 二进制数据类型

二进制数据类型用于存储二进制组成的数据，包括 binary、varbinary 和 image 3 种二进制数据类型，见表 2-4。

表 2-4　二进制数据类型

数据类型	类型	语法格式	存储长度	说明
binary	定长度二进制数据类型	binary (n), n 取 1～8KB	n+4 个字节	通常用于存储图像等二进制数据
varbinary	变长度二进制数据类型	varbinary (n), n 取 0～8KB	实际长度+4 个字节	存放 8KB 内可变长的二进制数据
image	变长度二进制数据类型	image	实际长度	存放大于 8KB 的可变长二进制数据，如照片、表格和 Word 文档

5. 日期时间数据类型

日期时间数据类型用于存储日期和时间数据，包括 smalldatetime 和 datetime 两种日期时间数据类型，见表 2-5。

表 2-5　日期时间数据类型

数据类型	范围	语法格式	存储长度	说明
smalldatetime	1900 年 1 月 1 日零时～2079 年 12 月 31 日 23 时 59 分 59 秒	smalldatetime	4 个字节	允许使用“/”或“-”或“空格”作为分隔符 当在其他地方引用这两种类型数据时，用单引号（' '）把日期时间括起来
datetime	1753 年 1 月 1 日零时～9999 年 12 月 31 日 23 时 59 分 59 秒	datetime 默认的格式是：MM DD YYYY hh:mm A.M/P.M	8 个字节	

6. unicode 数据类型

unicode（统一字符编码标准）数据类型包括各种字符集定义的全部字符。每个 unicode 字符所占的存储空间是非 unicode 字符的两倍，即它用 2B 为一个存储单位。unicode 数据类型包括 nchar、nvarchar 和 ntext 3 种基本数据类型。

7. 特殊数据类型

特殊数据类型存储不能用上述数据类型表示的数据，包括 sql_variant、timestamp、uniqueidentifier 和 xml 4 种数据类型，见表 2-6。

表 2-6　特殊数据类型

数据类型	说明
sql_variant	用于存储 SQL Server 支持的各种数据类型值
timestamp	用于自动生成的二进制数，确保这些数在数据库范围内唯一
uniqueidentifier	是一个 16 位的十六进制数，表示全局唯一标识符（GUID）
xml	用于存储 xml 文档

2.1.4 任务实施

在学习了表的基本概念以后，创建用户定义数据类型 IDNUMBER，基于系统提供的 char 数据类型，长度为 17，内容是数字和字母，用于保存身份证号码。

方法如下：打开“ShopSystem”→“可编程性”→“类型”项，在“用户定义数据类型”上右击，选择“新建用户定义数据类型”命令，可以完成用户定义数据类型的创建。

所对应的 T-SQL 语句如下：

```
CREATE TYPE IDNUMBER FROM char(17) NOT NULL
```

2.2 工作任务 2：商场货物管理系统数据表的创建与维护

➘ 任务描述与目标

1. 任务描述

本节的工作任务是完成对商场货物管理系统数据表的创建与维护。

2. 任务目标

掌握创建、修改和删除表的方法。

2.2.1 项目中的部分表

商场货物管理系统数据库中的各个表的表结构见表 2-7～表 2-13。

表 2-7 Admin 的表结构

列　名	数据类型	空值与否	约　束
a_name	varchar (30)	NOT NULL	主键
a_pass	varchar (30)	NULL	
a_header	varchar (30)	NULL	
a_phone	char (15)	NULL	
a_email	varchar (40)	NULL	

表 2-8 Customer 的表结构

列　名	数据类型	空值与否	约　束
c_name	varchar (30)	NOT NULL	主键
c_pass	varchar (30)	NULL	
c_sex	varchar (30)	NULL	
c_header	varchar (30)	NULL	
c_phone	char (15)	NULL	
c_question	varchar (30)	NULL	
c_answer	varchar (30)	NULL	
c_address	varchar (30)	NULL	
c_email	varchar (30)	NULL	
c_type	varchar (30)	NULL	

表 2-9　demo 的表结构

列　名	数据类型	空值与否	约　束
name	varchar (30)	NOT NULL	主键
pass	varchar (30)	NULL	
mail	varchar (30)	NULL	
phone	char (15)	NULL	

表 2-10　Idea 的表结构

列　名	数据类型	空值与否	约　束
id	char (10)	NOT NULL	主键
c_name	varchar (30)	NULL	
c_header	varchar (30)	NULL	
new_message	varchar (1000)	NULL	
re_message	varchar (1000)	NULL	
new_time	char (15)	NULL	
re_time	char (15)	NULL	

表 2-11　Product 的表结构

列　名	数据类型	空值与否	约　束
p_type	varchar (30)	NULL	外键
p_id	char (10)	NOT NULL	主键
p_name	varchar (40)	NULL	外键
p_price	float	NULL	
p_quantity	int	NULL	
p_image	varchar (100)	NULL	
p_description	varchar (2000)	NULL	
p_time	varchar (20)	NULL	

表 2-12　Payment 的表结构

列　名	数据类型	空值与否	约　束
pay_id	char (10)	NULL	外键
pay_payment	varchar (50)	NULL	
pay_msg	varchar (500)	NULL	

表 2-13　Notice 的表结构

列　名	数据类型	空值与否	约　束
n_id	char (10)	NOT NULL	主键
n_message	char (1000)	NULL	
n_admin	char (30)	NULL	
n_header	varchar (50)	NULL	
n_time	char (10)	NULL	

2.2.2　创建表

创建表就要先定义表结构，定义表的结构包括创建表结构、修改表结构、查看表结构和删除表结构等操作。SQL Server 2008 提供两种定义表结构的方法，即使用 SQL Server Management Studio 定义表结构和使用 T-SQL 的 DDL 语句定义表结构。

1. 使用 SQL Server Management Studio 创建表

例 2-1 创建 Notice 表，表结构见表 2-13，不包括约束信息。

使用 SQL Server Management Studio 创建 Notice 表过程如下：

1）打开 SQL Server Management Studio。在“对象资源管理器”窗口中，展开“数据库”→“ShopSystem”，选择“表”项，单击鼠标右键，在弹出的快捷菜单中选择“新建表”命令，打开表的设计视图。

2）设置列的数据类型。分别输入各列的列名、数据类型和是否允许空值等属性，如图 2-1 所示。

3）单击工具栏中的“保存”按钮，在弹出的“选择名称”对话框中，输入“Notice”。

4）单击“确定”按钮，完成 Notice 表的创建。

说明：在表的设计视图的“列属性”列表中，展开“标识规范”，允许设置标识列属性；展开“计算所得的列规范”，允许设置计算列属性。

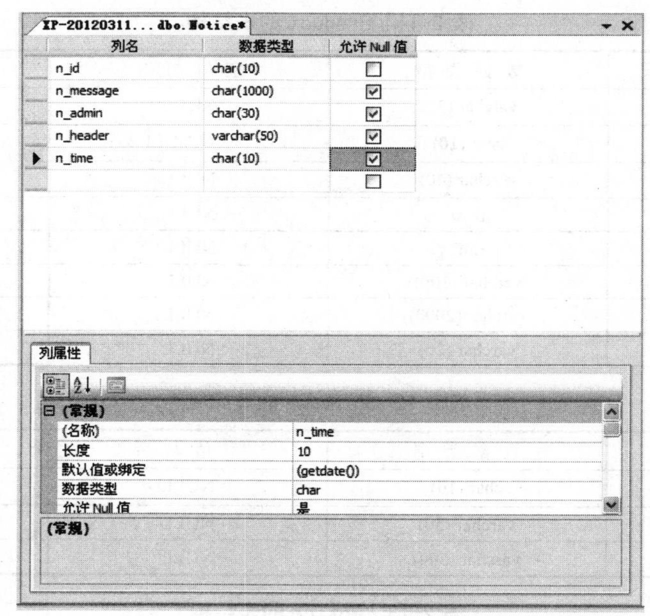

图 2-1 Notice 表的设计视图

2. 使用 T-SQL 语句创建表

T-SQL 使用 CREATE TABLE 语句创建表结构。CREATE TABLE 语句的语法格式如下：

```
CREATE TABLE[database_name. [schema_name]. ] table_name
(
 {column_name data_type[NULL|NOT NULL][INDENTITY[(seed, increment)]]
 [<column_constraint_definition>]
 |column_name AS computed_column_expression}[,…n]
    [<table_constraint_definition>][,…n]
    )
```

其中各参数说明如下。

① database_name：表示新表所属数据库的名称。

② schema_name：表示新表所属架构的名称，默认架构为 dbo。

③ table_name：表示表名。

④ column name：表示列名。

⑤ data_type：表示列的数据类型。

⑥ NULL | NOT NULL：表示是否允许空值，默认值为 NULL。

⑦ INDENTITY：表示指定标识列。

⑧ seed：表示标识字段的起始值。

⑨ increment：表示标识增量。

⑩ column_constraint_definition：表示指定列级约束的定义格式。

⑪ table_constraint_definition：表示指定表级约束的定义格式。

⑫ computed_column_expression：表示计算列的表达式。

例 2-2　创建 Product 表，表结构见表 2-11，不包括约束信息。

在查询编辑器中输入代码如下：

```
USE ShopSystem
GO
CREATE TABLE Product (
p_type varchar(30) NULL,
p_id char(10) NOT NULL,
p_name varchar(40) NULL,
p_price float NULL,
p_quantity int NULL,
p_image varchar(100) NULL,
p_description varchar(2000) NULL,
p_time varchar(20) NULL）
GO
```

2.2.3　使用 T-SQL 语句修改表结构

1. ALTER TABLE 语句

T-SQL 使用 ALTER TABLE 语句来修改表结构。ALTER TABLE 语句的语法格式如下：

```
ALTER TABLE table_name
{ALTER COLUMN column_name data_type[NULL|NOT NULL]
|ADD column_name data_type[NULL| NOT NULL][<column_constraint_definition>][,…n]
|DROP COLUMN column_name[,…n]
|ADD<constraint_definition>[,…n]
|DROP CONSTRAINT constraint_name[,…n]
}
```

其中各参数说明如下。

① ALTER COLUMN：修改表中的一个列。

② ADD：表示向表中增加一个或多个新列，新列与创建表结构时的列信息一致，允许设置定义列、标识列以及约束信息。

③ DROP COLUMN：表示删除表中的一个或多个列。

④ ADD<table_constraint_definition>：表示向表中增加一个或多个表级约束，table_constraint_definition 为表级约束的定义格式。

⑤ DROP CONSTRAINT：表示删除表中的一个或多个约束。

例 2-3 修改 Product 表，向表中增加两列。增加“限用日期”列，列名为 p_usetime，数据类型为 char (10)，允许空值。

在查询编辑器中输入代码如下：

```
USE ShopSystem
GO
ALTER TABLE Product
ADD
p_usetime char(10) NULL,
GO
```

2. sp_rename 系统存储过程

T-SQL 使用 sp_rename 系统存储过程重命名表、索引、列以及用户定义数据类型的名称。sp_rename 的语法格式如下：

```
sp_rename[@objname= ] 'object_name',[@newname = ] 'new_name' [,[@objtype = ] '
[ object_type' ]
```

其中各参数说明如下。

① [@objname=] 'object_name'：表示要重命名的对象的名称。

② [@newname =] 'new_name'：表示指定对象的新名称。

③ [@objtype =] 'object_type'：表示要重命名的对象的类型，默认值为 NULL。

2.2.4 删除表

当数据库中的某些表不再具有使用价值时，可以删除表以释放数据库的存储空间。删除表结构的同时，表中的数据以及索引等均被删除。

1. 使用 SQL Server Management Studio 删除表结构

打开 SQL Server Management Studio。在“对象资源管理器”窗口中，展开“数据库”，展开表所在的用户数据库，展开“表”，选择要删除的表，单击鼠标右键，在弹出的快捷菜单中选择“删除”命令，完成表结构的删除。

2. 使用 T-SQL 删除表结构

T-SQL 使用 DROP TABLE 语句来删除表结构。DROP TABLE 语句的语法格式如下：

```
DROP TABLE table_name[,…n]
```

例 2-4 删除 Product 表。

在查询编辑器中输入代码如下：

```
USE ShopSystem
GO
DROP TABLE Product
GO
```

说明：DROP TABLE 语句不能删除系统表。如果要删除多个具有关联关系的表时，必须先删除子表，然后才能删除父表。

2.2.5　任务实施

商场货物管理系统数据库中的 Product 表可以使用 SQL Server Management Studio 及查询编辑器两种方法来创建。

1. 使用 SQL Server Management Studio 创建 Product 表

使用 SQL Server Management Studio 创建 Product 表步骤如下：

1）打开 SQL Server Management Studio。在“对象资源管理器”窗口中，展开“数据库”→“商场货物管理系统”，选择“表”，单击鼠标右键，在弹出的快捷菜单中选择“新建表”菜单项，打开表的设计视图。

2）设置列的数据类型。分别输入各列的列名、数据类型和是否允许空值等属性。

3）单击工具栏中的“保存”按钮，在弹出的“选择名称”对话框中，输入“Product”。

4）单击“确定”按钮，完成 Product 表的创建。

2. 使用查询编辑器创建 Product 表

使用查询编辑器创建 Product 表的语句请参考例 2-2。

商场货物管理系统数据库中其他表的创建与 Product 表的创建类似就不再赘述。

2.3　工作任务 3：实现数据库的完整性

➘　任务描述与目标

1. 任务描述

本节的工作任务是完成对商场货物管理系统数据库中规则和各种约束的创建，实现数据库的完整性。

2. 任务目标

1）学习在数据库中使用规则。

2）掌握创建和使用 PRIMARY KEY 约束、UNIQUE 约束、FOREIGN KEY 约束、CHECK 约束和 DEFAULT 约束的方法。

2.3.1　规则

规则可以限制存储在表中或用户自定义数据类型的值。规则可使用多种方式完成对数据值的检验，可以使用函数返回验证信息，也可以使用 BETWEEN、LIKE 以及 IN 等关键字完成对输入数据的检查。

规则只有在绑定到列或用户自定义数据类型上才能发挥作用。当 SQL Server 2008 数据库管理与开发绑定成功后，规则将指定可以插入到列中的可接受的值。表中每列或每个自定义数据类型只能和一个规则绑定。

规则是一个向后兼容的功能，与 CHECK 约束的功能相似。CHECK 约束比规则更简明，也是用来限制列值的首选方法，因为一个列只能应用一个规则，却可以使用多个 CHECK 约束。但规则的优点是规则作为一个独立的数据库对象存在，可以单独地创建对象，然后再按需求绑定到列或数据类型上。

1．创建规则

T-SQL 中使用 CREATE RULE 语句创建规则，其语法格式如下：

```
CREATE RULE rule_name
AS condition_expression
```

其中参数说明如下。

① rule_name：新规则的名称。规则名称必须符合标识符规则。

② condition_expression：定义规则的条件。规则可以是 WHERE 子句中任何有效的表达式，但是不能引用列和其他数据库对象，可以包含不引用数据库对象的内置函数。

例 2-5 创建一个规则 rule_test，限制输入的值必须在 0～10 之间。

在查询编辑器中输入以下命令：

```
USE ShopSystem
GO
CREATE RULE rule_test AS
@number BETWEEN 0 AND 10
GO
```

代码说明：@number 是参数 condition_expression 中包含的一个变量，创建规则时，变量可以使用任何名称或者符号表示，但是第一个字符必须是@。

2．绑定规则

要使用规则，需先将其与列或用户自定义数据类型绑定。规则必须与列的数据类型兼容，且不能绑定到 text、image 和 timestamp 列。如果将一个新的规则绑定到已有规则的列或用户定义数据类型时，旧的规则将自动解除，只有最近一次的绑定有效。另外，如果列中包含 CHECK 约束，则 CHECK 约束优先。

可以使用存储过程 sp_bindrule 绑定规则，其语法格式如下：

```
sp_bindrule[@rulename = ] 'rule_name',
[@objname=] 'object_name'
[,[@futureonly =] 'futureonly_flag' ]
```

其中 rule_name 为要创建的规则的名称。

例 2-6 将上例中创建的规则绑定到 Product 中的 p_type 列上。

在查询编辑器中输入以下命令：

```
USE ShopSystem
GO
EXEC sp_bindrule 'rule_test', 'Product.p_type'
```

3．解除绑定

解除规则的绑定可使用 sp_unbindrule 存储过程，其语法格式如下：

```
sp_unbindrule[@objname = ] 'object_name'
[,[@futureonly = ] 'futureonly_flag']
```

例 2-7　解除绑定在 Product 表 p_type 列上的 rule_test 规则。

在查询编辑器中输入以下命令：

```
USE ShopSystem
GO
EXEC sp_unbindrule 'Product.p_type'
```

4. 删除规则

对于不再使用的规则，可以使用 DROP RULE 语句删除。要删除规则首先要解除规则的绑定。

DROP RULE 语法格式如下：

```
DROP RULE {rule}[…,n]
```

例 2-8　删除 rule_test 规则。

在查询编辑器中输入以下命令：

```
USE ShopSystem
GO
DROP RULE rule_test
GO
```

2.3.2　约束

约束（Constraint）是附加于表上用于限制数据完整性的一种对象，是强制数据完整性的最主要的方法。

1. 约束的定义方式

在 SQL Server 2008 中，约束的定义方式有两种：使用 SQL Server Management Studio 定义约束和使用 T-SQL 语句定义约束。由于约束附加于表，因此，T-SQL 使用以下两种方法定义约束：

1）使用 CREATE TABLE 语句，即创建表结构时，定义约束。

2）使用 ALTER TABLE 语句，即修改表结构时，增加约束。

2. 约束的应用范围

根据约束的应用范围不同，约束可以分为两类：列级约束和表级约束。

1）列级约束是表中列定义的一部分，只能应用于表中的一个列属性。

2）表级约束独立于列定义之外，允许应用于表的多个列属性。

3. 约束的功能类型

根据约束的作用不同，约束可以分为 5 类：PRIMARY KEY 约束、UNIQUE 约束、FOREIGN KEY 约束、CHECK 约束和 DEFAULT 约束。表 2-14 实现了数据完整性与约束的对应关系。

表 2-14　数据完整性与约束的对应关系

数据完整性	约　　束
实体完整性	PRIMARY KEY 约束、UNIQUE 约束
域完整性	CHECK 约束、DEFAULT 约束和 FOREIGN KEY 约束
参照完整性	FOREIGN KEY 约束

4. 约束的定义格式

T-SQL 中使用 CONSTRAINT 关键字定义约束。CONSTRAINT 不能作为一个命令单独存在，它只能作为 CREATE TABLE 语句或 ALERT TABLE 语句的子命令存在。CONSTRAINT 子命令的语法格式如下：

```
[CONSTRAINT constraint_name]   <constraint_type>   <constraint_attribute>
```

其中各参数说明如下。

① constraint_name：表示约束名称。定义列级约束时，允许省略 CONSTRAINT constraint_name 参数，系统自动命名约束。

② constraint_type：表示约束的功能类型，包括 5 种类型。

③ constraint_attribute：表示约束的属性。不同类型的约束，属性也不同。

5. 各类约束介绍

（1）PRIMARY KEY约束

PRIMARY KEY（主键）约束通过设置主键来强制实体完整性。主键是指能够唯一标识表中的每一行记录的一个列或多个列，多个列组合而成的主键称为联合主键。主键具有如下特点：

① 主键列不允许空值。

② 主键列不允许重复值，联合主键允许单列的取值重复，但所有列的组合值必须唯一。

③ 表中只允许定义一个主键。

1）使用 SQL Server Management Studio 定义 PRIMARY KEY 约束。

在 SQL Server Management Studio 的“对象资源管理器”面板中将 Product 表的“p_id”定义为主键。其操作如下：右击“dbo.Product”项，在弹出的快捷菜单中选择“设计”命令，右击“p_id”列，在弹出的快捷菜单中选择“设置主键”命令，即可将产品编号列设为主键，如图 2-2 所示。

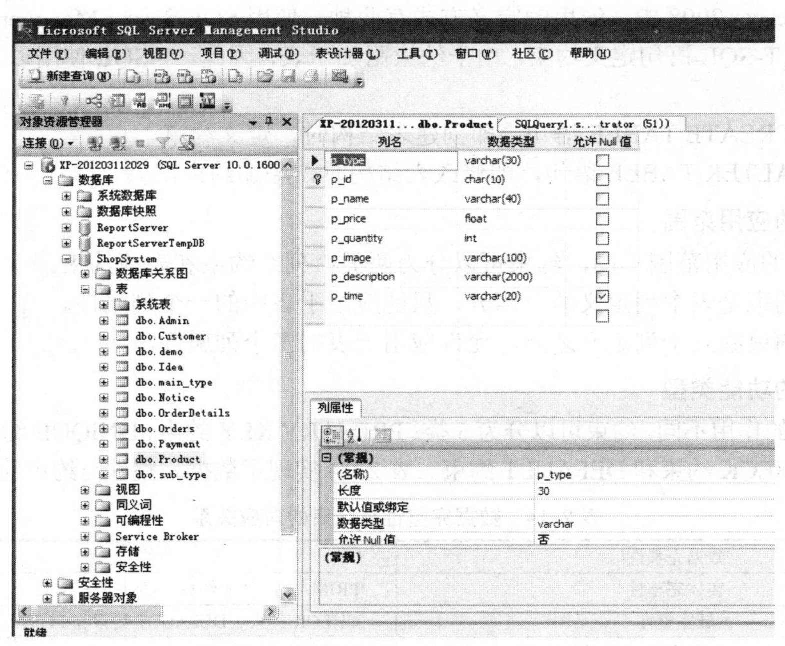

图 2-2　设置 Product 表的 p_id 为主键

2）使用 T-SQL 语句定义 PRIMARY KEY 约束。

定义 PRIMARY KEY 约束的语法格式如下：

```
[CONSTRAINT constraint_name]
PRIMARY KEY[CLUSTERED|NONCLUSTERED]
[(column[,…n])]
```

其中各参数说明如下。

① PRIMARY KEY：表示主键约束关键字。

② CLUSTERED|NONCLUSTERED：表示索引的类型。SQL Server 2008 自动为主键列创建索引，CLUSTERED 表明该索引为聚簇索引，NONCLUSTERED 表明该索引为非聚簇索引。默认值为 CLUSTERED。

③ column：用于设置主键约束的列名。定义列级约束时，该参数允许省略。

例 2-9　修改 Product 表的表结构，对 p_id 列定义主键约束。

在查询编辑器中输入以下命令：

```
USE ShopSystem
GO
   ALTER TABLE Product
       ADD CONSTRAINT pk_p_id PRIMARY KEY(p_id)
GO
```

（2）UNIQUE约束

UNIQUE（唯一）约束用于确保记录在非主键列的值不重复。UNIQUE 约束与 PRIMARY KEY 约束的相同点是：都用于强制实体完整性，保证表中行数据的唯一性。UNIQUE 约束与 PRIMARY KEY 约束的不同点是：UNIQUE 约束用于非主键的一列或多列组合；一个表中可以定义多个 UNIQUE 约束，但只能定义一个 PRIMARY KEY 约束；定义 UNIQUE 约束的列允许空值，但定义 PRIMARY KEY 约束的列不允许空值。

1）使用 SQL Server Management Studio 定义 UNIQUE 约束。

例 2-10　对 Product 表的 p_type 列上定义唯一约束。

步骤一：打开 SQL Server Management Studio，在“对象资源管理器”窗口中，展开“数据库”→“ShopSystem”→“表”，选中“dbo.Product”项，单击鼠标右键，在弹出的快捷菜单中选择“设计”命令，打开表的设计视图。

步骤二：在表的设计视图中，选中“p_type”列，单击鼠标右键，在弹出的快捷菜单中选择“索引/键”命令，打开“索引/键”对话框，其中显示了已经建立的主键信息。

步骤三：在“索引/键”对话框中，单击“添加”按钮设置唯一约束。设置参数如下：

①“常规”区域的“类型”下拉列表框中，选择“唯一键”。

②“常规”区域的“列”文本框中，单击展开按钮，打开“索引列”对话框。在“索引列”窗口的“列名”下拉列表框中选择“p_type”，“排序顺序”列表框中采用默认设置，单击“确定”按钮，关闭“索引列”对话框。

③“标识”区域的“（名称）”文本框中，输入唯一键约束的名称“ix_p_type”。

步骤四：单击“关闭”按钮，关闭“索引/键”对话框，返回表的设计视图。单击工具栏中的“保存”按钮，完成唯一约束的定义。

2）使用 T-SQL 语句定义 UNIQUE 约束。

定义 UNIQUE 约束的语法格式如下：

```
[CONSTRAINT constraint_name]
UNIQUE[CLUSTERED|NONCLUSTERED]
[(column[,…n])]
```

其中各参数说明如下。

① UNIQUE：表示唯一约束关键字。

② CLUSTERED|NONCLUSTERED：表示索引的类型。SQL Server 2008 自动为定义唯一约束的列创建索引，CLUSTERED 表明该索引为聚簇索引，NONCLUSTERED 表明该索引为非聚簇索引。默认值为 CLUSTERED。

③ column：用于设置唯一约束的列名。定义列级约束时，该参数允许省略。

例 2-11 在 Product 表中定义唯一约束信息。

在查询编辑器中输入以下命令：

```
USE ShopSystem
GO
ALTER TABLE Product
ADD CONSTRAINT ix_p_type UNIQUE (p_type)
GO
```

（3）FOREIGN KEY约束

FOREIGN KEY（外键）约束通过设置外键来强制参照完整性与域完整性。外键定义了表之间的参照关系，当一个表中的一个列或多个列的组合与其他表中的主键相同时，将这个表中的列或列的组合定义为外键。设置外键的表称为参照表或子表，与之关联的设置主键的表称为被参照表或父表。外键具有如下特点：

① 外键取值或者与父表的主键保持一致，或者为 NULL。

② 当向子表插入数据时，如果父表的主键列没有相同的值，则插入操作被拒绝。

③ 级联更新：当父表中的主键值更新时，与之关联的子表中的外键值也随之更新。

④ 级联删除：当父表中的主键值所在的行被删除时，与之关联的子表中的外键值所在的行也随之删除。

1）使用 SQL Server Management Studio 定义 FOREIGN KEY 约束。

例 2-12 对 Product 表的 p_type 列定义外键约束。

步骤一：打开 SQL Server Management Studio，在“对象资源管理器”窗口中，展开“数据库”→“ShopSystem”→“表”，选中“dbo.Product”项，单击鼠标右键，在弹出的快捷菜单中选择“设计”命令，打开表的设计视图。

步骤二：在表的设计视图中，选中“p_type”列，单击鼠标右键，在弹出的快捷菜单中选择“关系”命令，打开“外键关系”对话框，如图 2-3 所示。

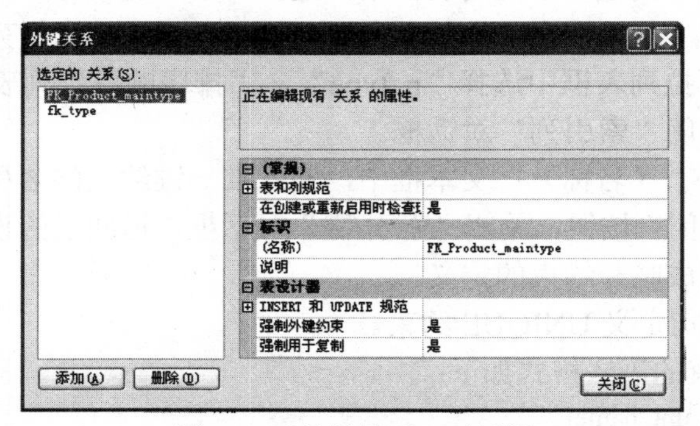

图 2-3 “外键关系”对话框

步骤三：在“外键关系”对话框中，单击“添加”按钮设置外键约束。展开“表和列规范”项，单击展开按钮，打开“表和列”对话框，设置父表和子表的对应关系，参数如下：

① 在“主键表”下拉列表框中，选择“maintype”，对应的下拉主键列选择“p_type”。

② 在“外键表”下拉列表框中，选择“Product”，对应的下拉外键列选择“p_type”。

③ 在“关系名”文本框中自动设置为“FK_Product_maintype”。

步骤四：单击“确定”按钮，关闭“表和列”对话框，返回“外键关系”对话框。展开“INSERT 和 UPDATE 规范”选项，设置级联更新和级联删除。

① 在“更新规则”下拉列表框中，选择“层叠”。

② 在“删除规则”下拉列表框中，选择“层叠”。

步骤五：单击“关闭”按钮，关闭“外键关系”对话框，返回表的设计视图。单击工具栏中的“保存”按钮，完成外键约束的定义。

2）使用 T-SQL 语句定义 FOREIGN KEY 约束。

定义 FOREIGN KEY 约束的语法格式如下：

```
[CONSTRAINT constraint_name]
[FOREIGN KEY][(column[,…n])] REFERENCES ref_table[(ref_column[,…n])]
[ON DELETE{NO ACTION |CASCADE | SET NULL|SET DEFAULT}]
[ON UPDATE{NO ACTION |CASCADE | SET NULL | SET DEFAULT}]
```

其中各参数说明如下。

① FOREIGN KEY：表示外键约束关键字。定义列级约束时，允许省略此关键字。

② column：表示设置外键约束的列名。定义列级约束时，该参数允许省略。

③ REFERENCES：表示参照关键字。

④ ref_table：表示父表的名称。

⑤ ref_column：表示父表的主键列的列名。

⑥ ON DELETE：表示指定删除规则，即当删除父表的记录时，对子表中相关记录执行何种操作。默认值为 NO ACTION。

⑦ ON UPDATE：表示指定更新规则，即当更新父表的记录时，对子表中相关记录执行何种操作。默认值为 NO ACTION。

⑧ {NO ACTION | CASCADE | SET NULL |SET DEFAULT}：用于指定删除或更新父表中相关记录所遵循的规则。NO ACTION 表示提示出错，回滚对父表中相应行的删除或更新操作；CASCADE 表示级联更新或级联删除；SET NULL 表示如果删除或更新父表中与外键相对应的行，组成外键的所有值都将设置为 NULL；SET DEFAULT 表示如果删除或更新父表中与外键相对应的行，组成外键的所有值都将设置为默认值。

例 2-13　修改 Product 的表结构，对 p_type 列定义外键约束，并设置级联更新与级联删除。

在查询编辑器中输入以下命令：

```
USE ShopSystem
GO
ALTER TABLE Product
ADD   CONSTRAINT FK_Product_maintype FOREIGN KEY(p_type)
REFERENCES maintype (p_type)
ON DELETE CASCADE
ON UPDATE CASCADE
GO
```

（4）CHECK约束

CHECK（检查）约束用于限制列的取值范围，以保证数据库中数据的域完整性。在判断一个列的数据的有效性方面，CHECK 约束与 FOREIGN KEY 约束的区别在于：

① CHECK 约束根据逻辑表达式判断数据的有效性。

② FOREIGN KEY 约束根据另一个表（父表）中的数据判断数据的有效性。

1）使用 SQL Server Management Studio 定义 CHECK 约束。

例 2-14 修改 Customer 表的表结构，对 c_sex 列定义检查约束。

步骤一：打开 SQL Server Management Studio。在“对象资源管理器”窗口中，展开“数据库”→“ShopSystem”→“表”，选中“Customer”项，单击鼠标右键，在弹出的快捷菜单中选择“修改”命令，打开表的设计视图。

步骤二：在表的设计视图中，选中“c_sex”列，单击鼠标右键，在弹出的快捷菜单中选择“CHECK 约束”命令，打开“CHECK 约束”对话框。

步骤三：在“CHECK 约束”对话框中，单击“添加”按钮设置检查约束，设置参数如图 2-4 所示。

① 在“常规”区域的“表达式”文本框中，输入“c_sex='男' OR c_sex='女'”。

② 在“标识”区域的“（名称）”文本框中，输入“CK_sex”。

步骤四：单击“关闭”按钮，关闭“CHECK 约束”对话框，返回表的设计视图。单击工具栏中的“保存”按钮，完成 CHECK 约束的定义。

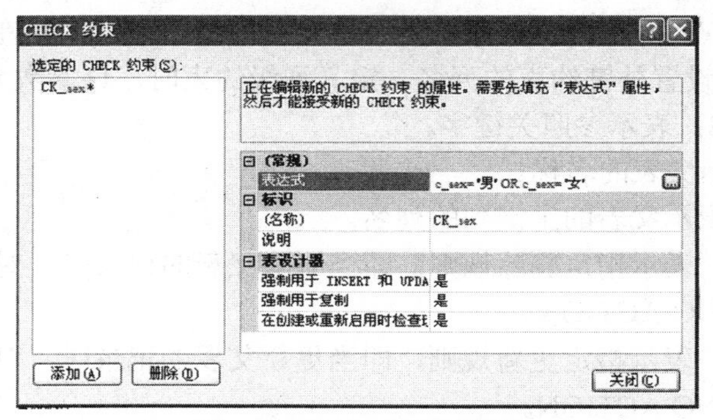

图 2-4 CHECK 约束设置

2）使用 T-SQL 语句定义 CHECK 约束。

定义 CHECK 约束的语法格式如下：

```
[CONSTRAINT constraint_name]
CHECK(logical_expression)
```

其中各参数说明如下。

① CHECK：用于检查约束关键字。

② logical_expression：用于逻辑表达式，返回结果为 TRUE 或 FALSE。

例 2-15 修改 Customer 表，对 c_sex 列定义检查约束信息。

在查询编辑器中输入以下命令：

```
USE ShopSystem
GO
ALTER TABLE Customer
ADD CONSTRAINT CK_sex CHECK (c_sex='男' OR  c_sex='女' )
GO
```

（5）DEFAULT约束

DEFAULT（默认）约束通过设置默认值来强制域完整性。使用 DEFAULT 约束后，用户在插入新的数据行时，如果没有为某一列指定数据，则系统将默认值赋值给该列。设置 DEFAULT 约束应遵循以下原则：

① 每一列中只能定义一个 DEFAULT 约束。

② DEFAULT 约束允许指定一些系统值和函数，如 NEWID、getdate ()等。

③ DEFAULT 约束不允许默认值参照于其他列或其他表的值。

④ 如果一列既不允许空值，也没有指定 DEFAULT 约束，则必须明确指定该列的值。

1）使用 SQL Server Management Studio 定义 DEFAULT 约束

例 2-16　修改 Product 的表结构，对 p_time 列定义默认约束。

步骤一：打开 SQL Server Management Studio。在“对象资源管理器”窗口中，展开“数据库”→“ShopSystem”→“表”，选中“Product”项，单击鼠标右键，在弹出的快捷菜单中选择“设计”命令，打开表的设计视图。

步骤二：在表的设计视图中，选中“p_time”列，在该列对应的“列属性”视图中，展开“常规”项，在“默认值或绑定”文本框中输入“10”。设置参数如图 2-5 所示。

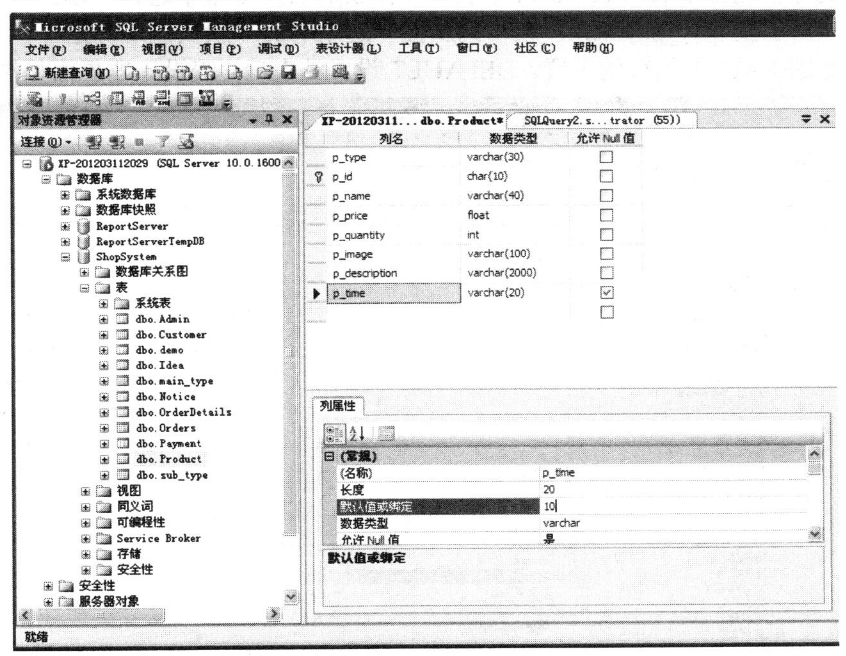

图 2-5　DEFAULT 约束的设置视图

步骤三：单击工具栏中的“保存”按钮，完成默认约束的定义。

2）使用 T-SQL 语句定义 DEFAULT 约束。

定义 DEFAULT 约束的语法格式如下：

```
[CONSTRAINT constraint_name]
DEFAULT default_value[FOR column]
```

其中各参数说明如下：

① DEFAULT：表示默认约束关键字。

② default_value：表示默认值。

③ FOR column：表示设置默认值的列。column 为列名，定义列级约束时，该参数允许省略。

例 2-17 修改 Customer 表，对 c_type 列定义默认约束。

在查询编辑器中输入以下命令：

```
USE ShopSystem
GO
ALTER TABLE Customer
ADD CONSTRAIN CK_type DEFAULT ('已买') FOR c_type
GO
```

2.3.3 任务实施

1. 为 Payment 表添加约束

Payment 表中，pay_payment 在录入时如果为空则默认为“不成功”，因此需要为 Payment 表在 pay_payment 字段上建立 DEFAULT 约束。

在对象资源管理器中右击 Payment 单表，在弹出的快捷菜单中选择“设计”命令，打开表设计器，单击字段 pay_payment，在“列属性”选项卡的“默认值或绑定”栏中填入“不成功”，完成 DEFAULT 约束的设置。DEFAULT 设置结束后，表设计器界面如图 2-6 所示。

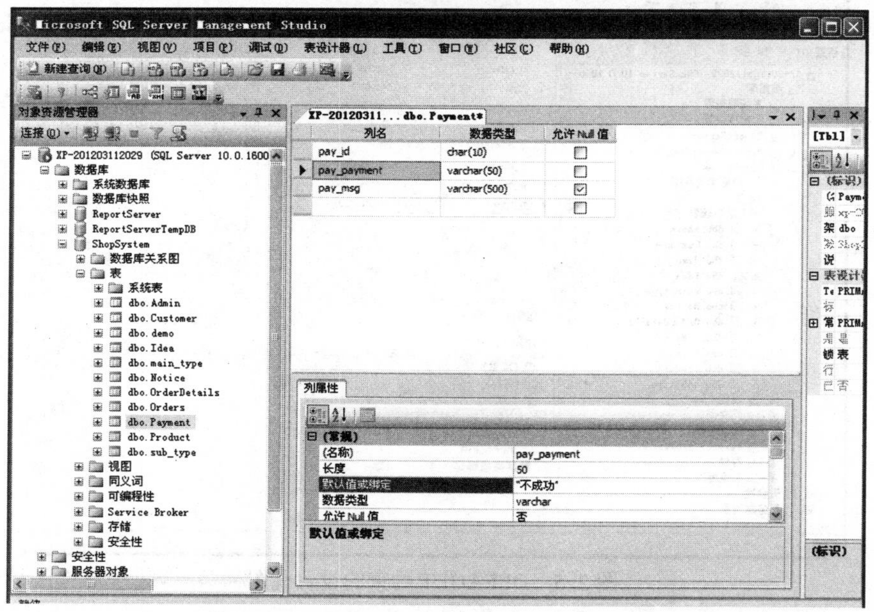

图 2-6 Payment 表 pay_payment 字段设置 DEFAULT 约束

上述过程的 T-SQL 语句如下：

```
ALTER TABLE Payment
ADD CONSTRAINT DF_Payment_payment DEFAULT ('不成功') FOR pay_payment
```

2. 为 Product 表添加约束

Product 表中，保证产品年限在 0～100 之间，因此需要为 Product 表在 p_time 字段上建立 CHECK 约束。

可以在对象资源管理器中单击 Product 表，打开列表，右击“约束”节点，在弹出的快捷菜单中选择“新建约束”命令，打开“CHECK 约束”对话框，设置“名称”和“表达式”，完成 CHECK 约束的设置。CHECK 设置结束后，“CHECK 约束”对话框界面如图 2-7 所示。

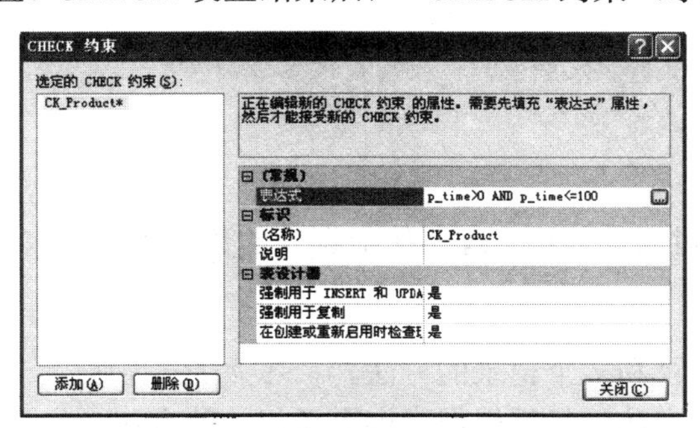

图 2-7　Product 表年限字段设置 CHECK 约束

上述过程的 T-SQL 语句如下：

```
USE ShopSystem
GO
ALTER TABLE Product WITH NOCHECK ADD CONSTRAINT CK_Product CHECK NOT FOR
REPLICATION (p_time>0 AND p_time<=100)
GO
ALTER TABLE Product CHECK CONSTRAINT CK_Product
GO
```

另外，在 Product 表中，各产品的产品型号必须是 main_type 中已出现的产品型号。因此还需要先为 main_type 表在 p_type 字段上建立主键，再为 Product 表在 p_type 字段上建立 FOREIGN KEY 约束。

为 main_type 在 p_type 字段上建立主键后，在对象资源管理器中单击 Product 表，打开列表，右击“键”节点，在弹出的快捷菜单中选择“新建外键”命令，打开“外键关系”对话框和“表和列”对话框，设置“关系名”、“主键表”、“主键字段”、“外键表”和“外键字段”，完成 FOREIGN KEY 约束设置。FOREIGN KEY 约束设置结束后，“表和列”对话框如图 2-8 所示。

上述过程的 T-SQL 语句如下：

```
ALTER TABLE Product WITH CHECK
ADD CONSTRAINT FK_Product_main_type FOREIGN KEY(p_type)
REFERENCES Class (Classid)
```

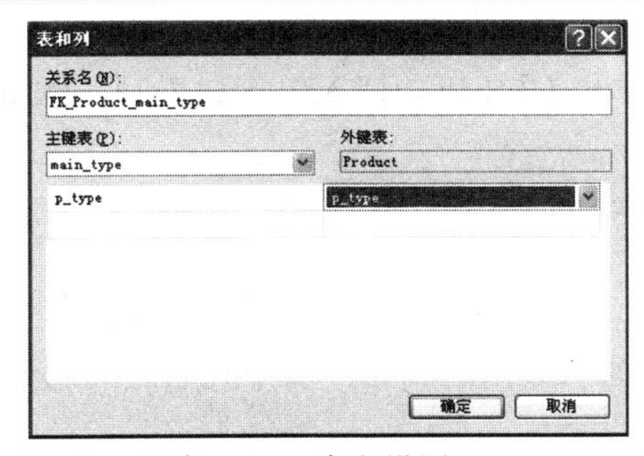

图 2-8　Product 表中 p_type 字段设置 FOREIGN KEY 约束

2.4 工作任务 4：录入、修改和删除商场货物管理系统数据表的数据

任务描述与目标

1. 任务描述

本节的工作任务是对商场货物管理系统数据表的数据进行录入、修改和删除。

2. 任务目标

1）掌握插入单个记录和多个记录的方法。

2）掌握更新记录的方法，包括根据查询更新记录的方法。

3）掌握删除记录的方法，包括根据查询删除记录的方法。

2.4.1 使用 SQL Server Management Studio 对表数据进行维护

使用 SQL Server Management Studio 对操作员表进行数据操作。

1）打开 SQL Server Management Studio，在“对象资源管理器”窗口中，展开“数据库”→“ShopSystem”→“表”，选中“Product”项，单击鼠标右键，在弹出的快捷菜单中选择“打开表”命令，打开表的数据视图。

2）插入数据。选中一个新的空行，在该空行中可以进行插入数据操作。

3）更新数据。选中任一单元格，对该单元格的数据可以进行更新操作。

4）删除数据。选中要删除数据的行，单击鼠标右键，在弹出的快捷菜单中选择“删除”命令，可以删除一行记录。

2.4.2 使用 T-SQL 语句对表数据进行维护

1. 插入数据

T-SQL 使用 INSERT 语句向表中插入数据。INSERT 语句可以向表中添加单行或多行记录。根据添加记录数量的不同，INSERT 语句的语法格式不同。

（1）插入单行记录

T-SQL 使用 INSERT...VALUES 语句插入单行记录时，INSERT...VALUES 语句的语法格式如下：

```
INSERT[INTO] table_name[(column_list)]
VALUES(value_list)
```

其中各参数说明如下。

① column_list：表示要插入数据的列名，多个列名之间用逗号分隔，如果未指定列名，则向表中的所有列插入数据。

② value_list：表示要插入的列值，多列的数据之间用逗号分隔。

使用 INSERT…VALUES 语句时，应注意以下几点：

① INSERT…VALUES 语句一次只能向表中插入一条记录。

② 当向表中所有列插入数据时，列名可以省略不写，但列值必须与表中定义的列名顺序一致。建议写出列名。

③ 当向表中插入数据的顺序与列顺序不同时，必须写出列名。

④ 当向表中某些列插入数据，某些列不插入数据时，必须写出列名。

⑤ INSERT 语句不能为计算列、标识列指定列值。

例 2-18　向 Sub_type 表中插入一条记录：（10，368，西门子），该记录对应表中的所有列。

在查询编辑器中输入以下命令：

```
USE ShopSystem
GO
INSERT INTO Sub_type
VALUES ('10','368','西门子')
GO
```

（2）插入多行记录

T-SQL 中使用 INSERT...SELECT 语句将一个表中的多行记录插入到另一个表中，以实现数据的批量插入。INSERT...SELECT 语句的语法格式如下：

```
INSERT[INTO] table_name[(column_list)]
SELECT select_statement
```

其中，select_statement 表示查询语句。

例 2-19　创建一个用户表 user，该表包括 3 个字段：编号 id，数据类型为 char (10)；姓名 name，数据类型为 varchar (10)；密码 pass，数据类型为 varchar (10)。将 Customer 中的 c_name 和 c_pass 数据插入到用户表 user 中。

在查询编辑器中输入以下命令：

```
USE ShopSystem
GO
CREATE TABLE user
(id char (10),
name varchar (10),
pass varchar (10)
)
GO
INSERT INTO user (name, pass)
SELECT c_name, c_pass FROM Customer
GO
```

说明：将一个表的数据批量插入另一个表时，两个表中列的数据类型必须互相匹配。

2. 更新数据

更新数据又称为修改数据，是指对表中的数据进行修改操作。T-SQL 使用 UPDATE 语句实现数据更新，可以修改表中一行、多行或所有行的数据值。UPDATE 语句的语法格式如下：

```
UPDATE table_name
SET column=modified_value[,...n]
[WHERE search_condition]
```

其中各参数说明如下。

① SET：用于指定要更新的列及新的列值，允许对多列同时进行更新。

② WHERE：用于指定满足该子句条件的记录被更新。如果省略 WHERE 子句，则表示修改表中所有行的值。

③ modified_value：表示列的新数据值。

④ search_condition：用于设置更新条件的表达式。

例 2-20 修改 Product 表中的一行记录，将 p_id 为“cp0015”的产品的价钱改为“6000”。

在查询编辑器中输入以下命令：

```
USE ShopSystem
GO
UPDATE Product
SET p_price= '6000'
WHERE p_id= 'cp0015'
GO
```

3. 删除数据

删除数据是指对表中的数据进行删除操作。T-SQL 使用 DELETE 语句实现数据删除，可以删除表中一行、多行或所有行的数据值。DELETE 语句的语法格式如下：

```
DELETE [FROM] table_name
[WHERE search_condition]
```

例 2-21 删除 Product 表中的所有记录。

在查询编辑器中输入以下命令：

```
USE ShopSystem
GO
DELETE FROM Product
GO
```

说明：TRUNCATE TABLE 语句可以删除表中的所有行记录，与不带 WHERE 子句的 DELETE 语句功能相同，但 TRUNCATE TABLE 语句使用的系统资源和事务日志资源更少，执行速度更快。

2.4.3 任务实施

1）完成对商场货物管理系统数据库中所有表的记录的录入。

商场货物管理系统数据库中包括 Customer、demo、Idea、main_type、Notice、Payment、Product 和 sub_type 表，其中部分表的记录见表 2-15～表 2-22。按照本节所讲方法完成各个表记录的输入。

表 2-15 Product 表中的记录

p_type	p_id	p_name	p_price	p_quantity	p_image	p_description	p_time
计算机专区	Bp0001	海尔 A62-T20	5998	8	..\images\computer\1.jpg	暂无说明	3-27-2007
计算机专区	cp0002	海尔 A60-430	4998	4	..\images\computer\2.jpg	防静电铝镁合金外壳	3-18-2005
计算机专区	cp0003	海尔 W36-T56	12998	17	..\images\computer\3.jpg	新一代节能、环保计算机	3-18-2005

表 2-16　sub_type 表中的记录

s_id	s_supertype	s_name
1	187	海尔
2	187	松下
3	187	长虹
4	187	康佳
5	187	海信
6	368	好太太

表 2-17　Payment 表中的记录

pay_id	pay_payment	pay_msg
439	银行支付	请记住账号：1324659831221656
091	在线支付	www.easybuyonline.com

表 2-18　Customer 表中的记录

c_name	c_pass	c_header	c_phone	c_question	c_answer	c_address	c_email
guancang	1010	..\images\face\Image1.gif	123465	你最喜欢的人是？	ss	湖南株洲	ss@sohu.com
liujin0414	990414	..\images\face\Image23.gif	07336188290	你最喜欢的人是？	老爸	湖南株洲	liujin@163.com
tangzy	nihao	..\images\face\Image37.gif	8888888	你最喜欢的人是？	爸爸	湖南湘潭	tangzy@sohu.com
wuhaibo	wuhaibo	..\images\face\Image26.gif	13246579845	你最喜欢的一部电影是？	真实的谎言	湖南湘潭	wu2bo@sina.com

表 2-19　demo 表中的记录

name	pass	mail	phone
demo	demo	demo@163.com	8888888
liuzc	liuzc	liuzc@163.com	8208290

表 2-20　Idea 表中的记录

id	c_name	c_header	new_message	re_message	new_time	re_time
447	tangzy	..\images\face\Image5.gif	海尔商品很好	感谢支持	7:14 3-28-2008	7:43 3-28-2008
326	tangzy	..\images\face\Image37.gif	快来买啊	好啊	7:40 3-28-2008	7:43 3-28-2008
644	liuzc	..\images\face\Image19.gif	服务很好	谢谢！	10:15 3-27-2008	7:43 3-28-2008

表 2-21　main_type 表中的记录

t_id	p_type
368	厨卫系列
290	电脑专区
187	电视机系列
341	洗衣机系列

表 2-22　Notice 表中的记录

n_id	n_message	n_admin	n_header	n_time
884	圣诞团队活动，优惠多多…	tangzy	images\face\Image28.gif	2008-12-16
489	各种家电超低价销售！！！	tangzy	images\face\Image28.gif	2008-3-17
181	迎新年，数码产品特惠！～	tangzy	images\face\Image28.gif	2008-8-17
086	海信液晶电视重拳出击！～呵呵…	tangzy	images\face\Image28.gif	2008-6-9
528	祝各位会员牛年大吉，牛气冲天！	tangzy	images\face\Image28.gif	2009-1-10

2）修改记录信息：将 Product 表中商品 cp0006 的价格提高到 6000。

在查询编辑器中输入以下命令：

```
UPDATE Product SET p_price= '6000' FROM Product WHERE p_id= 'cp0006'
```

3）删除掉 2005-01-01 之前所进的商品信息。

在查询编辑器中输入以下命令：

```
DELETE FROM Product WHERE p_time<'2005-01-01'
```

习　题　2

一、选择题

1. 假设表中某列的数据类型为 varchavr (100)，而输入的字符串为“abcdefgh”，则存储的是（　　）。

A. abcdefilgh，共 8B

B. abcdefgh 和 92 个空格，共 100B

C. abcdefgh 和 12 个空格，共 20B

D. abcdeflgh 和 32 个空格，共 40B

2. 如果表中某列用于存储图像数据，则该列应该设置为（　　）数据类型。

A. text　　B. ntext　　C. image　　D. int

3. 如果表中某列的数据类型是 decimal (5，1)，则该列的数据类型属于（　　）数据类型。

A. 整型　　B. 十进制数据类型

C. 二进制数据类型　　D. 日期时间类型

4. （　　）是指组成表的各列的名称及数据类型，也就是日常表格的“栏目信息”。

A. 表型　　B. 记录　　C. 字段　　D. 关键字

5. 下列（　　）最适宜充当表的主键列。

A. 空值列　　B. 计算列　　C. 标识列　　D. 外键列

6. 对一个已经创建的表，（　　）操作是不能够完成的。

A. 更改表名

B. 增加或删除列

C. 增加或删除各种约束

D. 将某一列的数据类型由 text 数据类型修改为 image 数据类型

7. DELETE 命令可以删除（　　）。

A. 表结构　　B. 所有记录　　C. 数据库　　D. 约束

8. 向表 table1 中增加一个新列 column1 的命令是（　　）。
   A. ALTER TABLE table1 ADD COLUMN column1 int
   B. ALTER TABLE table1 ADD column1 (int)
   C. ALTER TABLE table1 ADD column1 int
   D. ALTER TABLE table1 NEW COLUMN column1 int
9. 下列不能够实现数据域完整性的是（　　）。
   A. 检查约束　　B. 外键约束　　C. 默认约束　　D. 唯一约束
10. 下列关于主键的描述中，不正确的是（　　）。
   A. 主键能够唯一地标识表中的每一行
   B. 主键列的值不允许空值
   C. 一个表中允许在多个列的组合上创建一个主键
   D. 一个表中允许创建多个主键

二、填空题

1. SQL Server 的数据类型分为____________________和____________________。
2. 创建表使用的 T-SQL 语句是____________________，修改表使用的 T-SQL 语句是____________________，删除表使用的 T-SQL 语句是____________________。
3. NULL 的含义是____________________。
4. 关系数据库中的____________________用来存储数据，并用____________________的形式显示数据，每一行称为____________________。
5. 清空表中的记录，可以使用语句____________________。

拓展训练 2

请使用 T-SQL 语句操作以下内容:
1. 建立一个数据库，名称为 database_T，放到系统路径。
2. 建立一个表，表名为 address，列为
Number int NOT NULL,
Name varchar(10) NOT NULL,
Sex char(2) NULL,
Telphone_no varchar(12) NULL,
Address varchar(30) NULL,
Others varchar(50) NULL
3. 向表中添加数据。

第 3 章　数据库查询

本章的工作任务

本章主要介绍 SQL Server 2008 中各类查询的基本用法和基本结构。主要工作任务是解决商场货物管理系统数据库中各类查询的操作。

3.1　工作任务 1：学习基本查询

任务描述与目标

1．任务描述

本节的工作任务是学习基本查询的基本语法以及在实际应用中的具体操作。

2．任务目标

掌握查询语句 SELECT 的使用方法。

3.1.1　SELECT 语句的语法格式

SELECT 语句的语法格式如下：

```
SELECT select_List
  [INTO new_table_name]
  FROM table_list
  [WHERE search_conditions]
  [GROUP BY group_by_list]
  [HAVING search_conditions]
  [ORDER BY order_list[ASC|DESC]]
  [COMPUTE compute_condition[BY column]]
```

其中各子句说明如下。

① SELECT select_List：用于指定查询结果集的列。select_List 为结果集的列表达式列表，各列表达式之间用逗号分隔。列表达式通常是要查询的表或视图中的列或列的表达式。

② INTO new_table_name：用于指定用查询的结果集创建一个新表。new_table_name 为新表的表名。

③ FROM table_list：用于指定要查询的表或视图。table_list 为查询各表或视图的名称以及它们之间的逻辑关系。

④ WHERE search_conditions：用于指定查询的条件，只有符合条件的行才向结果集提供数据。search_conditions 为限制返回某些行数据所要满足的条件表达式。

⑤ GROUP BY group_by_list：用于指定查询的结果集进行分组汇总，只返回汇总数据。group_by_list 为执行分组的列表达式。

⑥ HAVING search_conditions：用于指定分组的查询条件。HAVING 子句通常与 GROUP BY 子句一起使用，如果不使用 GROUP BY 子句，HAVING 子句与 WHERE 子句功能相同。

⑦ ORDER BY order_list[ASC|DESC]：用于指定查询结果集的行的排列顺序。order_list 为执行排序的列表达式。ASC 关键字指明查询结果集按照升序排序，DESC 关键字指明查询结果集按照降序排序。

⑧ COMPUTE compute_condition[BY column]：用于指定查询的结果集进行明细汇总，返回结果集的明细数据和汇总数据。compute_condition 为执行汇总结果的聚合表达式。BY 关键字指明查询的结果进行分组明细汇总，column 为执行分组的列表达式。

3.1.2　SELECT 子句

1. 选择特定列

选择表或视图的特定列时，应明确地指明需要查询的列名，多个列名之间用逗号分开。如果有常量需要输出，则将常量值等同于列名。

例 3-1　检索 Product 表，查询所有商品的 id 和 name。

在查询编辑器中输入以下命令：

```
USE ShopSystem
GO
SELECT p_id, p_name FROM Product
GO
```

查询结果如图 3-1 所示。

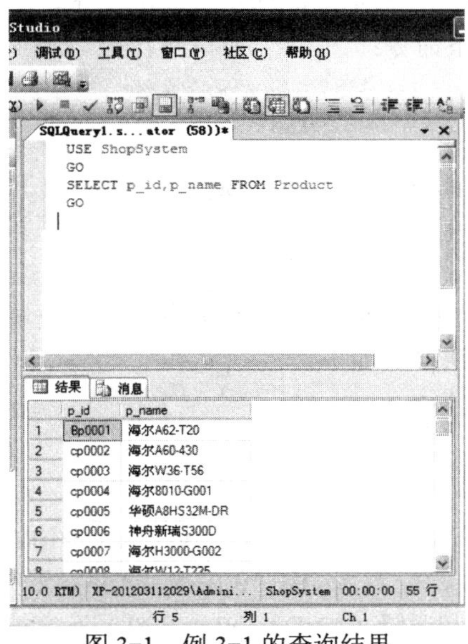

图 3-1　例 3-1 的查询结果

2. 选择所有列

选择表或视图的所有列时，既可以明确地指明各列的列名，也可以使用关键字星号（*）来代表所有列的列名。

3. 指定返回列的名称。

使用 SELECT 语句进行数据查询时，返回结果集中列的名称与 SELECT 子句中选择的列的名称相同。如果要增加结果集的可读性，可以自定义选择列的名称或为派生列指定名称。指定返回列的名称有 3 种方法：

1）列名 AS 别名。

2）列名别名。

3）别名 =列名。

例 3-2 检索 Product 表，查询所有商品的 p_id、p_name，并分别用中文名称为各列指定别名。

在查询编辑器中输入以下命令：

```
USE ShopSystem
GO
SELECT p_id AS 产品编号, p_name AS 产品名称 FROM Product
GO
```

4. 选择派生列

SELECT 子句中的列表达式不仅可以是表或视图中的属性列，也可以是通过计算得到的列，称为派生列。派生列通常是由运算符和函数得到的表达式。

5. 消除重复行

SELECT 子句使用 DISTINCT 关键字消除结果集中的重复行；否则，结果集中将包含所有满足条件的行。DISTINCT 关键字的语法格式如下：

```
DISTINCT <select_list>
```

例 3-3 检索 Product 表，查询不同的购买时间的单子。

在查询编辑器中输入以下命令：

```
USE ShopSystem
SELECT p_time AS 购买时间 FROM Product
GO
SELECT DISTINCT 购买时间 AS time FROM Product
GO
```

6. 限制返回行的数量

SELECT 子句使用 TOP 关键字限制返回结果集中行的数量，即仅返回查询结果集的前一部分数据。TOP 关键字的语法格式如下：

```
TOP <n>[PERCENT] <select_list>
```

3.1.3 WHERE 子句

WHERE 子句通过设定查询条件获取特定行。WHERE 子句的条件表达式通常是由比较（=、>、<、>=、<=、<>、!=、!>、!<）、范围（BETWEEN...AND）、列表（IN）、模式匹配（LIKE）、空值判断（IS [NOT] NULL）和逻辑（AND、OR、NOT）运算符构成的表达式。

1. 比较搜索条件

例 3-4 检索 Product 表，查询“海尔 A60-430”的详细信息。

在查询编辑器中输入以下命令：

```
USE ShopSystem
GO
```

```
SELECT * FROM Product WHERE p_name= '海尔 A60-430'
GO
```

查询结果如图 3-2 所示。

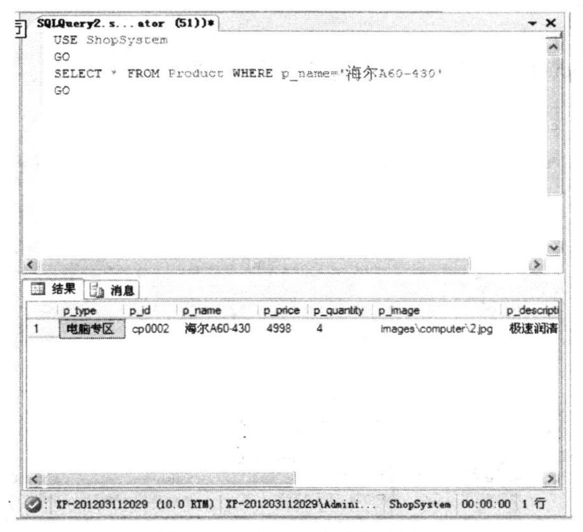

图 3-2　例 3-4 的查询结果

2. 范围搜索条件

例 3-5　检索 Product 表，查询价格在一定范围内的商品信息。

在查询编辑器中输入以下命令：

```
USE ShopSystem
GO
SELECT * FROM Product WHERE p_price BETWEEN 6000 AND 8000
ORDER BY p_price ASC
GO
```

查询结果如图 3-3 所示。

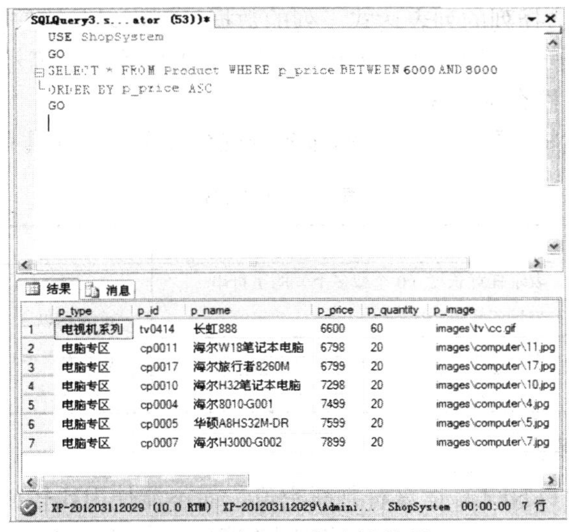

图 3-3　例 3-5 的查询结果

3. 列表搜索条件

例 3-6 检索 Product 表，查询 p_id 是 cp0001、cp0002、cp0003 的详细信息。

在查询编辑器中输入以下命令：

```
USE ShopSystem
SELECT * FROM Product WHERE p_id IN(' cp0001', ' cp0002', ' cp0003')
```

查询结果如图 3-4 所示。

图 3-4 例 3-6 的查询结果

4. 模式匹配搜索条件

LIKE 运算符用于将选择的列与字符串进行模式匹配运算，其语法格式如下：

```
<column_expr>[NOT] LIKE'<匹配串>'[ESCAPE'<换码字符>']
```

其中各参数说明如下。

① column_expr：选择列的列表达式。列的数据类型可以是字符类型或日期时间类型。

② 匹配串：可以是一个完整的字符串，此时，LIKE 等价于等号；也可以是包含有通配符的字符串。通配符的种类见表 3-1。

③ ESCAPE：表示将<换码字符>后的通配符进行转义，使其具有普通字符的含义。

表 3-1 通配符

通 配 符	含 义	示 例
%	表示任意长度（0 个或多个）的字符串	a%表示以 a 开头的任意长度的字符串
_	表示任意单个字符	a_表示以 a 开头的长度为 2 的字符串
[ ]	表示一定范围内的任意单个字符	[0—9]表示 0~9 之间的任意单个字符
[^]	表示指定范围外的任意单个字符	[^0—9]表示 0~9 以外的任意单个字符

5. 空值判断搜索条件

T-SQL 使用 IS[NOT] NULL 运算符判断空值，而不能使用比较或模式匹配运算符。

例 3-7 检索 Product 表，查询出购买时间为空的商品的详细信息。

在查询编辑器中输入以下命令：

```
USE ShopSystem
SELECT * FROM Product WHERE p_time IS NULL
```

查询结果如图 3-5 所示。

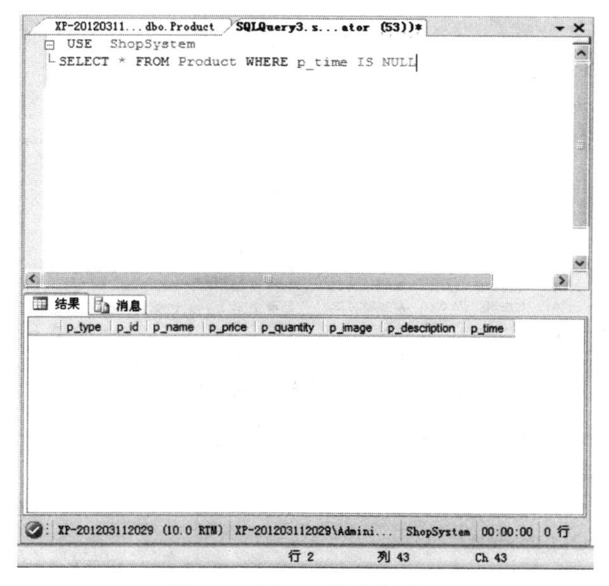

图 3-5 例 3-7 的查询结果

6. 逻辑运算搜索条件

逻辑运算符 AND、OR 和 NOT 用来连接多个条件表达式。

1）AND：用于两个条件表达式的与连接。

2）OR：用于两个条件表达式的或连接。

3）NOT：用于一个条件表达式的非操作。

3.1.4 ORDER BY 子句

ORDER BY 子句用于对输出的结果集排序。该子句可以按照一个或多个列表达式对结果集进行升序（ASC）或降序（DESC）排序，其中 ASC 为默认设置。如果未指定 ORDER BY 子句，SQL Server 2008 则按照记录在表中的存储顺序显示结果集。

3.1.5 任务实施

使用查询语句完成商场货物管理系统数据库中的基本查询。

1）检索 Product 表，查询所有商品的详细信息。

在查询编辑器中输入以下命令：

```
USE ShopSystem
SELECT * FROM Product
GO
```

查询结果如图 3-6 所示。

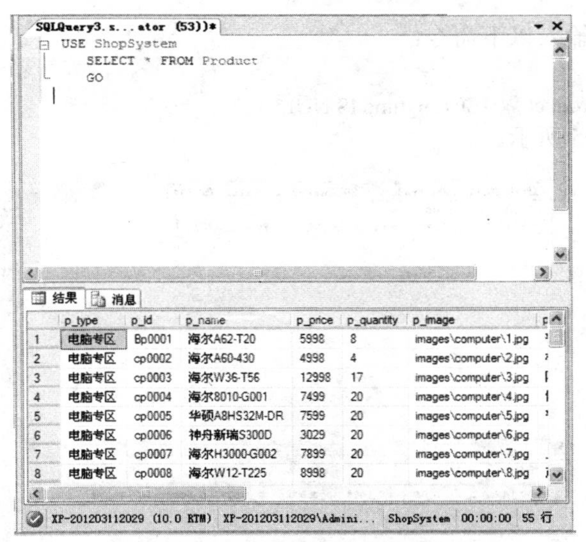

图 3-6　任务实施 1 的查询结果

2）检索 Product 表，查询前两名商品的详细信息。

在查询编辑器中输入以下命令：

```
USE ShopSystem
SELECT TOP 2 * FROM Product
GO
```

查询结果如图 3-7 所示。

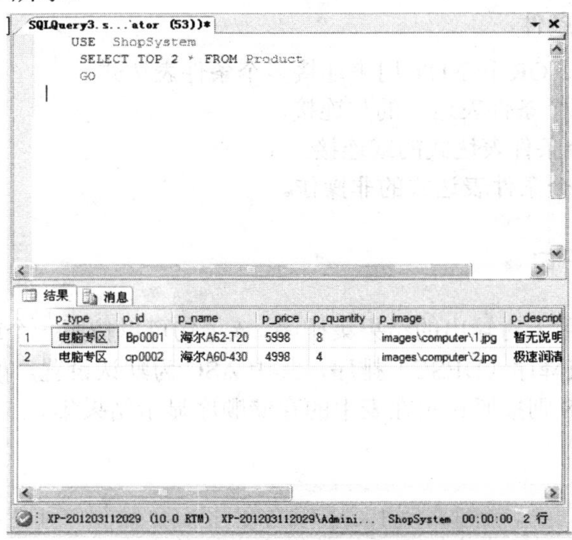

图 3-7　任务实施 2 的查询结果

3）检索 Product 表，查询出海尔系列的商品的商品编号和商品价格。

在查询编辑器中输入以下命令：

```
USE ShopSystem
SELECT p_id, p_price FROM Product WHERE p_name LIKE '海尔%'
GO
```

查询结果如图 3-8 所示。

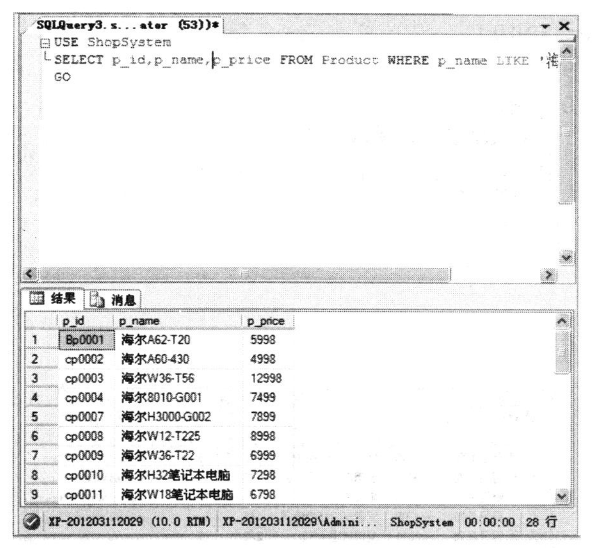

图 3-8　任务实施 3 的查询结果

4）检索 Product 表，查询出价格在 6000 元以上的商品的信息。

在查询编辑器中输入以下命令：

```
USE ShopSystem
SELECT * FROM Product WHERE p_price>6000
GO
```

执行结果如图 3-9 所示。

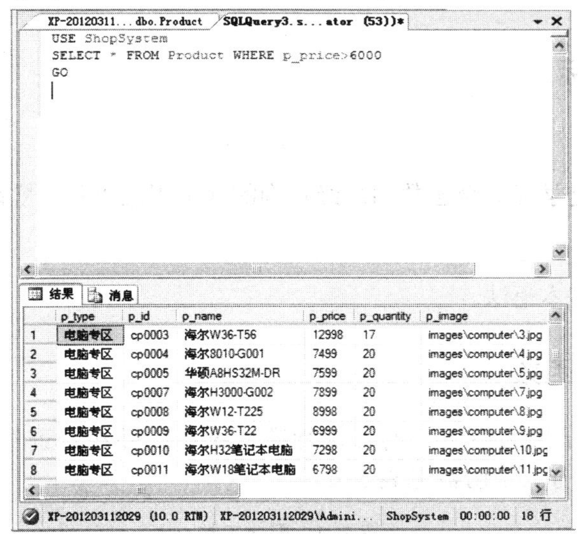

图 3-9　任务实施 4 的执行结果

5）检索 Product 表，查询没有商品描述的商品信息，结果按照价格升序排序并显示前 5 行记录。

在查询编辑器中输入以下命令：

```
USE ShopSystem
SELECT TOP 5 * FROM Product
```

```
WHERE p_description IS NULL
ORDER BY p_price ASC
```

执行结果如图 3-10 所示

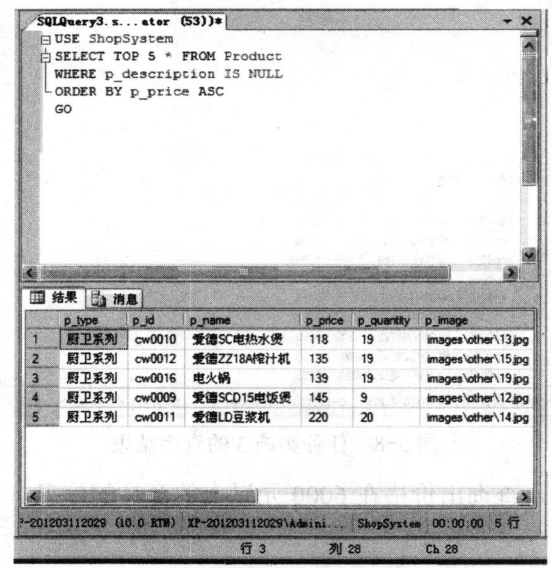

图 3-10　任务实施 5 的执行结果

3.2　工作任务 2：学习包含聚合函数的高级查询

任务描述与目标

1. 任务描述

本节的工作任务是学习聚合函数的高级查询的基本用法以及在实际应用中的具体操作。

2. 任务目标

掌握聚合函数的基本语法。

3.2.1　常用的聚合函数

聚合函数用于对结果集中所有的行进行数据统计，并在查询结果集中生成汇总值。SQL Server 2008 提供的聚合函数见表 3-2。

表 3-2　聚合函数

聚 合 函 数	功 能 描 述
COUNT（[DISTINCT|ALL]列表达式|*）	计算一列中值的个数；COUNT (*) 计算选定行的行数
SUM（[DISTINCT|ALL]列表达式）	计算一列中值的总和（此列为数值型）
AVG（[DISTINCT|ALL]列表达式）	计算一列的平均值（此列为数值型）
MAX（[DISTINCT|ALL]列表达式）	计算一列的最大值
MIN（[DISTINCT|ALL]列表达式）	计算一列的最小值

3.2.2　分组筛选

GROUP BY 子句用于对结果集中的行按照指定列进行分组，并且按组进行统计汇总。

HAVING 子句一般用于对分组后的数据设定查询条件。

使用 GROUP BY 子句进行分组汇总时，SELECT 子句中的列表达式必须满足下列两个条件之一：

① 应用了聚合函数。

② 未应用聚合函数的列必须应用于 GROUP BY 子句中。

GROUP BY 子句格式如下：

```
[GROUP BY [ALL]]| group_by_expression[,…n]
[WITH{CUBE|ROLLUP}]
```

其中各参数说明如下：

① group_by_expression 为分组表达式，通常包含列名。

② ALL 关键字指定显示所有组。

③ CUBE 关键字表示产生所有列组合的汇总行。

④ ROLLUP 关键字表示顺序产生汇总行。

HAVING 语法格式如下：

```
HAVING search_condition
```

其中参数 search_condition 的含义是分组统计的条件表达式。

例 3-8　在 Product 表中，按商品类型分组统计总价格。

在查询编辑器中输入以下命令：

```
USE ShopSystem
SELECT p_type, p_price=sum(p_price)
FROM    Product
GROUP BY p_type
```

查询结果如图 3-11 所示。

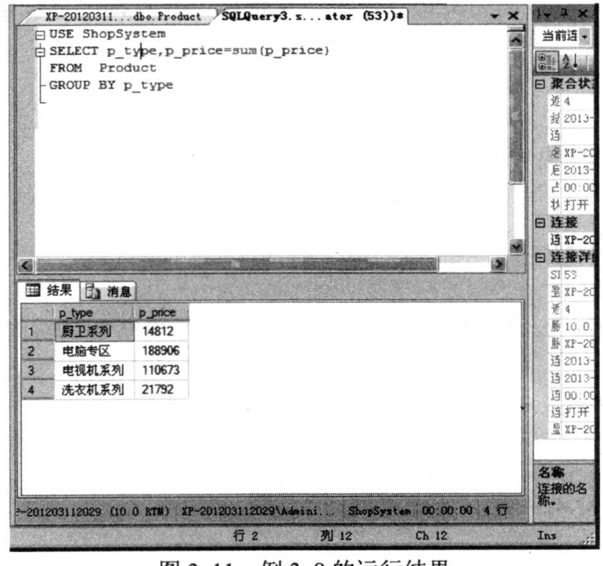

图 3-11　例 3-8 的运行结果

HAVING 子句与 WHERE 子句的区别表现在：

1）WHERE 子句设置的查询条件在 GROUP BY 子句之前发生作用，并且查询条件中不能包含聚合函数。

2）HAVING 子句设置的查询条件在 GROUP BY 子句之后发生作用，并且查询条件中允许使用聚合函数。

3.2.3 计算与汇总

使用 GROUP BY 子句可以对数值列做分组统计计算，但只能在结果中显示统计的结果而看不到被统计的具体的源数据。使用 COMPUTE 子句既能浏览数据源又能看到这些数据的统计结果，使输出数据更加清晰。COMPUTE 子句的格式如下：

```
[COMPUTE(expression)][,…n][BY column_name[,…n]]
```

其中各参数说明如下：

① expression 为包含统计函数的表达式，在汇总行中显示统计结果。

② BY 关键字指定对查询出的结果进行分类统计。在结果中先显示一个类别的数据和这一类数据的统计结果，然后再显示下一类数据和统计结果。

使用 COMPUTE 子句必须注意以下几点：

1）聚合函数中不能使用 DISTINCT 关键字。

2）COMPUTE 子句中指定的属性列必须存在于 SELECT 子句中。

3）COMPUTE…BY 子句必须与 ORDER BY 子句一起使用，并且 BY 关键字后指定的列必须与 ORDER BY 子句中指定的列相同，或为其子集，且列的顺序也必须一致。

3.2.4 任务实施

1）在 Product 表中，按商品类型分组统计总价格，并查询出总价格在 100000 元以上的商品。

在查询编辑器中输入以下命令：

```
USE ShopSystem
SELECT p_type, p_price=sum(p_price)
FROM Product
GROUP BY p_type
HAVING p_price >100000
```

查询结果如图 3-12 所示。

2）检索 Product 表，查询商品编号、商品名称、商品价格和购买时间，并汇总商品数量和平均价格。

在查询编辑器中输入以下命令：

```
USE ShopSystem
SELECT p_id, p_name, p_price, p_time FROM Product
COMPUTE COUNT(p_id), AVG(p_price)
```

查询结果如图 3-13 所示。

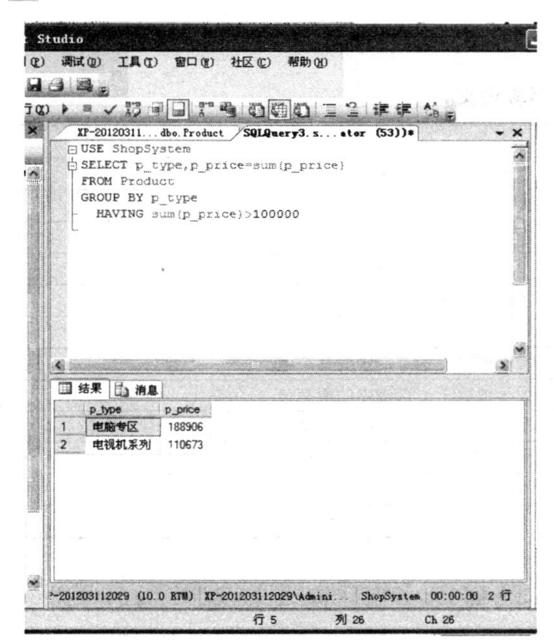

图 3-12　任务实施 1 的运行结果

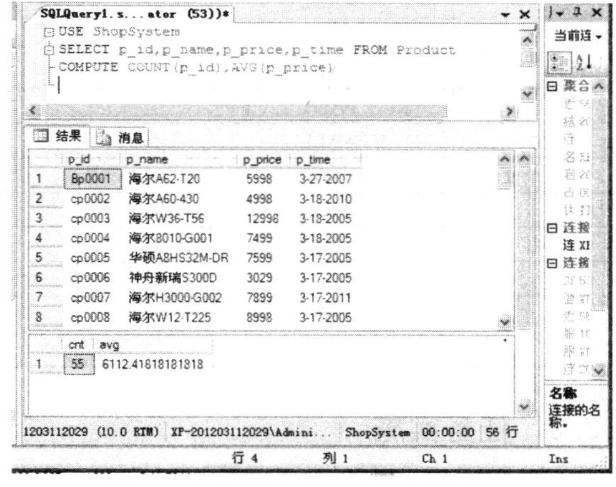

图 3-13　任务实施 2 的运行结果

3.3　工作任务 3：学习嵌套查询

任务描述与目标

1. 任务描述

本节的工作任务是学习嵌套查询的基本用法以及在实际应用中的具体操作。

2. 任务目标

掌握使用子查询的方法。

3.3.1　IN 子查询

IN 是嵌套查询中经常使用的谓词。[NOT]IN 子查询引出的子查询的结果集合可以包含多个值。在使用 IN 子查询时，如果该表达式的值与此列中的任何一个值相等，则集合测试返回 TRUE，否则返回 FALSE。

3.3.2　比较子查询

带有比较运算符的子查询就是主查询与子查询之间用比较运算符进行连接。在比较子查询中，如果没有使用 ALL 或 ANY 修饰，则必须保证子查询所返回的结果集合中只有单行数据，否则将引起查询错误；如果比较操作与 ALL 或 ANY 修饰一起使用，这时则允许子查询返回多个数据行。

表 3-3 介绍了比较运算符与 ALL、ANY 连用时的取值情况。

表 3-3　比较运算语义

比 较 运 算	语　　义
>ANY	大于子查询中的某个值
>ALL	大于子查询中的所有值
<ANY	小于子查询中的某个值
<ALL	小于子查询中的所有值
=ANY	等于子查询中的某个值
=ALL	等于子查询中的所有值
>=ANY	大于或等于子查询中的某个值
>=ALL	大于或等于子查询中的所有值
<=ANY	小于或等于子查询中的某个值
<=ALL	小于或等于子查询中的所有值
!=ANY	不等于子查询中的某个值
!=ALL	不等于子查询中的所有值

3.3.3　任务实施

在商场货物管理系统数据库中进行嵌套查询，步骤如下：

1）检索 Product 表和 main_type 表，查询类型编号为“368”的商品信息。

在查询编辑器中输入以下命令：

```
USE ShopSystem
SELECT Product.* FROM Product
WHERE p_type in (SELECT p_type FROM main_type WHERE t_id='368')
```

查询结果如图 3-14 所示。

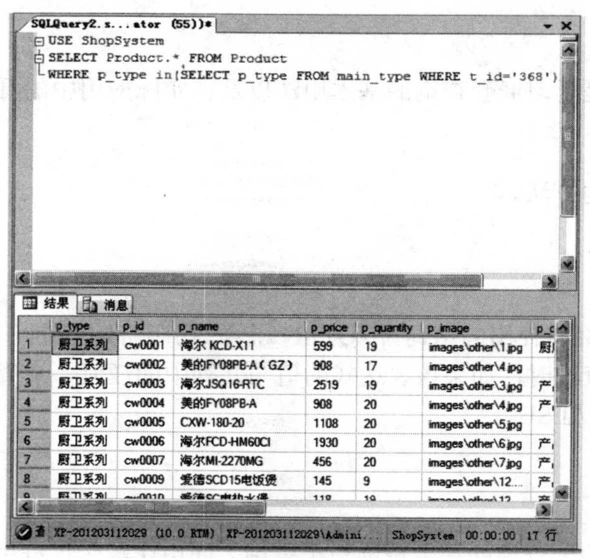

图 3-14　任务实施 1 的运行结果

2）检索 Product 表和 main_type 表，查询商品名称为“海尔 A60-430”的商品所属系列的编号。

在查询编辑器中输入以下命令：

```
USE ShopSystem
SELECT t_id FROM main_type
WHERE p_type= (SELECT p_type FROM Product WHERE p_name='海尔 A60-430')
```

查询结果如图 3-15 所示。

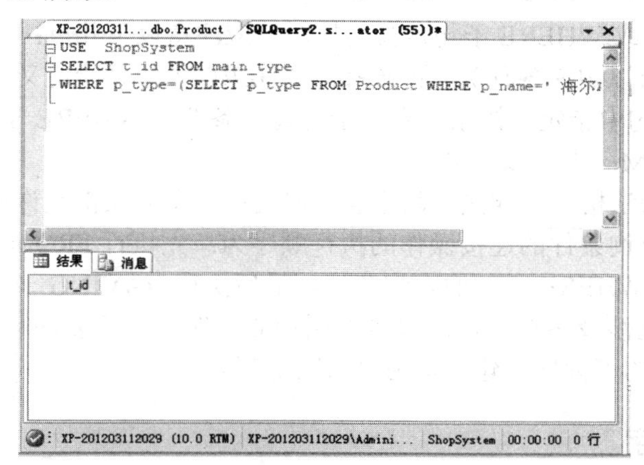

图 3-15　任务实施 2 的运行结果

3.4　工作任务 4：学习连接查询

任务描述与目标

1．任务描述

本节的工作任务是学习多表连接查询的基本用法以及在实际应用中的具体操作。

2．任务目标

掌握使用多表连接查询的方法。

3.4.1　连接谓词

连接查询用于实现从两个或多个表中根据各表之间的逻辑关系来检索数据。一个数据库中的多个表之间一般存在着某种内在联系，用户通过连接运算就可以通过一个表中的数据来查询其他表中的数据，从而提高了查询的灵活性。

T-SQL 提供了两种定义连接的方法：一种是在 FROM 子句中定义连接；另一种是在 WHERE 子句中定义连接。

1）在 FROM 子句中定义连接，语法格式如下：

```
SELECT select_list
FROM table1 JOIN_TYPE table2[ON join_condition]
[WHERE search_condition…]
```

其中各参数说明如下。

① JOIN_TYPE：连接运算符用于指定连接类型，包括内连接（INNER JOIN 或 JOIN）、外连接（OUTER JOIN）和交叉连接（CROSS JOIN）。

② join_condition：连接条件表达式。

2）在 WHERE 子句中定义连接，语法格式如下：

```
SELECT select_list
FROM table1, table2
[WHERE join_condition AND search_condition…]
```

使用 FROM 子句或 WHERE 子句定义连接时，应注意以下几点：

1）FROM 子句可以定义各种类型的连接，WHERE 子句只能定义内连接。

2）在 FROM 子句中指定连接条件有助于将连接条件与 WHERE 子句中指定的查询条件分开，建议使用 FROM 子句定义连接。

3）定义连接的语法格式只连接了两个表，但两种定义方法都允许连接一个表或多个表。

4）对于限定了查询条件的连接操作的执行顺序为：先执行 FROM 子句或 WHERE 子句的连接条件，再执行 WHERE 子句的查询条件，最后执行 HAVING 子句的查询条件。

5）由于连接查询涉及多个表，所以列的引用必须明确，重复的列名必须使用表名加以限定。为了增加程序的可读性，建议使用表名限定列名。

3.4.2 JOIN 关键字

在两个以上表进行交叉连接时，可以使用 JOIN 关键字。

例 3-9 对 Product 表和 main_type 表进行交叉连接，查询两个表的所有列。

在查询编辑器中输入以下命令：

```
USE ShopSystem
SELECT Product.*, main_type.*
FROM Product CROSS JOIN main_type
```

查询结果如图 3-16 所示。

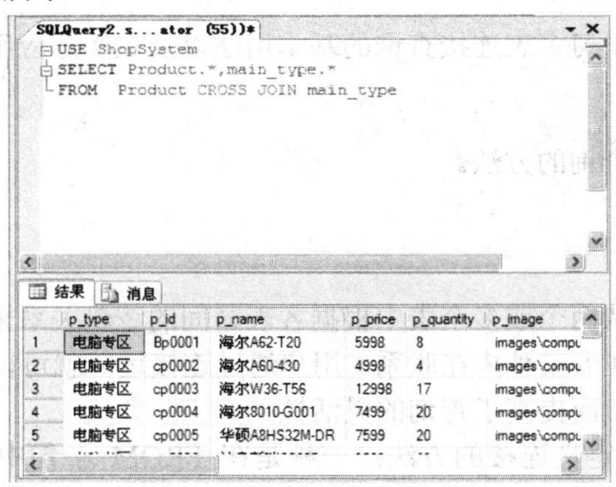

图 3-16 例 3-9 的查询结果

使用交叉连接查询时，应注意以下几点：

1）没有 WHERE 子句的交叉连接将产生连接所涉及的表的笛卡儿积。

2）如果添加一个 WHERE 子句，则交叉连接的作用将等同内连接。

3.4.3 内连接

在多表连接中，内连接使用频率最高。内连接是指返回两个表中完全符合连接条件的记录的连接查询。

在写内连接的SELECT语句时，FROM子句中应包括所有连接的表，表与表之间应写两个表各自用于连接的字段。SELECT子句的字段列表中，如果某个字段在不止一个被连接的表中存在，那么应该在字段前面加上其来源的表名字，如果该字段只在一个被连接的表中出现，那么可以不写其来源的表名字。

内连接中，最常用的是两个表进行内连接，其语法格式如下：

```
SELECT table_or_view1.column_list, table_or_view2.column_list FROM
table_or_view1 INNER JOIN table_or_view2 ON
table1_or_view1.column_name1=table_or_view2.column_name2 [WHERE { <search_condition>}]
```

其中各参数的含义说明如下。

① table_or_view1：第一个内连接的表或视图的名称。

② table_or_view2：第二个内连接的表或视图的名称。

③ column_list：内连接的表或视图的字段列表。

④ column_name1：第一个内连接的表或视图的连接字段。

⑤ column_name2：第二个内连接的表或视图的连接字段。

⑥ search_condition：内连接的记录所必须满足的条件。

3.4.4 外连接

内连接选取的是两个表中在连接字段中都具有相同值的记录。如果希望其中某个表中的记录即使不符合连接条件也要返回，这时就要使用外连接。

外连接分为3类：左外连接、右外连接和完全外连接。左外连接是指所连接的第一个表中的记录必须全部进入结果集，即使该记录在第二个表中没有与之连接字段相同的记录。右外连接是指所连接的第二个表中的记录必须全部进入结果集，即使该记录在第一个表中没有与之连接字段相同的记录。完全外连接是指所连接的两个表中的记录必须全部进入结果集，即使该记录在另一个表中没有与之连接字段相同的记录。在使用左外连接和右外连接时，所连接的表的书写顺序不可颠倒。一个左外连接也可以使用一个同样的右外连接来代替，但必须将所连接的表的书写顺序进行颠倒。

外连接语法格式如下：

```
SELECT table_or_view1.column_list, table_or_view2.column_list FROM
table_or_view1 LEFT|RIGHT|FULL OUTER JOIN table_or_view2 ON
table1_or_view1.column_name1=table_or_view2.column_name2
[WHERE {<search_condition>}]
```

其中各参数的含义说明如下。

① table_or_view1：第一个外连接的表或视图的名称。

② table_or_view2：第二个外连接的表或视图的名称。

③ LEFT|RIGHT|FULL OUTER JOIN：设置左外连接或右外连接或完全外连接。

④ column_list：外连接的表或视图的字段列表。

⑤ column_name1：第一个外连接的表或视图的连接字段。

⑥ column_name2：第二个外连接的表或视图的连接字段。

⑦ search_condition：外连接的记录所必须满足的条件。

使用外连接查询应注意，外连接查询只适用于两个表。

3.4.5　交叉连接

可以使用交叉连接来生成连接的源表的笛卡儿积，结果集的记录数是第一个表的记录数乘以第二个表的记录数。

交叉连接语法格式如下：

```
SELECT table_or_view1.column_list, table_or_view2.column_list FROM
table_or_view1 CROSS JOIN table_or_view2 [WHERE { <search_condition> }]
```

其中各参数的含义说明如下。

① table_or_view1：第一个交叉连接的表或视图的名称。

② table_or_view2：第二个交叉连接的表或视图的名称

③ column_list：交叉连接的表或视图的字段列表。

④ search_condition：交叉连接的记录所必须满足的条件。

3.4.6　自连接

连接操作既可在多表之间进行，也可在一个表与其自己之间进行连接，称为表的自连接。一般情况下，为了实现自连接查询，为连接的表指定两个别名，从而在逻辑上相互区分。

例 3-10　查询与商品“海尔 A60-430”是同一类型的商品名称和客户编号。（自连接）

在查询编辑器中输入以下命令：

```
USE ShopSystem
SELECT A.p_id, A.p_name, B. p_id,B. p_name
FROM Product AS A INNER JOIN Product AS B ON A.p_type=B.p_type
WHERE B.p_name ='海尔 A60-430' AND A.p_id!=B.p_id
```

查询结果如图 3-17 所示。

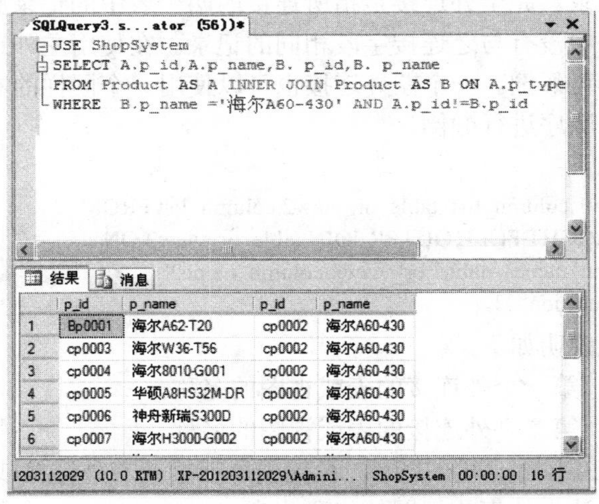

图 3-17　例 3-10 的查询结果

3.4.7　任务实施

商场货物管理系统数据库中的多表连接查询是系统中的很重要的功能，其实现步骤如下：

1）对 Product 表和 main_type 表进行等值连接，查询包含各商品情况的相关信息，即返

回两个表的所有列。（内连接）

在查询编辑器中输入以下命令：

```
USE ShopSystem
SELECT *
FROM Product INNER JOIN main_type
ON Product. p_type= main_type. p_type
```

查询结果如图 3-18 所示。

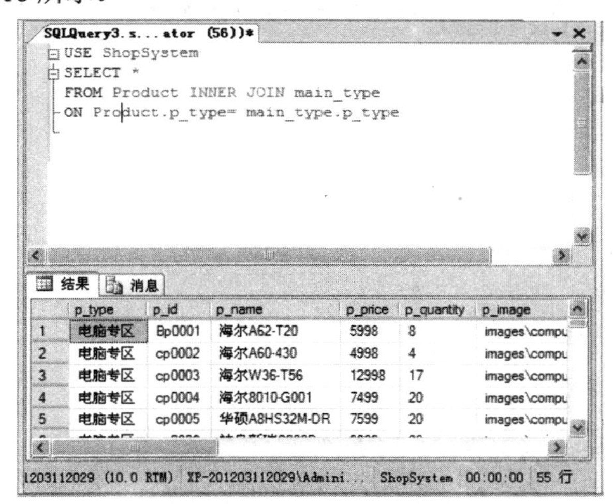

图 3-18 任务实施 1 的查询结果

2）查询所有商品的商品名称、商品编号和类型编号，所有商品都必须在结果集中存在。（外连接）

在查询编辑器中输入以下命令：

```
USE ShopSystem
SELECT Product.p_name, p_id, main_type.t_id
FROM main_type LEFT OUTER JOIN Product
ON main_type.p_type= Product.p_type
```

查询结果如图 3-19 所示。

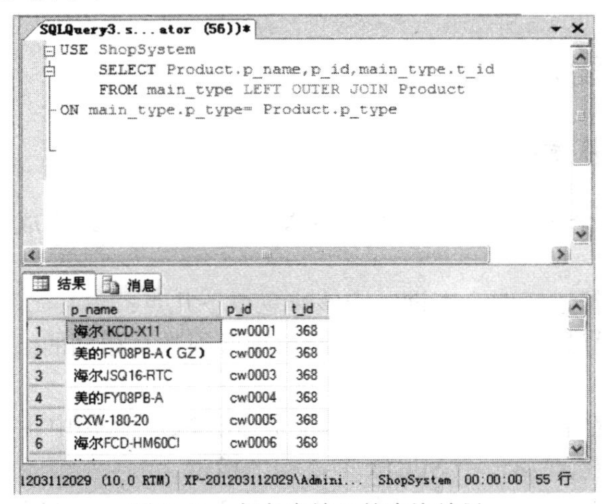

图 3-19 任务实施 2 的查询结果

3）查询商品“海尔 8010-G001”的商品编号和类型编号。（交叉连接）

在查询编辑器中输入以下命令：

```
USE ShopSystem
SELECT main_type.t_id, Product.p_id, p_name FROM main_type CROSS JOIN Product
WHERE p_name='海尔 8010-G001'
```

查询结果如图 3-20 所示。

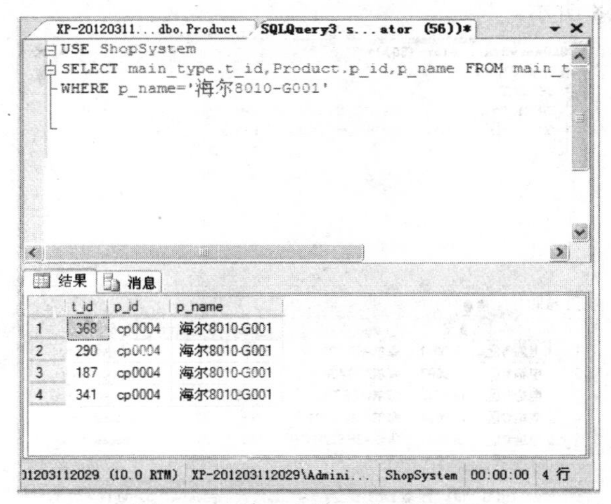

	t_id	p_id	p_name
1	368	cp0004	海尔8010-G001
2	290	cp0004	海尔8010-G001
3	187	cp0004	海尔8010-G001
4	341	cp0004	海尔8010-G001

图 3-20　任务实施 3 的查询结果

3.5　工作任务 5：了解联合查询的使用

任务描述与目标

1. 任务描述

本节的工作任务是学习联合查询的基本用法以及在实际应用中的具体操作。

2. 任务目标

掌握联合查询的使用方法。

3.5.1　联合查询的基本概念

联合查询是指将多个 SELECT 语句的结果集进行并运算，组合成为一个结果集。联合查询的运算符是 UNION。

使用 UNION 运算符进行联合查询，应该注意以下几点：

1）使用 UNION 运算符进行联合查询的结果集必须具有相同的结构、列数、兼容的数据类型和一致的列顺序。

2）联合查询返回的结果集中的列名是第一个 SELECT 语句中各列的列名。如果需要为返回列指定别名，则必须在第一个 SELECT 语句中指定。

使用 UNION 运算符进行联合查询，每个 SELECT 语句本身不能包含 ORDER BY 子句或

COMPUTE 子句，只能在最后使用一个 ORDER BY 子句或 COMPUTE 子句对结果集进行排序或汇总，且必须使用第一个 SELECT 语句中的列名。

3.5.2 任务实施

对两个 SELECT 查询进行联合。第一个查询检索 Product 表，查询商品类型和商品名称；第二个查询 main_type 表，查询商品类型和类型编号。

在查询编辑器中输入以下命令：

```
USE ShopSystem
SELECT p_type, p_name AS 商品名称 FROM Product
UNION
SELECT t_id, p_type FROM main_type
ORDER BY p_name
```

查询结果如图 3-21 所示。

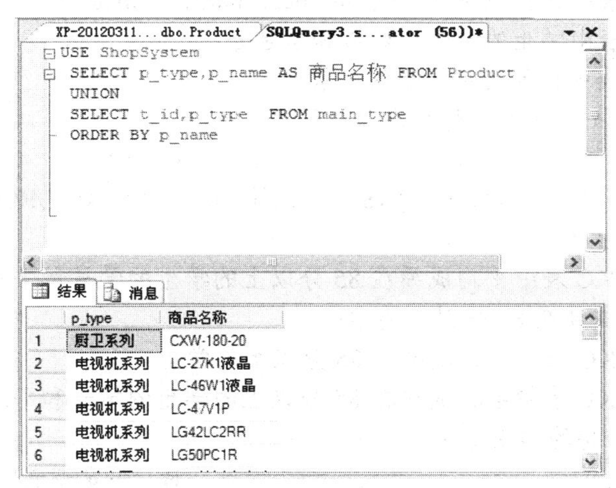

图 3-21 任务实施的查询结果

习 题 3

一、选择题

1. 数据查询语句 SELECT 由许多子句组成，下列子句能够生成明细汇总行的是(   )。

   A. ORDER BY 子句　　B. GROUP BY 子句

   C. COMPUTE 子句　　D. HAVING 子句

2. WHERE 子句用于指定(   )。

   A. 查询结果的分组条件　　B. 组或聚合的搜索条件

   C. 限定返回行的搜索条件　　D. 结果集的排序方式

3. 要查询 XSH 数据库 CP 表中“产品名称”列的值含有“冰箱”的产品情况，可用(   )命令。

   A. SELECT * FROM CP WHERE 产品名称 LIKE '冰箱'

   B. SELECT * FROM XSH WHERE 产品名称 LIKE '冰箱'

C. SELECT * FROM CP WHERE 产品名称 LIKE '%冰箱%'

D. SELECT * FROM CP WHERE 产品名称='冰箱'

4. 下列关于联合查询的描述中，错误的是（ ）。

A. UNION 运算符可以将多个 SELECT 语句的结果集合并成一个结果集

B. 多个表进行联合的结果集必须具有相同的结构、列数和兼容的数据类型

C. 联合查询的多个 SELECT 查询语句中都可以包含 ORDER BY 子句

D. 联合查询后返回的列名是第一个查询语句中列的列名

5. 连接查询中的外连接只能对（ ）个表进行。

A. 两 B. 三 C. 四 D. 任意

6. 语句“SELECT number=学号，name=姓名，mark=总学分 FROM XS WHERE 专业名='计算机'”表示（ ）。

A. 查询 XS 表中计算机系学生的学号、姓名和总学分

B. 查询 XS 表中计算机系学生的 number、name 和 mark

C. 查询 XS 表中学生的学号、姓名和总学分

D. 查询 XS 表中计算机系学生的记录

7. 可以与通配符一起使用进行查询的运算符是（ ）。

A. IN B. = C. LIKE D. IS

8. 语句“SELECT 学号，AVG(成绩)AS 平均成绩 FROM XS_KC GROUP BY 学号 HAVING AVG (成绩)>=85，”表示（ ）。

A. 查找 XS_KC 表中平均成绩在 85 分以上的学生的学号和平均成绩

B. 查找平均成绩在 85 分以上的学生

C. 查找 XS_KC 表中各科成绩在 85 分以上的学生

D. 查找 XS_KC 表中各科成绩在 85 分以上的学生的学号和平均成绩

9. ORDER BY 子句的作用是（ ）。

A. 分组查询 B. 限定返回行的查询条件

C. 明细汇总查询 D. 对结果集排序

二、填空题

1. 关键字 BETWEEN…AND…的作用是__________________。

2. 关键字 IN 的作用是__________________。

3. 多表连接的种类包括__________________、__________________、__________________和__________________。

4. 关键字 ANY 的作用是__________________。

5. 关键字 ALL 的作用是__________________。

6. 关键字 EXISTS 的作用是__________________。

7. 关键字 UNION 的作用是__________________。

三、简答题

1. SELECT 语句的作用是什么？

2. WHERE 子句与 HAVING 子句的区别是什么？

3. 连接查询的类型有哪些？

4. 简述联合查询的运算符及其注意事项。
5. 简述子查询的含义及其分类。
6. 简述子查询与连接查询的应用原则。

拓展训练 3

1. 查询 Product 表中前 50%行数据，输出产品编号、产品名称和产品描述，将“产品名称”列改为“name”。
2. 查询时间在 2010-7～2010-10 期间购买的商品信息。

第4章　数据库索引和视图的设计

➘ 本章的工作任务

本章主要介绍SQL Server 2008中索引和视图的基础知识和用法，学习如何创建、编辑以及删除索引和视图等。主要工作任务是解决商场货物管理系统中索引和视图的设计。

4.1　工作任务1：商场货物管理系统索引的创建

➘ 任务描述与目标

1．任务描述

本节的工作任务是学习索引的基本用法以及在实际应用中的具体操作，完成解决商场货物管理系统数据库中索引的创建。

2．任务目标

1）掌握索引的概念及其分类。
2）掌握创建、修改和删除索引的方法。
3）了解设计和优化索引的方法。

4.1.1　索引的基础知识

对于数据库而言，索引并不是必需的，但没有索引，SQL Server的运行是很勉强的，因为如果没有索引，每次数据查询时系统都要进行表扫描，对成千上万的数据行的每一行进行搜索排查，这种情况下数据库就像一辆没有汽油的车，只能推着它走。对于大型数据库系统，为了确保数据库更好地发挥作用，需要使用各种索引。使用索引可以加速数据检索速度，但索引的作用不仅限于此，索引还可以保证数据行的唯一性，增强外键的关系，实现表之间的参照完整性，加快表的连接。在进行分组和排序时，索引可以减少分组和排序时间。

索引可以由系统自动建立，也可以由数据库拥有者或数据库管理员手工创建。必须根据表中列数据的使用特性来创建索引，而不能一味地乱建索引。在什么情况下使用索引，使用什么索引，以及在什么情况下不使用索引，这需要根据数据的使用或根据经验来判断，最好在建库时制定好索引策略，而不要等到建库以后再考虑。

4.1.2 索引的分类

如果没有任何索引，SQL Server 不可能自动按照特定的顺序存储数据，表中的数据行按最初进入数据库的位置排列，新加入的数据只能追加在表的尾部。这种情况称为堆集，查询时从头到尾搜索扫描数据并按照发现的顺序返回被选中的行。如果要强制得到特定顺序的返回数据，就需要使用 ORDER BY 子句进行查询，在返回结果集之前，SQL Server 在一个临时存储数据库里进行数据排序。

索引后台系统将产生索引文件，索引文件中索引键值按一定的规律排列，索引文件由系统在后台维护，不用人工干预。

索引类型按索引文件的存储方式可分为聚集索引和非聚集索引，按索引键值的特点或索引键的组成，可分为唯一索引和非唯一索引、复合索引和覆盖索引等。下面介绍常用的索引类型。

1. 聚集索引和非聚集索引

索引文件也是个 SQL Server 表，系统用树状结构对数据和索引文件进行存储和管理。树的根页在顶部，中间是干页，底部是叶页。树的根和中间干层是索引页，叶页则构成表中的数据。叶页可能包含确切的用户数据记录，或者只包含那些指向数据记录的指针，这依赖于使用哪种索引，通常记录无次序存储时，叶类型的指针是行指针，它们在一个数据页面上直接指向用户数据记录所在的位置。

聚集索引将数据按索引键值的规律进行排序和存储。叶节点存放的是数据页信息，数据页是按索引键进行物理排序，就像一本书的目录，记录了章节和对应页码，书的正文按章节的物理顺序排列，章节的对应页码是从小到大排列的。

由于数据记录按聚集索引键的次序存储，当按规定范围的列值进行数据检索时，效果明显，因此聚集索引对查找记录很有效。

默认情况下，当为某个表加入主键约束时，创建的索引是聚集索引，但这可以改变。

聚集索引的键值不必是唯一的，但有主键约束的聚集索引的列位必须是唯一的。

在每一个表上，聚集索引最多只能有一个，因为在一个表中物理排序只能有一个。一个表可以没有聚集索引，这种情况就是堆集。

非聚集索引包含索引键值和定位数据行的指针。如果表中有一个聚集索引，指针就是聚集索引键值；如果在表中没有聚集索引，指针就指向表中确切的行，如某些书后所附的引用词汇表，包含书中所有引用词汇和词汇所对应的章节，当需要查找一个引用词汇在书中的位置，先查找到词汇所在的章节，然后往目录中再查找章节对应页码。在引用词汇表中引用词汇按升序排列，但章节的排列是没有规律的，如果书本身没有目录的话，引用词汇表就直接包含引用词汇对应的页码。

对非聚集索引来说有两种情况：一是有聚集索引时使用非聚集索引，二是无聚集索引时使用非聚集索引。前一种情况访问数据的效率更高，即在包含聚集索引的表中检索数据会更快。因为从叶级通过聚集索引键值跳到用户数据页比通过行指针跳到用户数据页更为有效，并且当数据更新时，数据页重写，行标识变化，所有相关联的非聚集索引都需要更新，如果用聚集索引键值代替行标识符，指针值仍是准确的，非聚集索引文件不变。

聚集索引和非聚集索引主要有以下区别：

1）每个表中只能有一个聚集索引，但可以有多个非聚集索引。

2）聚集索引对数据进行物理排序，非聚集索引对数据存储没有影响。

3）聚集索引的叶级是数据，非聚集索引的叶级是聚集索引的键值或是一个指向数据的指针。

建立索引文件时要注意，由于非聚集索引要使用聚集索引键值，所以如果表中要同时使用聚集索引和非聚集索引，应先建立聚集索引，然后再建立非聚集索引。

2. 唯一索引和非唯一索引

如果需要对某个列实施唯一性处理，就必须在这个列上建立唯一索引，当把一个列作为主键或者唯一键时，SQL Server 对这个列自动创建的索引就是唯一索引。一旦某个列被定义为唯一索引，SQL Server 将禁止在索引列中插入有重复值的行，同时也拒绝任何会引起重复值的列的改变。

非唯一索引允许对其值进行复制，对于外键列和经常需要查询、排序和分组的列可进行非唯一索引。

4.1.3 索引的操作

1. 创建索引

创建索引可以用命令操作方式或界面操作方式，可以根据需要同时创建一个聚集索引和多个非聚集索引，也可以只创建聚集索引或只创建若干非聚集索引。当数据库需要聚集索引，应先创建聚集索引，否则若已创建了非聚集索引，再创建聚集索引，SQL Server 需要修改非聚集索引文件，这将花更多的时间。

（1）用命令操作方式创建索引

使用 CREAT INDEX 命令建立索引，其基本的语法格式如下：

```
CREAT[UNIQUE] [CLUSTERED | NONCLUSTERED] INDEX index_name
ON (column_name[ASC|DESC][,…n])
```

其中各个参数的含义说明如下：

① UNIQUE 关键字指定创建唯一索引，对于视图创建的聚集索引必须是 UNIQUE 索引。

② CLUSTERED 关键字和 NONCLUSTERED 关键字指定创建聚集索引或非聚集索引。

③ Index_name：索引的名称。

④ column_name：字段的名称。

⑤ [ASC|DESC]：索引字段的升序或降序方向，默认值为 ASC。

（2）用界面操作方式创建索引

可以在对象资源管理器中单击需要修改的表，右击“索引”节点，在弹出的快捷菜单中选择“新建索引”命令，打开“新建索引”窗口，如图 4-1 所示。

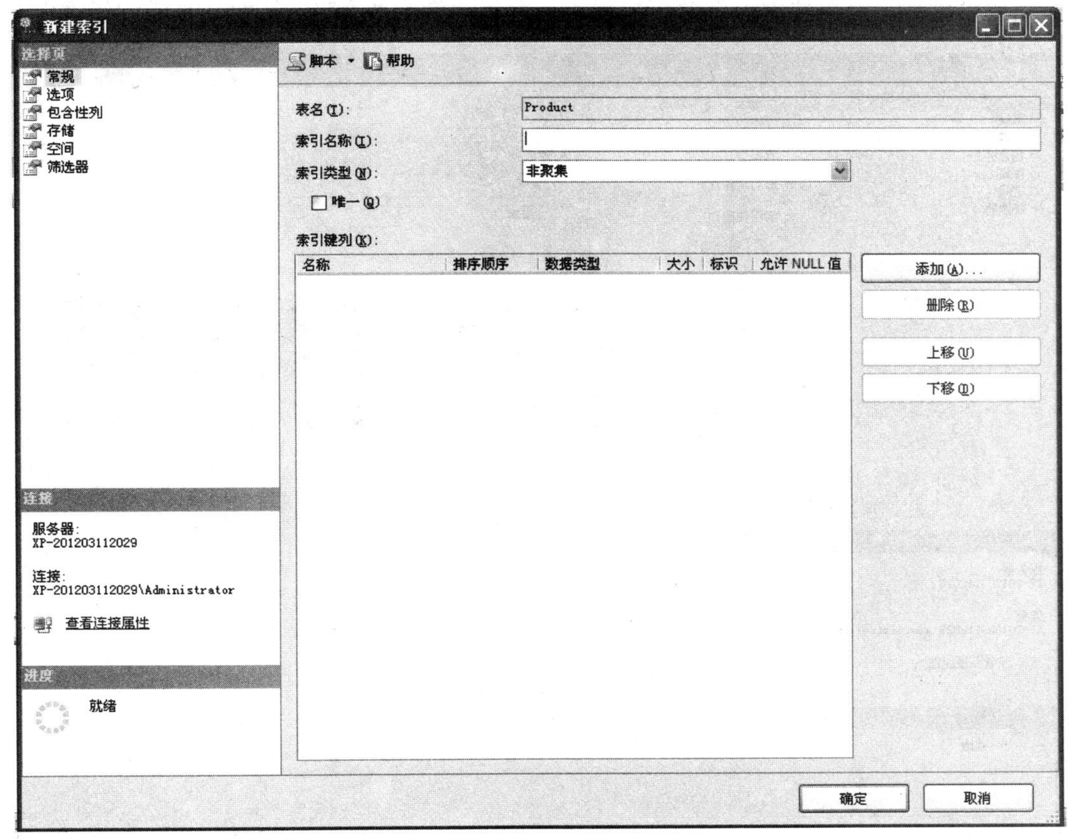

图 4-1　“新建索引”窗口

设置“新建索引”窗口中“常规”选项页中所有字段的“索引名称”、“索引类型”和“唯一”。单击“添加”按钮，打开“选择列”窗口，为索引键列添加表中字段，如图 4-2 所示。添加字段结束后，单击“确定”按钮，关闭“选择列”窗口，返回“新建索引”窗口。

从“dbo.Product”中选择列

选择要添加到索引键的表列。

表列(T):

	名称	数据类型	字节	标识	允许 Null 值
☑	p_type	varchar(30)	30	否	否
☑	p_id	char(10)	10	否	否
☑	p_name	varchar(40)	40	否	否
☑	p_price	float	8	否	否
☑	p_quantity	int	4	否	否
☐	p_image	varchar(100)	100	否	否
☐	p_description	varchar(2000)	2000	否	是
☐	p_time	varchar(20)	20	否	是

确定　取消　帮助(H)

图 4-2　“选择列”窗口

完成设置后，“新建索引”窗口如图 4-3 所示。单击“确定”按钮，完成创建索引。

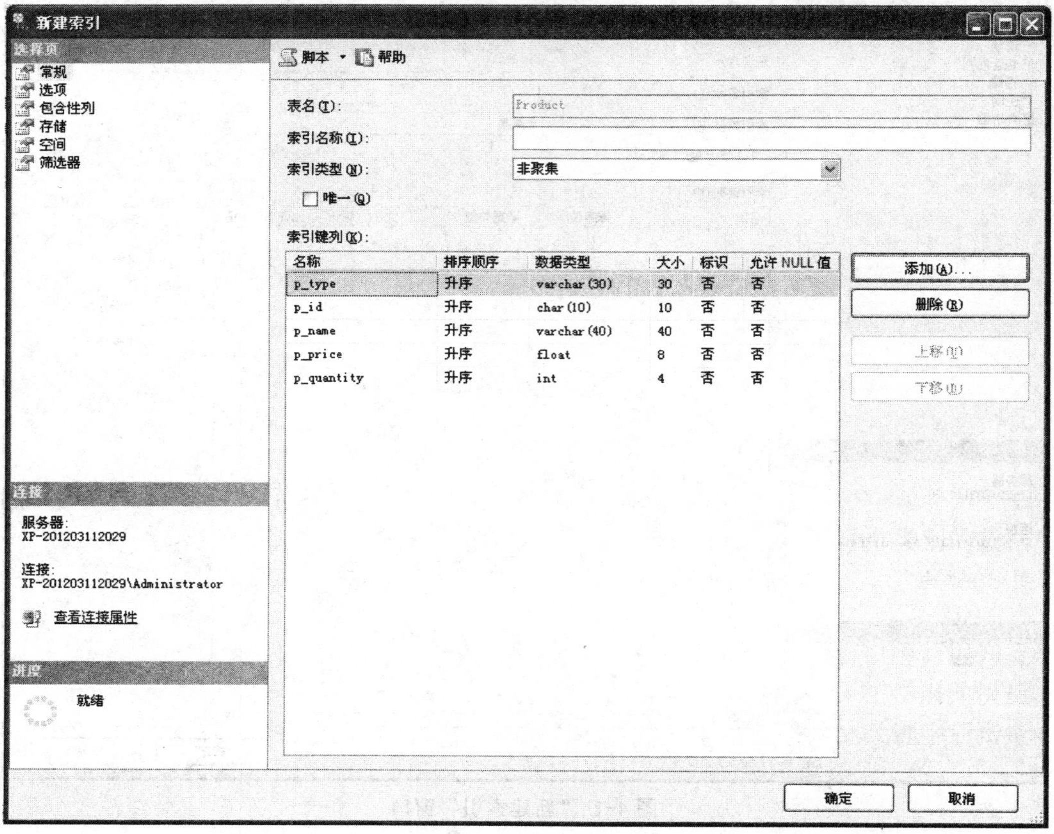

图 4-3 “新建索引”窗口

2. 修改索引

修改索引有两种途径：一种是在对象资源管理器中通过菜单修改索引；另一种是在编辑器中输入修改索引的 T-SQL 语句并运行，完成修改索引操作。

（1）在对象资源管理器中修改索引

右击需要修改的索引，在弹出的快捷菜单中选择“属性”命令，打开“索引属性”对话框，该对话框和“新建索引”对话框一样。设置对话框中所以需要修改的内容，然后单击“确定”按钮即可。

（2）在查询编辑器中修改索引

如果修改索引所包含的字段，可以直接使用 CREATE INDEX 语句完成。如果需要启用或禁用索引，重新生成或重新组织索引，或者设置索引选项，可以使用 ALTER INDEX 语句。

ALTER INDEX 语句的语法格式如下：

```
ALTER INDEX {index_name | ALL } ON table_or_view_name
{ REBUILD | DISABLE | REORGANIZE | SET (<set_index_option>[,…n])}[;]
```

其中各参数的含义说明如下。

① index_name：索引的名称。
② ALL：与表或视图相关联的所有索引。
③ table_or_view_name：表或者视图的名称。
④ REBUILD：重新生成索引。
⑤ DISABLE：禁用该索引。
⑥ REORGANIZE：重新组织索引。
⑦ SET (<set_index_option>[,…n])：指定索引选项。

例 4-1 在 Product 表中禁用索引 PK_Product。

在查询编辑器中输入以下命令：

```
ALTER INDEX PK_ Product ON Product DISABLE
```

3. 删除索引

索引创建后，数据检索时 SQL Server 自动判断使用哪个索引，在 SQL Server Management Studio 查询窗口可以查看系统使用哪个索引，对于长期使用率不高的索引，应适时删除，以免浪费系统资源。

（1）用命令操作方式删除索引

使用 DROP INDEX 命令可以删除索引，其语法格式如下：

```
DROP INDEX{table_name | view_name}.index_name   [,…n]
```

其中 table_name 为表名，view_name 为视图名，index_name 为索引文件名，可以同时指定多个要删除的索引。

DROP INDEX 命令不能删除通过定义 PRIMARY KEY 或 UNIQUE 约束创建的索引，不能对系统表执行该命令。

只有表或视图的所有者、数据库所有者或数据库管理员才有权限删除该表或视图的索引。

例 4-2 删除已经创建的索引 PK_ Product。

在查询编辑器中输入以下命令：

```
USE ShopSystem
DROP INDEX PK_ Product
```

注意： 当删除一个聚集索引时，如果这个表中还存在一些非聚集索引，则所有的非聚集索引将被重建，并且行指针将代替索引树叶级页的聚集索引键值。为了避免给系统增加过多的压力，如果真要删除表中所有的索引，那么首先应移去所有的非聚集索引，然后再删除聚集索引。

（2）用界面操作方式删除索引

通过 SQL Server Management Studio 的“对象资源管理器”删除索引，具体步骤如下：

1）在 SQL server Manage Studio 的“对象资源管理器”面板中展开 ShopSystem，单击“表”选项展开“Product”，再单击“索引”前面的“+”号，选中索引名“PK_ Product”。

2）右击“PK_ Product”选项，在弹出的快捷菜单中选择“删除”命令，进入如图 4-4 所示的窗口，单击“确定”按钮，即可删除该索引。

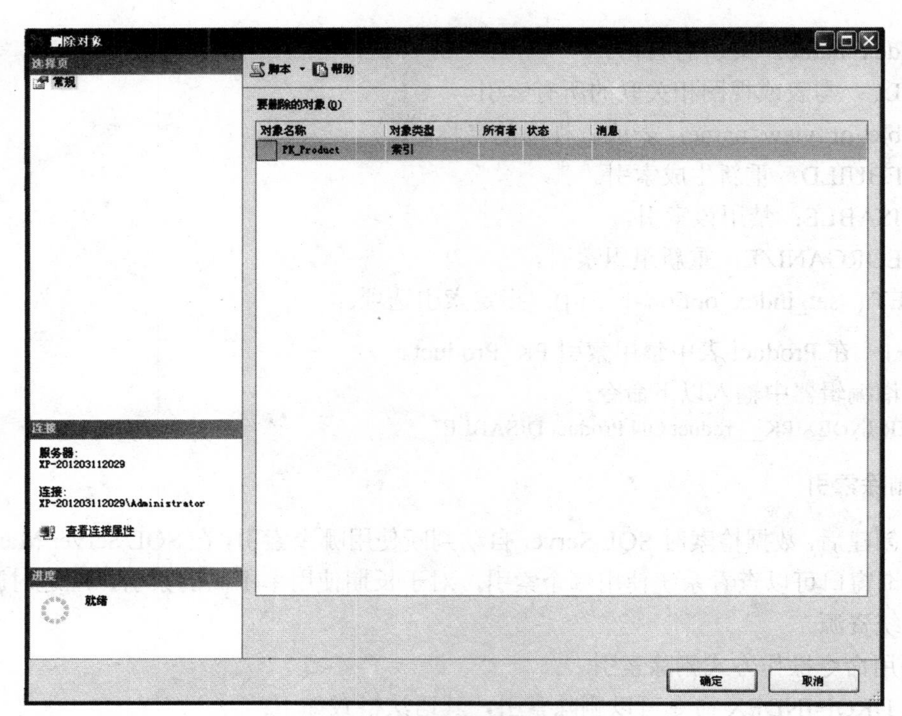

图 4-4　确定删除索引

4.1.4　设置索引的选项

在“新建索引”窗口中，选择左侧第二个“选项”项，即可显示对该索引进行的选项设置，可以根据需要进行设置，如图 4-5 所示。

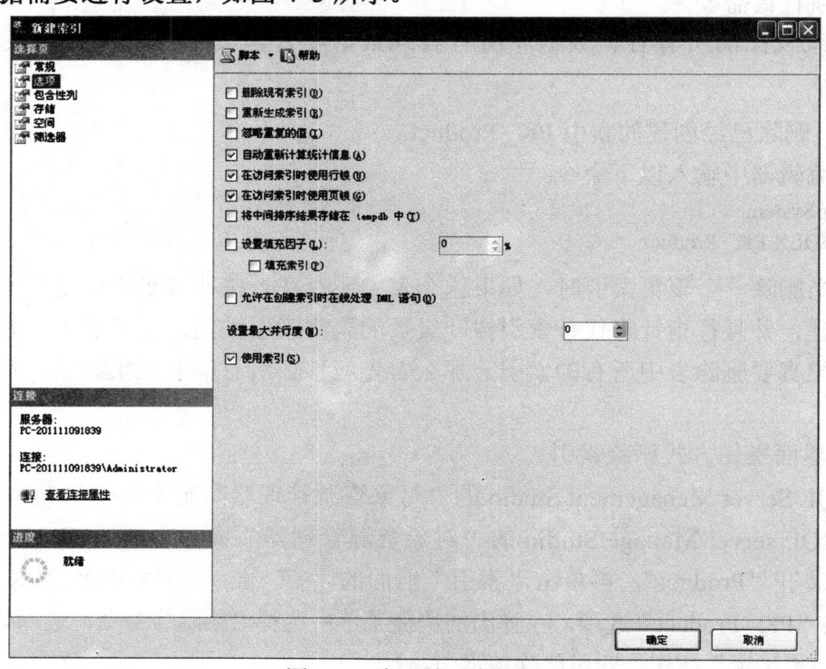

图 4-5　索引的选项设置

4.1.5 任务实施

在“商场货物管理系统数据库”中共需要建立以下索引：PK_Admin（唯一索引、聚集索引）、PK_Customer（聚集索引）、PK_demo（聚集索引）、PK_main_type（聚集索引）、PK_Product（聚集索引）和 PK_sub_type（聚集索引）。

下面以索引 PK_Product（聚集索引）为例说明创建过程。

在对象资源器中单击 ShopSystem，右击“索引”节点，在弹出的快捷菜单中选择“新建索引”命令，打开“新建索引”窗口。分别设置“常规”选项页中所有字段的“索引名称”、“索引类型”和“唯一”，为索引键列添加表中字段，如图 4-6 所示。

相应的 T-SQL 语句如下：

```
CREATE CLUSTERED INDEX PK_Product ON p_id (p_name ASC)
```

现要求在 Admin 表上重新组织索引 PK_Admin，命令如下：

```
ALTER INDEX PK_Admin ON Admin REORGANIZE
```

修改 Admin 表上的索引 PK_Admin 不自动重新计算过时的统计信息，命令如下：

```
ALTER INDEX PK_Admin ON Admin
SET (STATISTICS_NORECOMPUTE = ON)
```

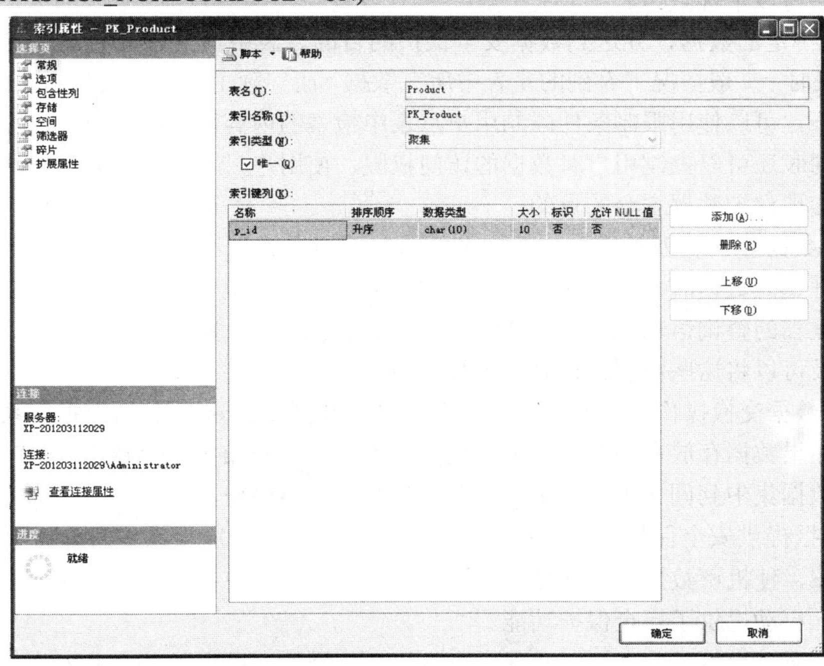

图 4-6 聚集索引 PK_Product

4.2 工作任务 2：商场货物管理系统视图的设计

任务描述与目标

1. 任务描述

本节的工作任务是学习视图的基本用法以及在实际应用中的具体操作，完成商场货物管理系统数据库中视图的创建。

2. 任务目标

1）掌握视图的概念及其分类。

2）掌握创建、修改、删除和使用视图的方法。

4.2.1 视图的概念

视图是关系数据库系统提供给用户以多种角度观察数据库中的数据的重要机制。它是一种常用的数据库对象，是保存在数据库中的选择查询，是提供查看和存放数据的另一种途径。使用视图不仅可以简化数据库操作，还可以提高数据库的安全性。

视图是用户查看数据库表中数据的一种方式，一个视图是一个虚拟表，它的数据是一个或多个表或者是视图的一个或多个子集。视图是用 SQL 语句而不是用数据构造的。一个视图看起来像一个表，而且它的操作也类似表，但它并不是表，它只是一组返回数据的 SQL 语句，本身并不存储任何数据。

使用视图有以下优点：

1）检索特定的数据，并达到数据安全保护的目的。表中通常存放着某个对象的完整数据。在检索表时，一般情况下看到的是表中所有数据，而实际上不同的用户需要的数据不同，在这种情况下，可以使用限制条件限制用户从表中检索的内容，从而用户可以根据需要查看有用数据；同时还可以控制用户对数据的访问权限，使用户只对部分数据有修改和删除等操作的权限，实现保护数据安全的目的。

2）简化数据查询和处理操作。在大多数情况下用户所查询的信息，可能存储在不同的表中，而处理这些数据时，又可能牵涉到各种约束下的多表操作，这些操作一般比较烦琐，还需要书写很长的查询语句，甚至这样复杂的查询任务还可能多次重复执行。在这种情况下，程序设计人员可以将这些内容设计到一个视图中。

3）便于数据交换操作。在实际工作中常需要在 SQL Server 与其他数据库系统之间进行数据交换。如果数据存放在多个表或多个数据库中，实现的操作比较麻烦，此时可以通过视图将需要的数据集中到同一个视图中，从而简化数据交换操作。

4）对数据提供安全保护。有了视图机制，就可以在设计应用系统时，对不同的用户定义不同的视图，使机密数据不出现在不应该看到该数据的用户视图上，这样一来视图机制就在一定程度上自动提供了安全保护功能。

在一般情况下，可以使用视图实现一个常规表的操作，用户通过它来浏览表中感兴趣的部分或全部数据。但是视图修改数据有一定的规则：

1）视图修改采用与表格修改相同的所有限制。

2）视图修改不能影响多个基础表。假设视图在 FROM 子句中定义可多于一个表格，则可以执行的修改语句只能影响一个表，不能从多个表派生的视图中删除数据。

3）包含累计、计算值和内置函数的列不能通过视图修改。

4）如果通过视图进行修改但影响到的是视图中没有引用的列时可能会出错；如果视图中没有引用的列不允许 NULL 值或者不包含默认值，在插入行时会失败。

4.2.2　视图的创建

在SQL Server中使用SQL Server Management Studio和在查询编辑器中都可以建立视图。若要创建视图，数据库所有者必须授予使用者创建视图的权限，并且对视图定义中所引用的表或视图要有适当的权限。在创建视图前需要考虑的原则有：

1）只能在当前数据库中创建视图。但是如果使用分布式查询定义视图，则新视图所引用的表和视图可以存在于其他数据库中，甚至其他服务器上。

2）视图名称必须遵循标识符的规则，且对每个用户必须唯一。同时，该名称不得与该用户拥有的任何表的名称相同。

3）可以在其他视图和引用视图的过程之上建立视图。

4）不能将规则或DEFAULT定义与视图相关联。

5）不能将AFTER触发器与视图相关联，只有INSTEAD OF触发器可以与之相关联。

6）定义视图的查询不可以包含ORDER BY、COMPUTE或COMPUTE BY子句或INTO关键字。

7）不能在视图上定义全文索引。

8）不能创建临时视图，也不能在临时表上创建视图。

9）不能除去参与到用SCHEMABINDING子句创建的视图中的表或视图，除非该视图已被除去或更改而不再具有架构绑定。

10）不能对视图执行全文查询，但是如果查询所引用的表被配置为支持全文索引，就可以在视图定义中包含全文查询。

1. 使用SQL Server Management Studio向导创建视图

使用SQL Server Management Studio向导创建视图的步骤如下：

1）右击“数据库”下的“视图”，在弹出的快捷菜单中选择“新建视图”命令，打开“添加表”对话框，如图4-7所示该对话框用于设置与视图有关的表、视图和函数等。

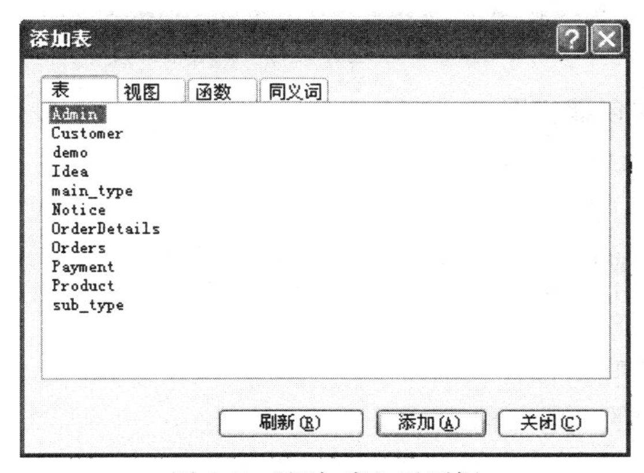

图4-7　“添加表”对话框

2）选择所需的表和视图后，单击“添加”按钮，结束后单击“关闭”按钮，关闭对话框。此时界面如图4-8所示。

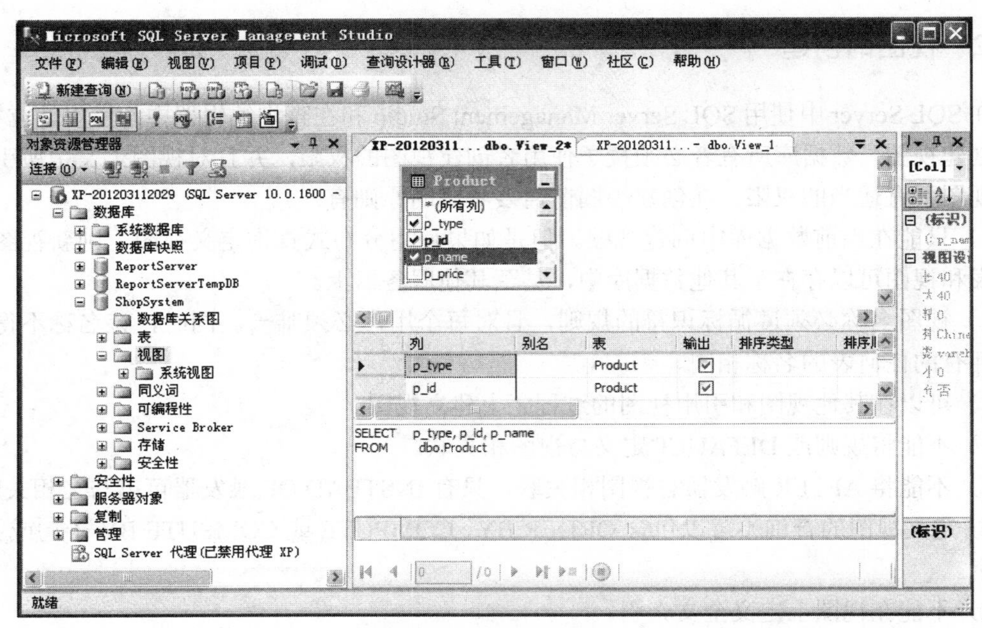

图 4-8　创建视图界面

3）根据界面中显示的查询语句通过鼠标和快捷菜单进一步设置视图中的表、字段和排序等，直至显示的查询语句完全符合要求。选择主菜单中的“文件”→“保存”命令，弹出“选择名称”对话框，如图 4-9 所示。

4）在该对话框中输入视图的名称，单击“确定”按钮，关闭对话框，完成视图的创建。

图 4-9　“选择名称”对话框

2. 在查询编辑器中创建视图

可以使用 CREATE VIEW 语句创建视图。

CREATE VIEW 语句的语法格式如下：

```
CREATE VIEW view_name [(column[,…n])][WITH ENCRYPTION]
AS select_statement [WITH CHECK OPTION ][;]
```

其中各参数的含义说明如下。

① view_name：视图的名称。

② column：视图中的字段名称。

③ ENCRYPTION：将创建视图的查询语句加密。

④ select_statement：定义视图的 SELECT 语句，该语句的数据源可以是一个或多个表或视图。

⑤ CHECK OPTION：强制针对视图执行的所有数据修改语句都必须符合在 select_statement

中设置的条件。通过视图修改行时，WITH CHECK OPTION 可确保提交修改后仍可通过视图看到数据。

例 4-3　创建视图 View_Product，只显示产品表中的产品编号、产品名称和价格。

在查询编辑器中输入以下命令：

```
CREATE VIEW View_Product AS SELECT p_id, p_name, p_price FROM Product
```

例 4-4　创建视图 View_Product，只显示产品表中的产品编号、产品名称和价格，而且视图定义保密。

在查询编辑器中输入以下命令：

```
CREATE VIEW View_Product WITH ENCRYPTION
AS SELECT p_id, p_name, p_price FROM Product
```

例 4-5　创建视图 View_Product1，只显示 Product 表中的产品编号为 cp0003 的产品名称和价格，而且保证对视图中的修改必须满足产品编号为 cp003 的条件。

在查询编辑器中输入以下命令：

```
CREATE VIEW View_Product1
AS SELECT p_name, p_price FROM Product WHERE p_id='cp0003'
WITH CHECK OPTION
```

4.2.3　管理视图

1. 修改视图

可以使用 ALTER VIEW 语句修改视图。在查询编辑器中输入修改视图的语句并运行，完成修改视图的操作。

ALTER VIEW 语句的语法格式如下：

```
ALTER VIEW view_name [(column [ ,…n])] [WITH ENCRYPTION]
[ WITH <view_attribute>[,…n]]
AS select_statement
[ WITH CHECK OPTION] [;]
```

其中各参数的含义与 CREATE VIEW 语句中相同。

例 4-6　修改视图 View_Product1，只显示 Product 表中的产品编号为 cp0002 的产品名称和价格，而且保证对视图中的修改必须满足产品编号为 cp0002 的条件。

在查询编辑器中输入以下命令：

```
ALTER VIEW View_Product1
AS SELECT p_name, p_price FROM Product WHERE p_id='cp0002'
WITH CHECK OPTION
```

2. 删除视图

视图是基于表或其他视图的。删除视图后，表和视图所基于的数据并不受影响，因此被删除视图所依赖的表或视图不受影响。但是，如果有其他视图基于被删除视图，那么删除操作将影响数据库的架构，破坏数据的关系，这样的视图是无法删除的。

因此，建议在删除视图前先查看其依赖关系，方法是在对象资源管理器中右击该视图，在弹出的快捷菜单中选择“查看依赖关系”命令，打开“对象依赖关系”窗口，如图 4-10 所示。

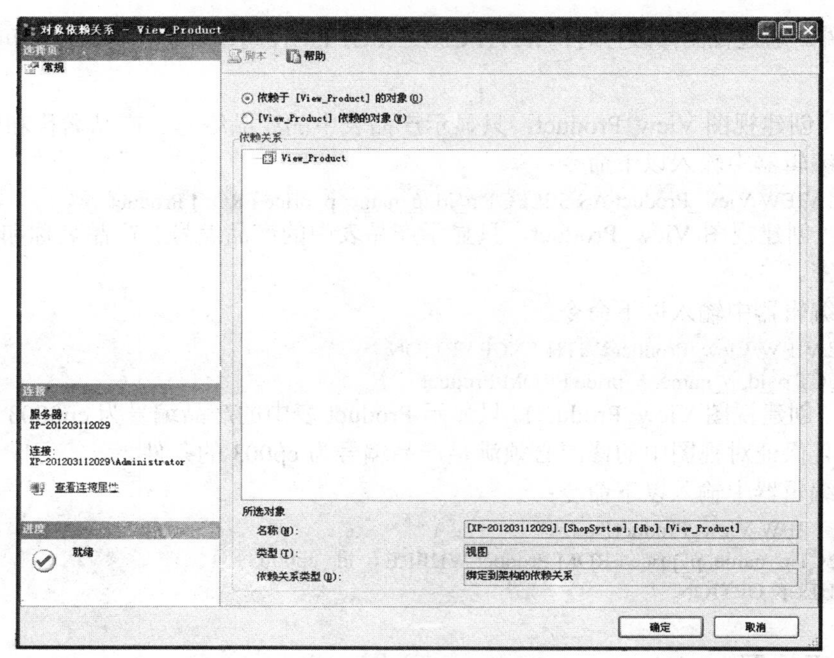

图 4-10 “对象依赖关系”窗口

删除视图有两种途径：一种是在对象资源管理器中通过菜单删除视图；另一种是在查询编辑器中输入删除视图的 T-SQL 语句并运行，完成删除视图操作。

（1）在对象资源管理器中删除视图

右击需要删除的视图，在弹出的快捷菜单中选择“删除”命令，弹出“删除对象”对话框，如图 4-11 所示。单击“确定”按钮，可以完成视图的删除。

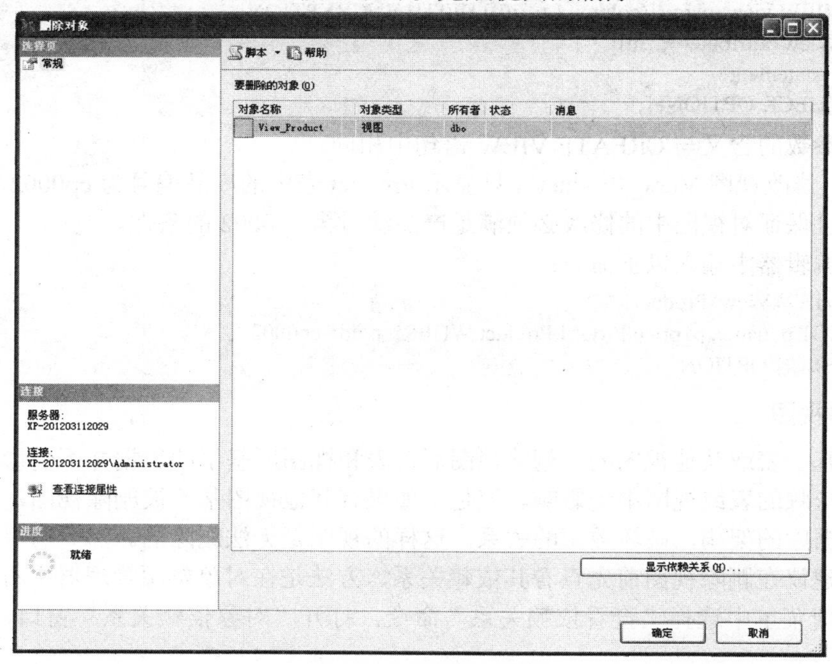

图 4-11 “删除对象”窗口

（2）在查询编辑器中删除视图

可以使用 DROP VIEW 语句删除视图，语法格式如下：

```
DROP VIEW view_name [,…n]
```

其中参数 view_name 的含义是视图的名称。

例 4-7　从当前数据库中删除视图 View_Product。

在查询编辑器中输入以下命令：

```
DROP VIEW View_Product
```

4.2.4　视图的应用

视图定义后，用户就可以像使用基本表一样对视图进行查询等应用操作。在 SQL Server 中可以通过视图检索数据，这是视图最基本的应用；除此之外，还可以通过视图修改其基本表中的数据。

1. 通过视图检索数据

在建立视图后，可以用任何一种查询方式检索视图数据，对视图可以使用连接、GROUP BY 子句、子查询等以及它们的任意组合。

例 4-8　在 View_Product 视图中查询产品编号为 cp0002 的客户信息。

在查询编辑器中输入以下命令：

```
USE ShopSystem
SELECT * FROM View_Product
WHERE p_id='cp0002'
```

执行结果如图 4-12 所示。

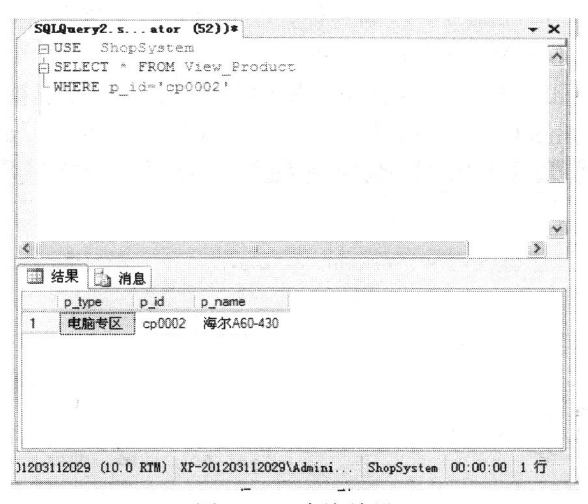

图 4-12　查询结果

DBMS 在执行视图的查询时，首先进行有效性检查，也就是检查查询的表和视图是否存在。若存在，就取出视图的定义，把定义中的子查询和用户的查询结合起来，转换成等价的对表的查询，最后再执行该查询操作。

一般情况下，视图查询的转换是直截了当的，但是在一些特殊的情况下（例如非行列子查询），这种转换不能正确进行，此时需要直接对基本表进行查询。

2．通过视图修改数据

在 SQL Server 中不仅可以通过视图检索基表中的数据，而且还可以通过视图向基表中添加或修改数据，但是所插入的数据必须符合基表中的各种约束和规则。

通过视图检索数据时，对查询语句没有什么限制。但是，在修改数据时需要注意：

1）在一个 UPDATE 语句中修改的字段必须属于同一个基表。而且一次不能修改多个视图基表。

2）对视图中的所有列的修改必须遵守视图基表中所定义的各种数据完整性约束，要符合列的空值属性、约束、IDENTITY 属性和默认对象等条件限制。

3）不允许对视图中的计算列进行修改，也不允许对视图定义中包含有统计函数或 GROUP BY 子句的视图进行修改和插入操作。

例 4-9　修改例 4-8 中查询的产品编号为 cp0002 的价格。

在查询编辑器中输入以下命令：

```
USE ShopSystem
UPDATE View_Product
SET p_price=80000
WHERE p_id='cp0002'
```

4.2.5　任务实施

在商场货物管理系统中共建立 3 个视图，分别是 VIEW1、VIEW2 和 VIEW3，下面以 VIEW1 为例进行说明。

在 SQL Server 2008 的示例数据库“商场货物管理系统数据库”中创建一个名为 VIEW1 的视图，显示产品类型、产品编号、产品名称、产品价格、类型编号、付账编号和付账信息。

用对象资源管理器创建 VIEW1 的步骤如下：

1）右击“数据库”下的“视图”，在弹出的快捷菜单中选择“新建视图”命令，添加 Product 表、main_type 表和 Payment 表，在视图设计界面中选择相应字段，如图 4-13 所示。

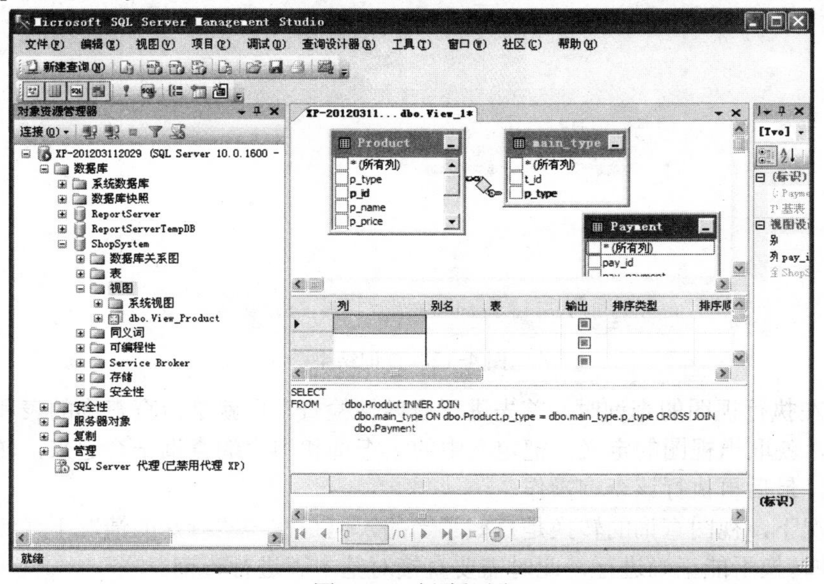

图 4-13　创建视图

2）选择主菜单中的“文件”→“保存”命令，弹出“选择名称”对话框，输入视图名称“VIEW1”，如图 4-14 所示。

图 4-14 “选择名称”对话框

相对应的 T-SQL 语句如下：

```
USE ShopSystem
SELECT
FROM dbo.Product INNER JOIN
        dbo.main_type ON dbo.Product.p_type = dbo.main_type.p_type CROSS JOIN
        dbo.Payment
```

使用视图 VIEW1 修改商品“海尔 8010-G001”的价格：产品编号为 cp00004，名称不变，价格为 10000。

本工作过程的 T-SQL 语句如下：

```
UPDATE VIEW1 SET 价格=10000 WHERE p_id='cp00004' AND p_name='8010-G001'
GO
```

习　题　4

一、选择题

1. 使用索引可以加快数据检索的速度，此外索引还具有的功能是（　　）。
   A. 保证数据的唯一性　　B. 减少分组排序的时间
   C. 明确表与表之间的对应关系　　D. 以上都是
2. 以下关于索引的描述，不正确的是（　　）。
   A. 所有的索引都有利于提高查询速度
   B. 经常出现在 WHERE 子句或 HAVING 子句中的列，应建立索引
   C. 数据频繁时，不应建立索引，否则会降低系统效率
   D. 当表有唯一约束或主键约束时，SQL Server 自动建立索引
3. 数据库的堆集是指（　　）。
   A. 表中的记录没有特定的顺序　　B. 新插入的记录添加在表的尾部
   C. 查询时从第一条记录开始扫描　　D. 以上都是
4. 下面关于聚集索引的描述不正确的是（　　）。
   A. 聚集索引与堆集具有不相同的排列顺序
   B. 建立聚集索引，索引文件中数据将按索引键值的规律重新进行排序和存储，但表的原始的物理顺序不变
   C. 当有主键约束时系统自动建立聚集索引
   D. 聚集索引只能有一个

5. 对某列作了唯一索引后，以下描述不正确的是（　　）。

A. 作为主键的列系统自动建立唯一索引　　B. 不允许插入重复的列值

C. 不能对列的组合作唯一索引　　D. 一个表中可以有多个唯一索引

6. 以下与索引无关的关键字是（　　）。

A. UPDATE　　B. CLUSTERED

C. PRIMARY KEY　　D. UNIQUE

7. 关于 DROP INDEX 命令，下面描述不正确的是（　　）。

A. 该命令用 PRIMARY KEY 或 UNIQUE 约束创建的索引无效

B. 使用率低的索引系统会自动删除，以节省系统资源

C. 用户必须知道索引文件名才能进行删除

D. 系统表的索引不能被删除

8. 以下不能进行创建索引和删除索引操作的人员是（　　）。

A. 数据库、表或视图的所有者　　B. 数据库管理员

C. 被授权了的用户　　D. 以上都不是

二、填空题

1. 视图分为 3 种：________、________和________。

2. SQL Server 数据库的索引分为________和________两类。

3. 带有聚集索引的表中，记录根据________排列顺序存储在物理介质上，因此一个表最多只能有________个聚集索引。

4. 创建视图所使用的 T-SQL 语句是________。

三、判断题

1. 索引是一个由系统自动创建和维护的系统文件，索引的使用对用户是透明的。（　　）

2. 一个数据库必须建立相应的索引文件，否则数据查询时将经常系统出错。（　　）

3. 数据库创建索引需要占用存储空间，存储索引文件系统。当数据发生变化时系统还需要及时维护更新索引，所以建立过多的索引会使系统效率降低。（　　）

4. 唯一索引禁止在索引列中插入有重复值的行，非唯一索引允许对其值进行复制。（　　）

5. 表中只能有一个聚集索引，但可以有多个非聚集索引。当需要改变聚集索引，必须先删除非聚集索引，再重建聚集索引和非聚集索引。（　　）

拓展训练 4

1. 创建视图 Viewclasscourse，查询班级编号、班级名称和课程名称。

2. 查询班级编号是 10701 的班级的所有课程名称。

3. 修改视图 Viewclasscourse，查询系别编号、班级编号、班级名称和课程名称。

4. 删除视图 Viewclasscourse。

5. 在课程表的课程编号字段上创建聚集索引 PK_Course，在课程表的课程名称字段上创建非聚集索引 IX_Course。

第 5 章　自定义函数和存储过程

➘ 本章的工作任务

本章主要介绍 SQL Server 2008 中自定义函数和存储过程的基本用法和基本结构，其中重点介绍了存储过程的基本结构和使用方法。主要工作任务是解决商场货物管理系统中自定义函数和存储过程的规划和设计。

5.1　工作任务 1：商场货物管理系统中自定义函数的规划与设计

➘ 任务描述与目标

1．任务描述

本节的工作任务是学习用户自定义函数的基本用法，完成商场货物管理系统数据库中自定义函数的规划与设计。

2．任务目标

1）学习用户自定义函数的基本用法。

2）了解自定义函数的基本结构。

5.1.1　自定义函数

用户自定义函数不能用于执行一系列改变数据库状态的操作，但它可以像系统函数一样在查询或存储过程等的程序段中使用，也可以像存储过程一样通过 EXECUTE 命令来执行。

1．标量函数

标量函数返回一个确定类型的标量值，其返回值类型为除 TEXT、NTEXT、IMAGE、CURSOR、TIMESTAMP 和 TABLE 类型外的其他数据类型。函数体语句定义在 BEGIN...END 语句内。在 RETURNS 子句中定义返回值的数据类型，并且函数的最后一条语句必须为 RETURN 语句。创建标量函数的格式如下：

```
CREATE FUNCTION 函数名(参数)
RETURNS 返回值数据类型
[WITH {ENCRYPTION|SCHEMABINDING}]
[AS]
BEGIN
SQL语句（必须有RETURN子句）
END
```

例 5-1 创建一个求最大值的标量函数。

```
CREATE FUNCTION dbo.Max
(
@a int,
@b int
)
RETURNS int AS
BEGIN
DECLARE @max int
IF @a>@b SET @max=@a
ELSE SET @max=@b
RETURN @max
END
```

调用标量函数可以在 T-SQL 语句中允许使用标量表达式的任何位置调用返回标量值（与标量表达式的数据类型相同）的任何函数。必须使用至少由两部分组成名称的函数来调用标量值函数，即架构名.对象名，如 dbo.Max(12，34)。

2. 内联表值函数

内联表值型函数以表的形式返回一个返回值，即它返回的是一个表。内联表值型函数没有由 BEGIN...END 语句括起来的函数体，其返回的表是由一个位于 RETURN 子句中的 SELECT 命令段从数据库中筛选出来的。内联表值型函数功能相当于一个参数化的视图，其语法格式如下：

```
CREATE FUNCTION 函数名(参数)
RETURNS TABLE
[WITH {ENCRYPTION|SCHEMABINDING}]
AS
RETURN(一条SQL语句)
```

例 5-2 创建一个内联表值函数。

```
CREATE FUNCTION func (@id char（8）)
RETURNS TABLE
AS
RETURN(SELECT * FROM student WHERE SID = @id)
```

调用内联表值函数：调用时不需指定架构名，如 select * from func（'51300521'）。

3. 多语句表值函数

多语句表值函数可以看做标量函数和内联表值函数的结合体。它的返回值是一个表，但它和标量型函数一样有一个用 BEGIN...END 语句括起来的函数体，返回值的表中的数据是由函数体中的语句插入的。由此可见，它可以进行多次查询，对数据进行多次筛选与合并，弥补了内联表值函数的不足。语法格式如下：

```
CREATE FUNCTION 函数名(参数)
RETURNS 表变量名(表变量字段定义)
[WITH {ENCRYPTION|SCHEMABINDING}]
AS
BEGIN
SQL 语句
RETURN
END
```

例 5-3　创建一个多语句表值函数。

```
CREATE FUNCTION func(@selection int)
RETURNS @table TABLE
(
SID char(4) PRIMARY KEY NOT NULL,
SName nvarchar(4) NULL
)
AS
BEGIN
IF @selection = 0
INSERT INTO @table (SELECT SID,SName FROM student0)
ELSE
INSERT INTO @table (SELECT SID,SName FROM student1)
RETURN
END
```

调用多语句表值函数：和调用内联表值函数一样，调用时不需制定架构名。

注意：

1）与编程语言中的函数不同的是，SQL Server 自定义函数必须具有返回值。

2）SCHEMABINDING 用于将函数绑定到它引用的对象上。函数一旦绑定，则不能删除、修改，除非删除绑定。

5.1.2　任务实施

在商场货物管理系统数据库中创建用户定义标量函数 fn_Evaluate，要求：每次输入一个商品编号，通过单价计算该商品的级别，如果单价是 200 以上，返回“一级”；如果单价是150～200，返回“二级”；如果单价是 100～150，返回“三级”；如果单价是 50～100，返回“四级”；单价 50 以下，返回“五级”。

代码如下：

```
USE 商场货物管理系统数据库
GO
CREATE FUNCTION fn_Evaluate(@商品编号  nvarchar(50))
AS
BEGIN
DECLARE @等级  varchar(6)
SELECT @单价  FROM Product WHERE  商品编号=@商品编号
IF @单价>200
   SET @等级='一级'
ELSEIF   @单价  BETWEEN 150 TO 200
        SET @等级='二级'
  ELSEIF   @单价  BETWEEN 100 TO 150
          SET @等级='三级'
     ELSEIF   @单价  BETWEEN 50 TO 100
              SET @等级='四级'
        ELSEIF   @单价  <50
                  SET @等级='五级'
RETURN @等级
END
GO
```

5.2 工作任务2：存储过程的规划与设计

任务描述与目标

1. 任务描述

本节的工作任务是学习存储过程的基本用法以及在实际应用中的具体操作。

2. 任务目标

1）掌握存储过程的基本用法。

2）了解存储过程的基本结构。

5.2.1 存储过程的概念

T-SQL语句是应用程序与SQL Server数据库之间的主要编程接口，编程中大量的时间花费在T-SQL语句和应用程序代码上。在很多情况下，许多代码被重复使用多次，每次都输入相同的代码不但烦琐，更由于在客户机上的大量命令语句逐条向SQL Server发送将降低系统运行效率。

SQL Server中T-SQL为了实现特定任务而将一些需要多次调用的固定的操作编写成子程序并集中以一个存储单元的形式存储在服务器上，由SQL Server数据库服务器通过子程序名来调用它们，这些子程序就是存储过程。存储过程是一种数据库对象，存储在数据库内，可由应用程序通过一个调用执行，而且允许用户声明变量、有条件地执行，具有很强的编程功能。存储过程可以使用EXECUTE语句来运行。

在SQL Server中使用存储过程而不使用存储在客户端计算机本地的T-SQL程序有以下几个方面的好处：

1）加快系统运行速度。存储程序只在创建时进行编译，以后每次执行存储过程都不需再重新编译，而一般SQL语句每执行一次就编译一次，所以使用存储过程可提高数据库执行速度。

2）封装复杂操作。当对数据库进行复杂操作时（如对多个表进行更新、删除时），可用存储过程将此复杂操作封装起来与数据库提供的事务处理结合一起使用。

3）实现代码重用。可以实现模块化程序设计，存储过程一旦创建，以后即可在程序中调用任意多次，这可以改进应用程序的可维护性，并允许应用程序统一访问数据库。

4）增强安全性。可设定特定用户拥有对指定存储过程的执行权限而不具备直接对存储过程中引用的对象拥有权限。可以强制应用程序的安全性，参数化存储过程有助于保护应用程序不受SQL注入式攻击。

5）减少网络流量。因为存储过程存储在服务器上，并在服务器上运行。一个需要数百行T-SQL代码的操作可以通过一条执行存储过程代码的语句来执行，而不需要在网络中发送数百行代码，这样就可以减少网络流量。

存储过程是一个被命名的存储在服务器上的T-SQL语句的集合，是封装重复性工作的一种方法。

在 SQL Server 2008 中存储过程可以分为 3 类：系统存储过程、用户存储过程和扩展存储过程。

1. 系统存储过程

系统存储过程是由 SQL Server 系统提供的存储过程，可以作为命令执行各种操作。

系统存储过程主要用来从系统表中获取信息，为系统管理员管理 SQL Server 提供帮助，为用户查看数据库对象提供方便。例如，执行 SP_HELPTEXT 系统存储过程可以显示规则、默认值、未加密的存储过程、用户函数、触发器或视图的文本信息；执行 sp_depends 系统存储过程可以显示有关数据库对象相关性的信息；执行 sp_rename 系统存储过程可以更改当前数据库中用户创建对象的名称。SQL Server 中许多管理工作是通过执行系统存储过程来完成的，许多系统信息也可以通过执行系统存储过程而获得。

系统存储过程定义在系统数据库 master 中，其前缀是“sp_”。在调用时不必在存储过程前加上数据库名。

2. 用户存储过程

用户存储过程是指用户根据自身需要，为完成某一特定功能，在用户数据库中创建的存储过程。用户创建存储过程时，存储过程名的前面加上“##”，是表示创建全局临时存储过程；在存储过程名前面加上“#”，是表示创建局部临时存储过程。局部临时存储过程只能在创建它的会话中可用，当前会话结束时除去。全局临时存储过程可以在所有会话中使用，即所有用户均可以访问该过程。它们都在 tempdb 数据库上。

存储过程可以接受输入参数、向客户端返回表格或者标量结果和消息、调用数据定义语言（DDL）和数据操作语言（DML），然后返回输出参数。在 SQL Server 2008 中，用户定义的存储过程有两种类型：T-SQL 或者 CLR，见表 5-1。

表 5-1　用户定义存储过程的两种类型

存储过程类型	说　明
T-SQL	T-SQL 存储过程是指保存的 T-SQL 语句集合，可以接受和返回用户提供的参数。存储过程也可能从数据库向客户端应用程序返回数据
CLR	CLR 存储过程是指对 Microsoft .NET Framework 公共语言运行时方法的引用，可以接受和返回用户提供的参数。它们在.NET Framework 程序集中是作为类的公共静态方法实现的

3. 扩展存储过程

扩展存储过程用在 SQL Server 环境外执行的动态链接库（Dynamic-Link Libraries，DDL）来实现。扩展存储过程通过前缀“xp_”来标识，它们以与存储过程相似的方式来执行。

在使用存储过程之前，首先需要创建一个存储过程，这可以通过 CREATE PROCEDURE 语句来完成。在使用的过程中，包括对存储过程的执行、查看、修改以及删除操作。

5.2.2　创建和执行存储过程

1. 创建存储过程

在 SQL Server 2008 中，可以使用 CREATE PROCEDURE 语句来创建存储过程。在创建存储过程时，应该指定所有的输入参数、执行数据库操作的编程语句、返回至调用过程或批处理时以示成功或失败的状态值、捕获和处理潜在错误时的错误处理语句等。

（1）创建存储过程的规则

在设计和创建存储过程时，应该满足一定的约束和规则。只有满足了这些约束和规则才能创建有效的存储过程。

1）CREATE PROCEDURE 定义自身可以包括任意数量和类型的 SQL 语句，但表 5-2 中的语句除外，因为不能在存储过程的任何位置使用这些语句。

表 5-2 CREATE PROCEDURE 定义中不能出现的语句

CREATE AGGREGATE	CREATE RULE
CREATE DEFAULT	CREATE SCHEMA
CREATE 或 ALTER FUNCTION	CREATE 或 ALTER TRIGGER
CREATE 或 ALTER PROCEDURE	CREATE.或 ALTER VIEW
SET PARSEONLY	SET SHOWPLAN_ALL
SET SHOWPLAN_TEXT	SET SHOWPLAN_XML
USE Database_name	

2）可以引用在同一存储过程中创建的对象，只要引用时已经创建了该对象即可。

3）可以在存储过程内引用临时表。

4）如果在存储过程内创建本地临时表，则临时表仅为该存储过程而存在；退出该存储过程后，临时表将消失。

5）如果执行的存储过程将调用另一个存储过程，则被调用的存储过程可以访问由第一个存储过程创建的所有对象，包括临时表在内。

6）如果执行对远程 SQL Server 2008 实例进行更改的远程存储过程，则不能回滚这些更改，而且远程存储过程不参与事务处理。

7）存储过程中的参数的最大数目为 2100。

8）存储过程中的局部变量的最大数目仅受可用内存的限制。

9）根据可用内存的不同，存储过程最大可达 128MB。

（2）存储过程的语法

使用 CREATE PROCEDURE 语句创建存储过程的语法如下：

```
CREATE PROCDURE procedure_name[;number]
[{@parameter data_type}
[VARYING][=default][OUTPUT]][,…n]
[WITH
{RECOMPILE|ENCRYPTION|RECOMPILE,ENCRYPTION}]
[FOR REPLICATION]
AS sql_statement[…n]
```

其中各参数含义如下。

① Procedure_name：新存储过程的名称。过程名称在架构中必须唯一，可在 procedure_name 前面使用一个数字符号“#”来创建局部临时过程，使用两个数字符号“#”来创建全局临时过程。对于 CLR 存储过程，不能指定临时名称。

② ;number：是可选的整数，用来对同名的过程分组。使用一个 DROP PROCEDURE 语句可将这些分组过程一起删除。如果名称中包含分隔标识符，则数字不应该包含在分隔标识符中；只应在 procedure_name 前使用分隔标识符。

③ @parameter：过程中的参数。在 CREATE PROCEDURE 语句中可以声明一个或多个参数。除非定义了参数的默认值或者将参数设置为等于另一个参数，否则用户必须在调用过程时为每个声明的参数提供值，如果指定了 FOR REPLICATION，则无法声明参数。

④ data_type：参数的数据类型。所有数据类型均可以用作存储过程的参数，不过 cursor 数据类型只能用于 OUTPUT 参数。如果指定的数据类型为 cursor，则还必须指定 VARYING 和 OUTPUT 关键字。对于 CLR 存储过程，不能指定 char、varchar、text、next、image、cursor 和 table 作为参数。如果参数的数据类型为 CLR 用户定义类型，则必须对此类型有 EXECUTE 权限。

⑤ default：参数的默认值。如果定义了默认值，则无须指定此参数的值即可执行过程。默认值必须是常量或 NULL。如果过程使用带 like 关键字的参数，则可包含下列通配符：%、_、[]和[^]。

⑥ OUTPUT：指示参数是输出参数。此选项的值可以返回给调用 EXECUTE 的语句。使用 OUTPUT 参数将值返回给过程的调用方。除非是 CLR 过程，否则 text、ntext 和 image 参数不能用作 OUTPUT 参数。OUTPUT 参数可以为游标占位符，CLR 过程除外，<sql_statement>要包含在过程中的一个或多个 T-SQL 语句中。

（3）使用图形工具创建存储过程

存储过程除了可以直接编写 T-SQL 语句创建外，SQL Server 2008 还提供了一种简便的方法，使用 SQL Server Management Studio 来创建。操作步骤如下：

1）打开 SQL Server Management Studio，连接到“商场货物管理系统”数据库。

2）依次展开“服务器”→“数据库”→“商场货物管理系统”→“可编程性”节点，如图 5-1 所示。

3）从列表中右击“存储过程”节点，选择“新建存储过程”命令，然后将出现显示 CREATE PROCEDURE 语句的模板，可以修改要创建的存储过程的名称，然后加入存储过程所包含的 SQL 语句。

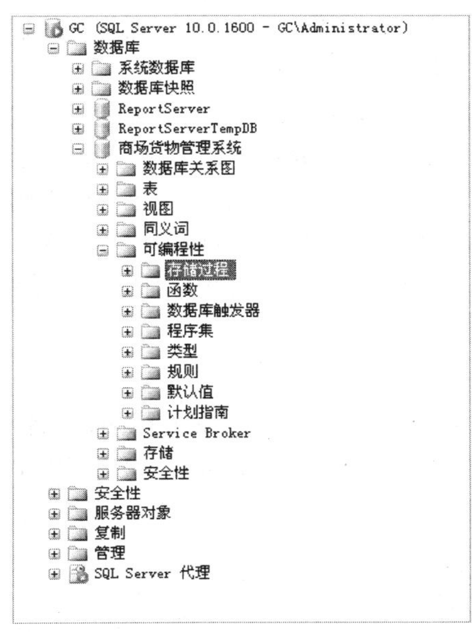

图 5-1　展开节点

4）修改完后，单击“执行”按钮即可创建一个存储过程。

2. 执行存储过程

在需要执行存储过程时，可以使用 T-SQL 语句 EXECUTE。如果存储过程是批处理中的第一条语句，那么不使用 EXECUTE 关键字也可以执行该存储过程，EXECUTE 语法格式如下：

```
[ { EXEC | EXECUTE } ]
{
[ @return_status= ]
{ procedure_name [;number] | @procedure_name_var }
@parameter = [ { value | @variable [ OUTPUT ] | [ DEFAULT ] } ]
[,…n]
[ WITH RECOMPILE ]
```

其中各参数的含义如下。

① @return_status：一个可选的整型变量，保存存储过程的返回状态。这个变量在用于 EXECUTE 语句前，必须在批处理、存储过程或函数中声明过。

② procedure_name：要调用的存储过程名称。

③ ;number：可选的整数，用于将相同名称的过程进行组合，使得它们可以用一句 DROP PROCEDURE 语句删除。DROP PROCEDURE Reader_proc 语句将除去整个组。在对过程分组后，不能删除组中的单个过程。例如“DROP PROCEDURE proc_GetCountsBook”是不允许的。

④ @procedure_name_var：局部定义变量名，代表存储过程名称。

⑤ @parameter：过程参数，在 CREATE PROCEDURE 语句中定义。参数名称前必须加上符号“@”。

⑥ Value：过程中参数的值。如果参数名称没有指定，参数值必须以 CREATE PROCEDURE 语句中定义的顺序给出。

⑦ @variable：用来保存参数或者返回参数的变量。

⑧ OUTPUT：指定存储过程必须返回一个参数。该存储过程的匹配参数也必须由关键字 OUTPUT 创建。使用游标变量作参数时使用该关键字。

⑨ DEFAULT：根据过程的定义，提供参数的默认值。当过程需要的参数值是没有事先定义好的默认值或缺少参数，或指定了 DEFAULT 关键字，就会出错。

除使用 EXECUTE 语句直接执行外，还可以将存储过程嵌入到 INSERT 语句中执行。这样操作时，INSERT 语句将把本地或远程存储过程返回的结果集加入到一个本地表中。SQL Server 2008 会将存储过程中的 SELECT 语句返回的数据载入表中，前提是表必须存在并且数据类型必须匹配。

5.2.3 任务实施

在“商场货物管理系统”中创建一个名为 Xz_proc 的存储过程，它将从 Product 表中返回所有商品的 p_id、p_name、p_price 和 p_quantity。使用 CREATE PROCEDURE 语句如下：

```
USE 商场货物管理系统
GO
CREATE PROCEDURE Xz_proc
As
SELECT p_id, p_name, p_price, p_quantity
FROM Product
```

下面的存储过程 proc_GetCountsXz 获取了“商场货物管理系统”数据库中商品的总数量，具体语句如下：

```
USE 商场货物管理系统
GO
CREATE  PROCEDURE  proc_GetCountsXz
AS
SELECT  count(商品编号)  AS  总数  FROM  Product
```

下面，通过 EXECUTE 语句来依次执行刚刚创建的两个存储过程。首先是 Xz_proc 存储过程，它位于“商场货物管理系统”数据库中，使用语句如下：

```
USE 商场货物管理系统
GO
EXECUTE  Xz_proc
```

执行上述语句后，结果如图 5-2 所示。

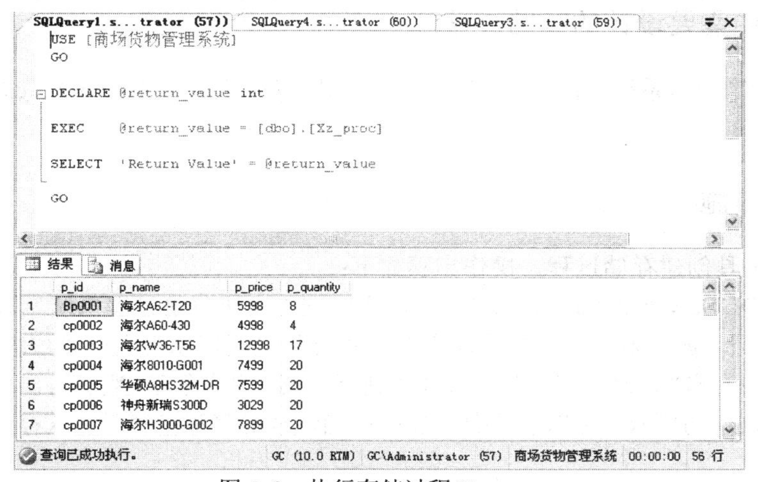

图 5-2　执行存储过程 Xz_proc

然后再使用同样的方法，执行“商场货物管理系统”数据库中的 proc_GetCountsXz 存储过程，结果如图 5-3 所示。

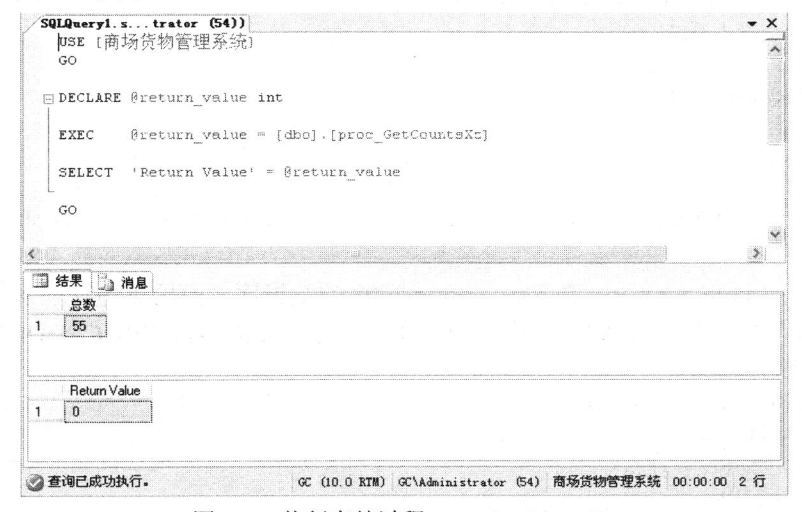

图 5-3　执行存储过程 proc_GetCountsXz

5.3 工作任务 3：商场货物管理系统存储过程的创建

任务描述与目标

1. 任务描述

本节的工作任务是商场货物管理系统存储过程的创建。

2. 任务目标

1）通过实例掌握存储过程的基本用法

2）通过实例了解存储过程的基本结构。

5.3.1 项目中需要设计的存储过程

在“商场货物管理系统”中共需要建立 4 个存储过程，分别是 backdata、cx_time、hf_new、zc_new。

5.3.2 任务实施

使用图形工具创建存储过程，操作步骤如下：

1）打开 SQL Server Management Studio，连接到“商场货物管理系统”数据库。

2）依次展开“服务器”→“数据库”→“商场货物管理系统”→“可编程性”节点。

3）从列表中右击“存储过程”节点，选择“新建存储过程”命令，然后将出现显示 CREATE PROCEDURE 语句的模板，可以修改要创建的存储过程的名称，然后加入存储过程所包含的 SQL 语句。

4）创建存储过程 cx_time。在 SQL Server 2008 的数据库“商场货物管理系统”中创建一个名为 cx_time 的存储过程，它将从 VIEW1 中返回生效时间内的所有信息，结果按联系电话升序排序。使用 CREATE PROCEDURE 语句如下：

```
USE 商场货物管理系统
GO
CREATE PROCEDURE cx_time
@a1 char(10),
@a2 char(10)
AS
SELECT * FROM VIEW1 WHERE 生效日期 BETWEEN @a1  AND @a2  ORDER BY 联系电
话  ASC
```

5）创建存储过程 zc_new。在 SQL Server 2008 的数据库“商场货物管理系统”中创建一个名为 zc_new 的存储过程，它将用于注册新用户。使用 CREATE PROCEDURE 语句如下：

```
USE 商场货物管理系统
CREATE PROCEDURE zc_new
@yhm nvarchar(50),
@mmqr nvarchar(50),
@xm nvarchar(50),
```

```
@sfzh nvarchar(50),
@lxdh nvarchar(50),
@bianhao nvarchar(50)
AS
INSERT INTO 操作员 VALUES (@yhm, @mmqr, @xm, @sfzh, @lxdh, @bianhao)
```

习 题 5

一、选择题

1. 关于存储过程描述，正确的是（　　）。
   A. 存储过程独立与表，它不是数据库对象
   B. 存储过程只是一些 T-SQL 语句的集合，非 SQL Server 数据库的对象
   C. 存储过程可以使用控制语句和变量，大大增强了 SQL 的功能
   D. 存储过程在调用时会自动编译，因此使用方便
2. 系统存储过程由 SQL Server（　　）。
   A. 创建　　B. 触发　　C. 管理　　D. 内建
3. 创建存储过程中（　　）表示对所建信息的加密。
   A. WITH sa　　B. WITH guest
   C. WITH RECOMPLE　　D. WITH ENCRYPTION
4. 一个存储过程可指定高达（　　）个参数。
   A. 1024　　B. 2048　　C. 128　　D. 256

二、简答题

1. 简述 SQL Server 2008 中有哪些自定义函数？
2. 何谓存储过程？简述其作用及分类。
3. 根据学号创建一个存储过程，用于显示学生学号和姓名。
4. 如何将数据传递到一个过程？如何将存储过程的结果返回？
5. 写出删除存储过程 zc_new 的 SQL 语句。

拓展训练 5

简述下列程序的运行结构并完成实验。

```
USE 信息管理
  IF EXISTS (SELECT name FROM sysobjects
      WHERE name='根据性别显示学生信息'AND type='P')
      DROP PROCEDURE 根据性别显示学生信息
      GO
CREATE PROC 根据性别显示学生信息 @性别_1 char(2)
    AS SELECT 学号, 姓名 FROM 学生 WHERE 性别=@性别_1
```

第6章 触发器和事物

➘ 本章的工作任务

本章主要介绍SQL Server 2008中触发器的基础知识以及事物的规划与设计，主要工作任务是解决商场货物管理系统中触发器的规划与设计问题。

6.1 工作任务1：商场货物管理系统触发器的规划与设计

➘ 任务描述与目标

1. 任务描述

本节的工作任务是学习触发器的基本用法以及在实际应用中的具体操作。

2. 任务目标

1）学习触发器的基本用法。
2）了解触发器的基本结构。
3）完成解决商场货物管理系统中触发器的规划与设计。

6.1.1 触发器的基础知识

触发器与存储过程非常相似，也是SQL语句集，两者唯一的区别是触发器不能用EXECUTE语句执行，而是在用户执行T-SQL语句时自动触发（激活）执行。下面将对触发器的概念以及类型进行详细介绍。

触发器是一个在修改指定表中的数据时执行的存储过程。经常通过创建触发器来强制实现不同表中的逻辑相关数据的引用完整性或者一致性。由于用户不能绕过触发器，所以可以用它来强制实施复杂的业务规则，以此确保数据的完整性。

触发器不同于前面介绍的存储过程。触发器主要是通过事件进行触发而被执行的，而存储过程可以通过存储过程名字而被直接调用。当对某一表进行诸如UPDATE、INSERT和DELETE这些操作时，SQL Server就会自动执行触发器所定义的SQL语句，从而确保对数据的处理必须符合由这些SQL语句所定义的规则。

1. 触发器的作用

触发器的主要作用就是其能够实现由主键和外键所不能保证的复杂的参照完整性和数据的一致性。它能够对数据库中的相关表进行级联修改，强制比CHECK约束更复杂的数据完整性，并自定义错误消息，维护非规范化数据以及比较数据修改前后的状态。

与CHECK约束不同，触发器可以引用其他表中的列。在下列情况下，使用触发器将强制实现复杂的引用完整性：

1）强制数据库间的引用完整性。

2）创建多行触发器，当插入、更新或者删除多行数据时，必须编写一个处理多行数据的触发器。

3）执行级联更新或级联删除这样的动作。

4）级联修改数据库中所有相关表。

5）撤销或者回滚违反引用完整性的操作，防止非法修改数据。

2．与存储过程的区别

触发器与存储过程主要的区别在于触发器的运行方式。存储过程必须由用户、应用程序或者触发器来显示式地调用并执行，而触发器是当特定事件出现的时候自动执行或者激活的，与连接到数据库中的用户或者应用程序无关。

当一行数据被插入、更新或者从表中删除时触发器才运行，同时这还取决于触发器是怎样创建的。在数据修改时，触发器是强制业务规则的一种很有效的方法。一个表最多有3种不同类型的触发器，当UPDATE发生时使用一个触发器；DELETE发生时使用一个触发器；INSERT发生时使用一个触发器。

3．触发器的特点

触发器具有以下几个特点：

1）触发器是自动执行的，当用户对表中的数据作了任何修改之后立即被激活。

2）触发器可以通过数据库中的相关表进行层叠更改，实现多个表之间数据的一致性和完整性。

3）触发器可以强制限制，这些限制比用CHECK约束所定义的更复杂。

6.1.2 触发器的分类

在SQL Server 2008数据库系统中，按照触发事件的不同可以把提供的触发器分成两大类型：DDL触发器和DML触发器。

1．DDL触发器

DDL触发器当服务器或者数据库中发生数据定义语言（DDL）事件时将被调用。如果要执行以下操作，可以使用DDL触发器：

1）要防止对数据库架构进行某些更改。

2）希望数据库中发生某种情况以响应数据库架构中的更改。

3）要记录数据库架构中的更改或者事件。

2．DML触发器

DML触发器是当数据库服务器中发生数据操作语言（DML）事件时要执行的操作。通常所说的DML触发器主要包括3种：INSERT触发器、UPDATE触发器和DELETE触发器。DML触发器可以查询其他表，还可以包含复杂的T-SQL语句。将触发器和触发它的语句作为可在触发器内回滚的单个事务对待。如果检测到错误，则整个事务自动回滚。

DML触发器在以下方面非常有用：

1）DML触发器可通过数据库中的相关表实现级联更改。不过，通过级联引用完整性约束可以更有效地进行这些更改。

2）DML 触发器可以防止恶意或者错误的 INSERT、UPDATE 以及 DELETE 操作，并强制执行比 CHECK 约束定义的限制更为复杂的其他限制。DML 触发器能够引用其他表中的列。

3）DML 触发器可以评估数据修改前后表的状态，并根据该差异采取措施。

4）一个表中的多个同类 DML 触发器（INSERT 触发器、UPDATE 触发器和 DELETE 触发器）允许采取多个不同的操作来响应同一个修改语句。

SQL Server 2008 为每个触发器语句都创建了两种特殊的表：Deleted 表和 Inserted 表。这是两个逻辑表，由系统来自创建和维护，用户不能对它们进行修改。它们存放在内存而不是数据库中。这两个表的结构总是与被该触发器作用的表的结构相同。触发器执行完成后，与该触发器相关的这两个表也会被删除。

Deleted 表存放由执行 DELETE 或者 UPDATE 语句而要从表中删除的所有行。在执行 DELETE 或者 UPDATE 操作时，被删除的行从触发触发器的表中被移动到 Deleted 表，这两个表不会有共同的行。

Inserted 表存放由执行 INSERET 或者 UPDATE 语句而要向表中插入的所有行。在执行 INSERT 或者 UPDATE 操作中，新的行同时添加到触发触发器的表和 Inserted 表中。Inserted 表的内容是触发触发器的表中新行的副本。

6.1.3 创建 DML 触发器

创建 DML 触发器前应考虑下列问题：

1）CREATE TRIGGER 语句必须是批处理中的第一个语句。

2）创建触发器的权限默认分配给表的所有者，且不能将该权限转给其他用户。

3）触发器为数据库对象，其名称必须遵循标识符的命名规则。

4）虽然触发器可以引用当前数据库以外的对象，但只能在当前数据库中创建触发器。

5）虽然不能在临时表或系统表上创建触发器，但是触发器可以引用临时表。

6）在含有用 DELETE 或 UPDATE 操作定义的外键的表中，不能定义 INSTEAD OF DELETE 和 INSTEAD OF UPDATE 触发器。

7）虽然 TRUNCATE TABLE 语句类似于没有 WHERE 子句（用于删除行）的 DELETE 语句，但它并不会引发 DELETE 触发器，因为 TRUNCATE TABLE 语句没有记录。

8）WRITETEXT 语句不会引发 INSERT 或 UPDATE 触发器。

创建 DML 触发器时需指定以下参数：

① 触发器名称。

② 在其上定义触发器的表。

③ 触发器将何时激发。

④ 激活触发器的数据修改语句。有效选项为 INSERT、UPDATE 或 DELETE。多个数据修改语句可激活同一个触发器。

⑤ 执行触发操作的编程语句。

6.1.4 在图形界面下创建 DML 触发器

在 SQL Server Management Studio 的“对象资源管理器”窗口中，展开指定服务器和数据库，选择并展开要在其上创建触发器的表，如图 6-1 所示。右键单击“触发器”项，从弹出的快捷菜单中选择“新建触发器”命令，则会出现触发器创建窗口，其中显示触发器的创建模板，如图 6-2 所示。用户可以在此基础上编辑触发器，完成后单击命令栏中的“执行”按钮，即可成功创建触发器。

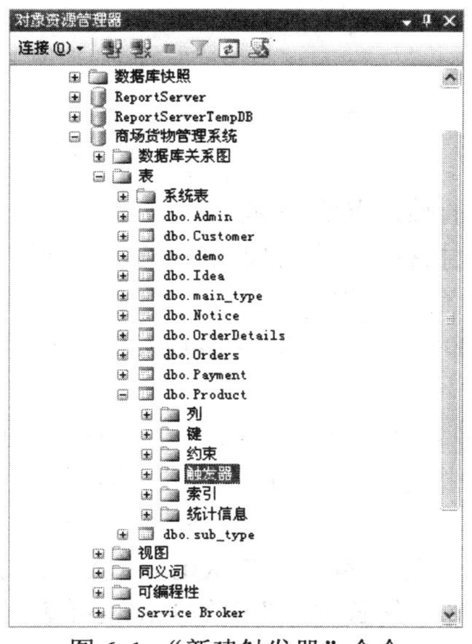

图 6-1　“新建触发器”命令

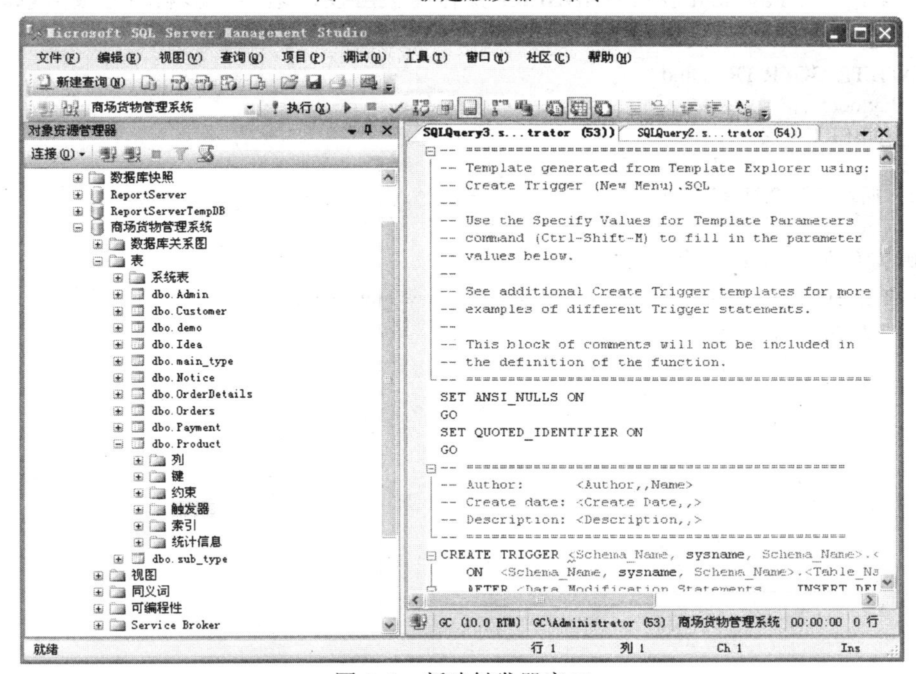

图 6-2　新建触发器窗口

6.1.5　使用 CREATE TRIGGER 命令创建 DML 触发器

对于不同的触发器，其创建的语法多数相似，其区别与定义表示触发器的特性有关。创建一个触发器定义的基本语法如下：

```
CREATE TRIGGER trigger_name
ON{TABLE|VIEW}
{{
{FOR|AFTER|INSTEAD OF}
{[DELETE][,][INSERT][,][UPDATE]}
AS
Sql_statement
}}
```

其中各主要参数含义如下。

① trigger_name：要创建的触发器的名称。

② TABLE|VIEW：在其上执行触发器的表或视图，有时称为触发器表或触发器视图。可以选择是否指定表或视图的所有者名称。

③ FOR|AFTER|INSTEAD OF：指定触发器触发的时机，其中 FOR 也创建 AFTER 触发器。

④ [DELETE][,][INSERT][,][UPDATE]：指定在表或视图上执行哪些数据修改语句时将触发触发器的关键字。必须至少指定一个选项。在触发器定义中允许使用以任意顺序组合的这些关键字。如果指定的选项多于一个，需用逗号分隔这些选项。

⑤ Sql_statement：指定触发器所执行的 T-SQL 语句。

例 6-1 在"商场货物管理系统数据库"中的 Payment 表上创建了一个名为 TR_c_ind 的触发器，当用户对 Payment 表进行 INSERT 操作时被触发，返回受影响的行数信息。

1）创建 SQL 语句。代码如下：

```
CREATE TRIGGER TR_c_ind
ON   Payment
FOR   INSERT
AS
PRINT '插入了一个订单'
GO
```

2）触发触发器工作。代码如下：

```
INSERT INTO Payment VALUES('195','银行支付','www.taobao.com')
```

执行结果如图 6-3 所示。

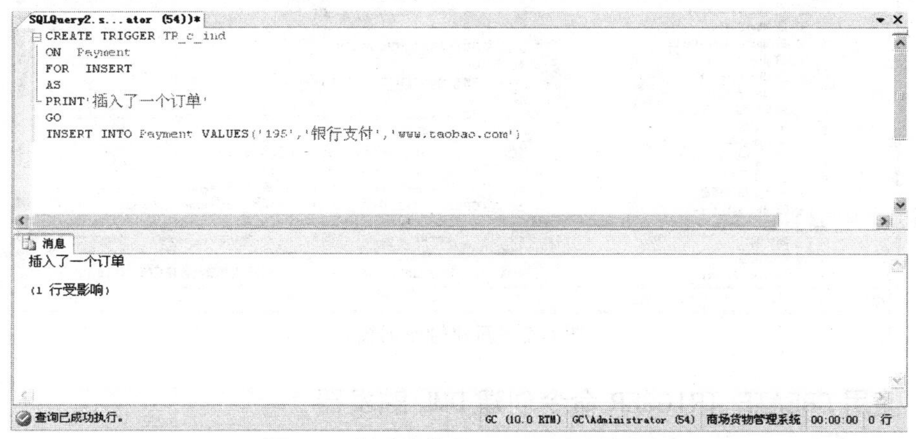

图 6-3 创建和执行 TR_c_ind 触发器

输入“SELECT*FROM Payment”语句查看“195”这个订单的信息已经插入到 Payment 表中，如图 6-4 所示。

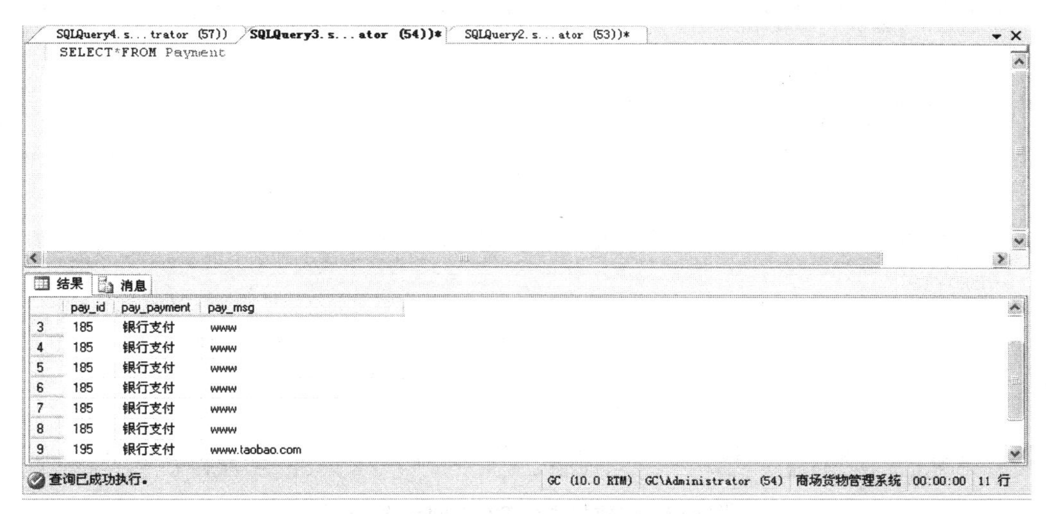

图 6-4　查看 Payment 表中的记录

3）添加 INSERT 触发器。INSERT 触发器的工作过程如下：

① 在定义了 INSERT 触发器的表上执行 INSERT 语句。

② INSERT 语句插入的行被记录下来。

③ 触发器动作被执行。

注意：

1）触发 INSERT 触发器时，新行被同时增加到触发器表和 Inserted 表中。

2）Inserted 表是保存了插入行的副本的逻辑表，它并不实际存在于数据库中。

3）Inserted 表允许用户引用 INSERT 语句所插入的数据，这样触发器可以根据具体数据决定是否执行以及如何执行特定语句。

例 6-2　创建一个 AFTER 触发器，要求实现以下功能：在 Orders 表上创建一个删除类型的触发器 TR_deletest，当在 Orders 表中删除某个订单的记录时，自动删除和 OrderDetails 表中与此订单对应的记录。

1）创建 SQL 语句。代码如下：

```
CREATE TRIGGER TR_deletest ON Orders
FOR DELETE
AS
DECLARE @order_id char (20)
SELECT @ order_id = order_id FROM Deleted
PRINT '开始查找并删除 OrderDetails 表中的相关记录...'
DELETE FROM OrderDetails WHERE order_id =@ order_id
PRINT '删除 Orders 表中的相关记录条数为'+str（@@rowcount）+'条'
GO
```

2）触发触发器工作。代码如下：

```
DELETE FROM Orders WHERE order_id='0117483494'
```

执行结果如图 6-5 所示。

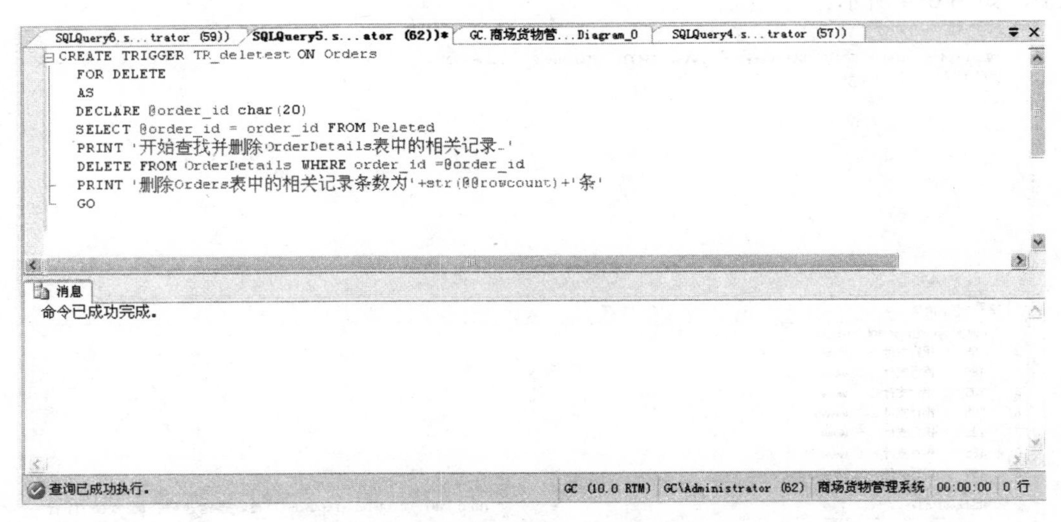

图 6-5　创建与执行 TR_deletest 触发器

3）添加 DELETE 触发器。DELETE 触发器的工作过程如下：

① 在定义了 DELETE 触发器的表上执行 DELETE 语句。

② DELETE 语句删除的行被记录下来。

③ 触发器动作被执行。

注意：

1）触发 DELETE 触发器时，被删除的行放入 Deleted 表中。

2）Deleted 表是保存了被删除行的副本的逻辑表。

3）Deleted 表允许用户引用 DELETE 语句所删除的数据。

4）使用 DELETE 触发器时：①当行添加到 Deleted 表后，将不再存在于数据库表中；②从内存中分配空间创建 Deleted 表，Deleted 表总在缓存中；③DELETE 触发器不会被 TRUNCATE TABLE 语句触发，因为 TRUNCATE TABLE 语句不记录在日志中。

例 6-3　创建一个修改触发器，防止用户修改 Orders 表的 order_id。

1）创建 SQL 语句代码如下：

```
CREATE TRIGGER TR_st_upd
ON Orders
FOR UPDATE
AS
IF UPDATE (order_id)
BEGIN
raiserror ('不能修改订单号',16,10)
ROLLBACK    Transaction
END
```

创建 TR_st_upd 触发器如图 6-6 所示。

2）触发触发器工作。代码如下：

```
UPDATE Orders SET order_id='0117483494'WHERE order_id ='0006'
```

执行结果如图 6-7 所示。

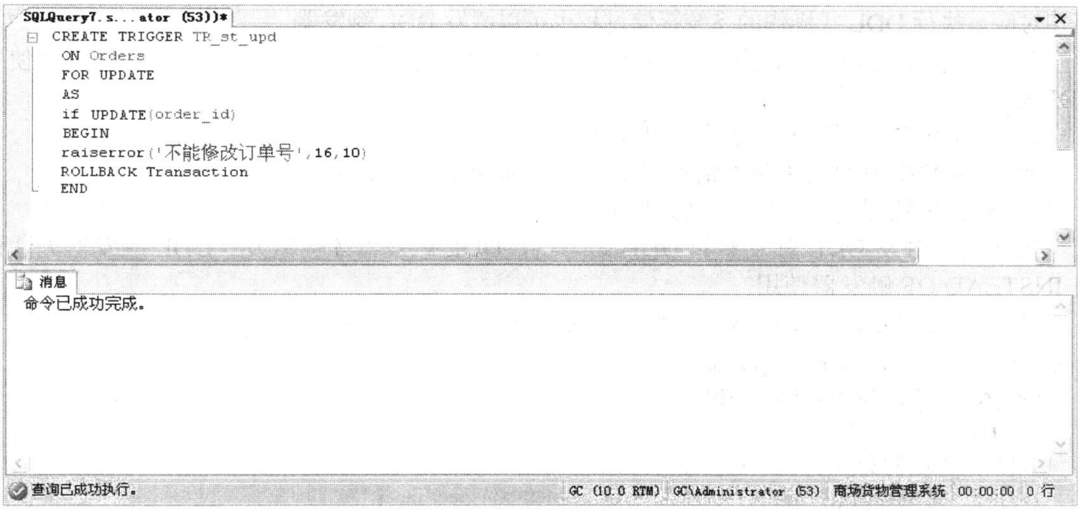

SQLQuery7.s...ator (53))*
CREATE TRIGGER TR_st_upd
ON Orders
FOR UPDATE
AS
if UPDATE(order_id)
BEGIN
raiserror('不能修改订单号',16,10)
ROLLBACK Transaction
END
消息
命令已成功完成。
查询已成功执行。
GC (10.0 RTM) GC\Administrator (53) 商场货物管理系统 00:00:00 0 行

图 6-6　创建 TR_st_upd 触发器

SQLQuery8.s...ator (57))*
SQLQuery7.s...ator (53))*
UPDATE Orders SET order_id='0117483494' WHERE order_id ='0006'
消息
消息 50000，级别 16，状态 10，过程 TR_st_upd，第 7 行
不能修改订单号
消息 3609，级别 16，状态 1，第 2 行
事务在触发器中结束。批处理已中止。
查询已完成，但有错误。
GC (10.0 RTM) GC\Administrator (57) 商场货物管理系统 00:00:00 0 行

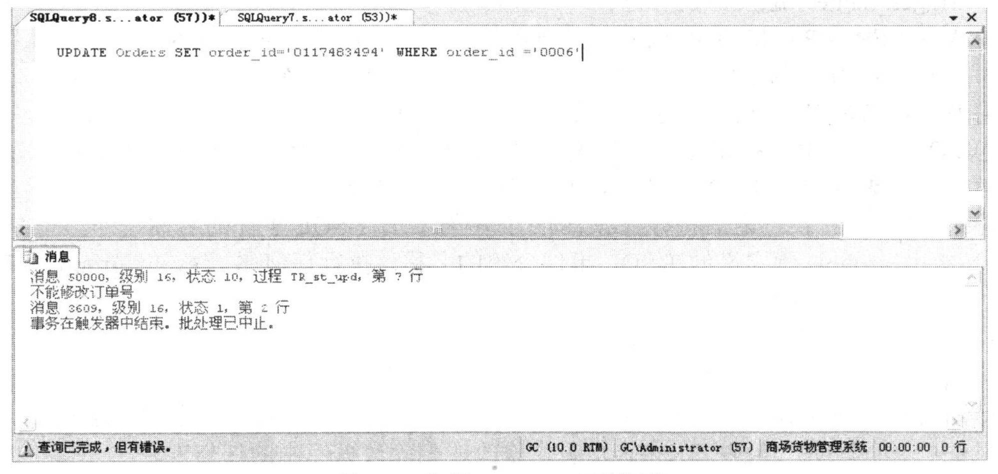

图 6-7　执行 TR_st_upd 触发器

3）添加 UPDATE 触发器。UPDATE 触发器的工作过程如下：

① UPDATE 语句可以考虑为两个步骤，DELETE 步骤捕获数据的前像，INSERT 步骤捕获数据的后像。

② 当在定义了触发器的表上执行 UPDATE 语句的时候，原行（前像）被移到 Deleted 表中，而更新的行（后像）则插入 Inserted 表中。

③ 触发器可以检查 Deleted 和 Inserted 表以及被更新的表，来确定是否更新了多行以及如何执行触发器动作。

6.1.6　创建 DDL 触发器

像 DML 触发器一样，DDL 触发器将激发存储过程以响应事件。但与 DML 触发器不同的是，

它们不会为响应针对表或视图的UPDATE、INSERT或DELETE操作而激发。相反，它们将为了响应各种DDL事件而激发，这些事件主要与以关键字CREATE、ALTER和DROP开头的T-SQL语句对应。执行DDL式操作的系统存储过程也可以激发DDL触发器。

DDL触发器可用于管理任务，如审核和控制数据库操作。如果要执行以下操作，应使用DDL触发器：

1）要防止对数据库架构进行某些更改。

2）希望数据库中发生某种情况以响应数据库架构中的更改。

3）要记录数据库架构中的更改或事件。

仅在运行触发DDL触发器的DDL语句后，DDL触发器才会激发。DDL触发器无法作为INSTEAD OF触发器使用。

使用CREATE TRIGGER命令创建DDL触发器的语法格式如下：

```
CREATE TRIGGER trigger_name
ON{ALL SERVER | DATABASE}
[WITH ENCRYPTION]
{FOR | AFTER}{event_type | event_group}[,…n]
AS{sql_statement[;][,…n]|EXTERNAL NAME<method_specifier>[;]}
```

其中各参数含义如下。

① trigger_name：触发器的名称。

② ALL SERVER：将DDL或登录触发器的作用域应用于当前服务器。

③ DATABASE：将DDL触发器的作用域应用于当前数据库。

④ WITH ENCRYPTION：对CREATE TRIGGER语句的文本进行模糊处理。

⑤ FOR | AFTER：指定触发器只有在触发SQL语句中指定的所有操作都已成功执行后才激发。如果仅指定FOR关键字，则AFTER是默认设置。

⑥ event_type：执行之后将导致激发DDL触发器的T-SQL事件的名称。

⑦ event_group：预定义的T-SQL事件分组的名称。执行任何属于event_group的T-SQL事件之后，都将激发DDL触发器。

⑧ AS：触发器要执行的操作。

⑨ sql_statement：触发器的条件和操作。

⑩ <method_specifier>：对于CLR触发器，指定程序集与触发器绑定的方法。

例6-4 创建DDL触发器safety，阻止修改或删除数据库中的任何表。

1）创建SQL语句。代码如下：

```
CREATE TRIGGER safety
ON DATABASE
FOR DROP_TABLE，ALTER_TABLE
AS
PRINT 'You must disable Trigger "safety" to drop or alter tables! '
ROLLBACK;
  GO
```

创建safety触发器如图6-8所示。

2）触发触发器工作。代码如下：

```
DROP TABLE Product
```

执行结果如图6-9所示。

```
SQLQuery9.s...ator (53))*
CREATE TRIGGER safety
  ON DATABASE
  FOR DROP_TABLE,ALTER_TABLE
  AS
  PRINT'You must disable Trigger"safety"to drop or alter tables!'
  ROLLBACK;
GO

消息
命令已成功完成。

查询已成功执行。  GC (10.0 RTM)  GC\Administrator (53)  商场货物管理系统  00:00:00  0 行
```

图 6-8 创建 safety 触发器

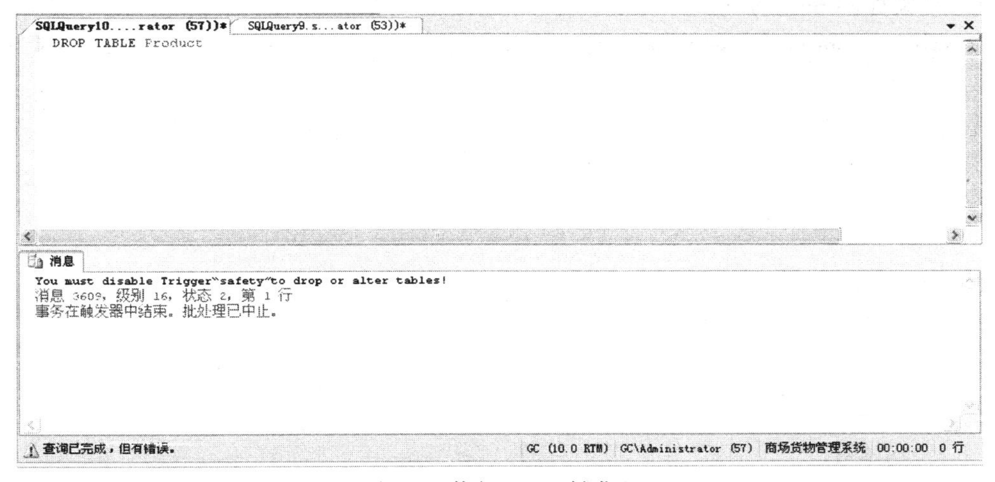

图 6-9 执行 safety 触发器

例 6-5 创建数据库级别触发器 DB_Ta_PROC，保护数据库防止恶意操作或者破坏。

1）创建 SQL 语句。代码如下：

```
CREATE TRIGGER[DB_Ta_PROC]
ON DATABASE
FOR
CREATE_TABLE, DROP_TABLE, ALTER_TABLE, CREATE_PROCEDURE, ALTER_PROCEDURE,
DROP_PROCEDURE
AS
PRINT '提示语言'
ROLLBACK;
GO
```

创建 DB_Ta_PROC 触发器如图 6-10 所示。

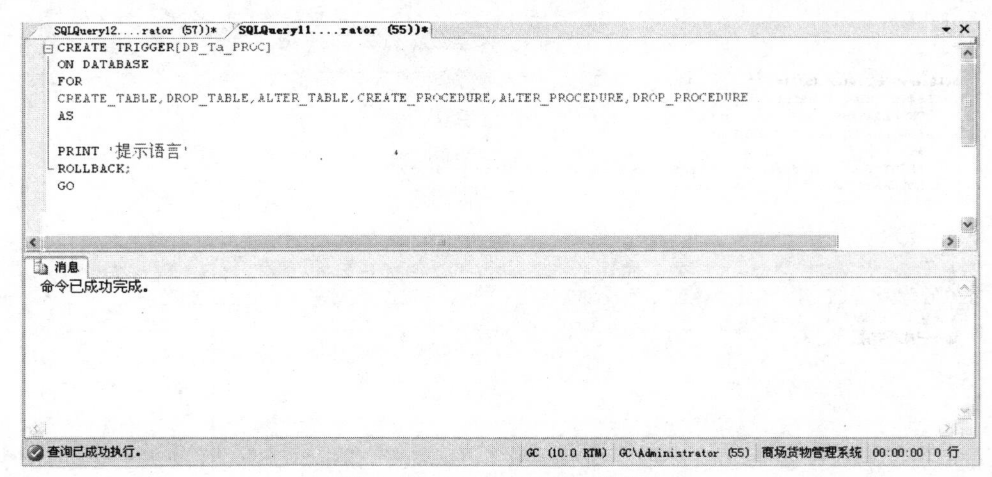

图 6-10　DB_Ta_PROC 触发器

2）触发触发器工作。代码如下：

```
DROP TABLE Product
```

执行结果如图 6-11 所示。

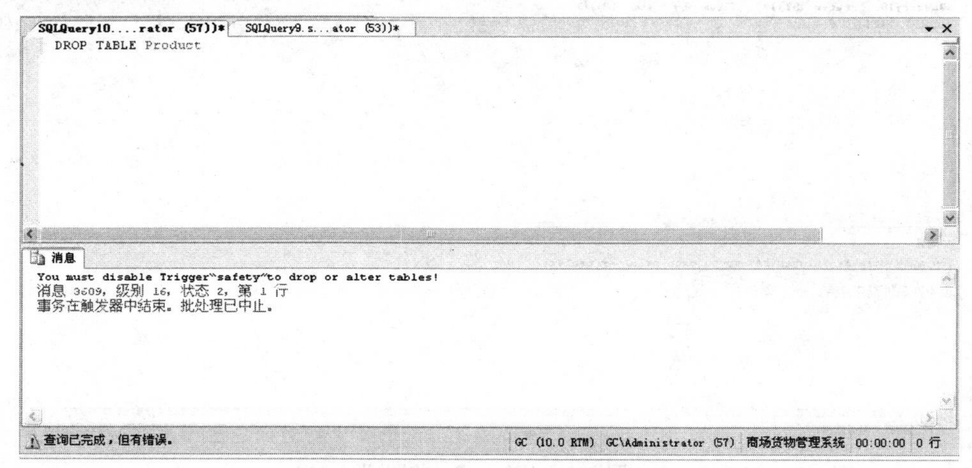

图 6-11　执行 DB_Ta_PROC 触发器

6.1.7　查看、修改和删除触发器

前面介绍了关于触发器的创建方面的内容，下面将介绍如何对已存在触发器进行管理，例如对触发器的查看、修改和删除等。

1. 查看触发器

可以把触发器看做是特殊的存储过程，因此所有适用于存储过程的管理方式都适用于触发器。可以使用像 sp_helptext、sp_help 和 sp_depends 等系统存储过程来查看触发器的有关信息，也可以使用 sp_rename 系统存储过程来重命名触发器。

例 6-6　使用 sp_helptext 系统存储过程可以查看触发器的定义语句。

```
EXEC sp_helptext TR_c_ind
```

执行结果如图 6-12 所示。

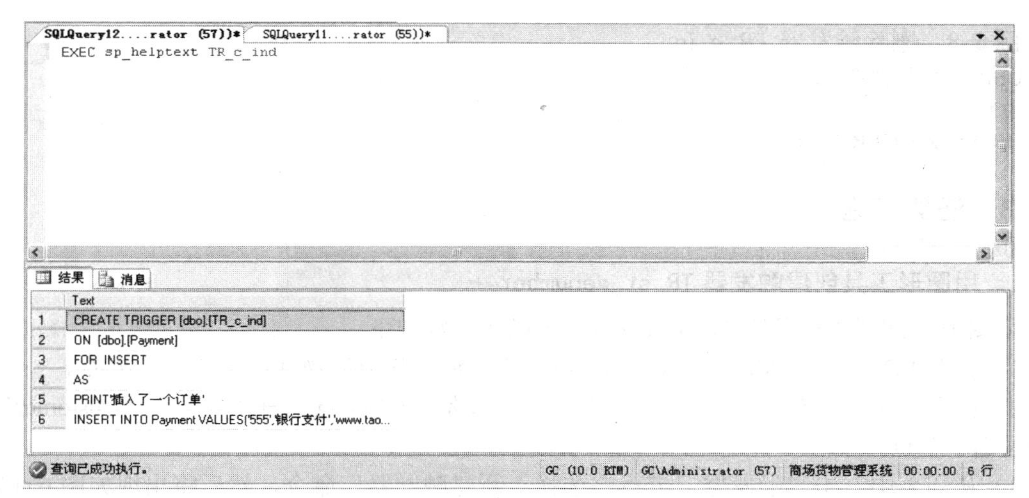

图 6-12　查看触发器内容

2. 修改触发器

如果需要修改触发器的定义和属性，有两种方法：第一种方法是先删除原来的触发器的定义，再重新创建与之同名的触发器；第二种方法就是直接修改现有的触发器的定义。修改现有触发器的定义可以使用 ALTER TRIGGER 语句。具体语法格式如下：

```
ALTER TRIGGER trigger_name
ON { TABLE | VIEW }
{
{ { FOR | AFTER | INSTEAD OF }
{ [DELETE] [,] [INSERT] [,] [UPDATE] }
AS
sql_statement
}
}
```

修改触发器语句 ALTER TRIGGER 中各参数的含义与创建触发器 CREATE TRIGGER 时相同，这里不再重复说明。

注意： 一旦使用 WITH ENCRYPTION 对触发器加密，即使是数据库所有者也无法查看或者修改触发器。

例 6-7　下面的语句将前面创建的触发器 TR_c_ind 进行修改。

```
ALTER TRIGGER [dbo].[TR_c_ind]
ON [dbo].[Payment]
AFTER INSERT
AS
SELECT COUNT (B.pay_id) AS '类别'
FROM Payment, INSERTED i
WHERE Payment.pay_id =i.pay_id
```

3. 删除触发器

当不再需要某个触发器时，可以删除它。触发器删除时，触发器所在表中的数据不会因此改变。当某个表被删除时，该表上的所有触发器也自动被删除。

使用 DROP TRIGGER 语句可以删除当前数据库中的一个或者多个触发器。

例 6-8　删除触发器 TR_c_ind

```
USE 商场货物管理系统
GO
DROP TRIGGER TR_c_ind
```

6.1.8　任务实施

1. 用图形工具创建触发器 TR_st_denumber

用图形工具创建触发器 TR_st_denumber 操作步骤如下：

1）打开 SQL Server Management Studio，连接到“商场货物管理系统”数据库。

2）依次展开“服务器”→“数据库”→“商场货物管理系统”→“表”→“Customer”→“触发器”节点。

3）从列表中右击“触发器”节点，选择“新建触发器”命令，然后将出现如图 6-13 所示的显示 CREATE TRIGGER 语句的模板，可以修改要创建的触发器的名称，然后加入触发器所包含的 SQL 语句。

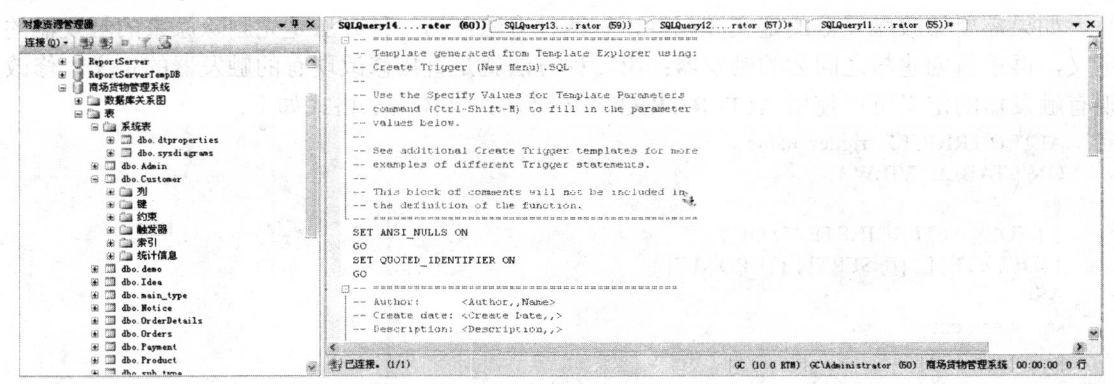

图 6-13　CREATE TRIGGER 语句的模板

2. 创建一个 TR_st_upyhm 触发器

在 Customer 表上创建一个修改类型的触发器 TR_st_upyhm，当在 Customer 表中修改某个客户的用户名记录时，提示不能修改客户信息。

SQL 语句代码如下：

```
CREATE TRIGGER [dbo].[TR_st_upyhm]
ON    [dbo].[ Customer]
FOR UPDATE
AS
IF UPDATE (c_name)
BEGIN
SET NOCOUNT ON;
raiserror ('不能修改客户姓名',16,10)
ROLLBACK Transaction
GO
```

3. 创建一个 TR_deletest 触发器

在 Customer 表上创建一个删除类型的触发器 TR_deletest，当在 Customer 表中删除某个客户的记录时，自动删除合同表中与此客户对应的记录。

SQL 语句代码如下：

```
CREATE TRIGGER [dbo].[TR_DELST]
ON   [dbo].[ Customer]
FOR DELETE
AS
BEGIN
SET NOCOUNT ON;
DECLARE @c_name nvarchar (50)
SELECT @c_name=c_name FROM Deleted
PRINT '开始查找并删除相关表中的相关记录...'
DELETE FROM Orders WHERE c_name=@ c_name
PRINT '删除相关表中相关记录条数为'+str (@@rowcount) +'条'
GO
```

6.2　工作任务 2：事物的规划与设计

任务描述与目标

1. 任务描述

本节的工作任务是学习事物的基本用法以及在实际应用中的具体操作。

2. 任务目标

1）学习事物的基本用法。

2）了解事物的基本结构。

6.2.1　事物的概念

事务是一个用户定义的完整的工作单元，一个事务内的所有语句被作为整体执行，要么全部执行，要么全部不执行。遇到错误时，可以回滚事务，取消事务内所做的所有改变，从而保证数据库中数据的一致性和可恢复性。

1. 事务的特性（ACID）

1）原子性（Atomicity）：事务是数据库的逻辑工作单位，事务中的操作要么都做，要么都不做。

2）一致性（Consistency）：事务执行的结果必须是使数据库从一个一致性状态变到另一个一致性状态。

3）隔离性（Isolation）：一个事务的执行不能被其他事务干扰。

4）持续性（永久性）（Durability）：事务一旦提交，则其对数据库中数据的改变就应该是永久的。

2. 事务和批的区别

编程时，一定要区分事务和批的差别：

1）批是一组整体编译的 SQL 语句，事务是一组作为单个逻辑工作单元执行的 SQL 语句。

2）批语句的组合发生在编译时刻，事务中语句的组合发生在执行时刻。

3）当在编译时，批中某个语句存在语法错误，系统将取消整个批中所有语句执行；而在运行时刻，如果事务中某个数据修改违反约束、规则等，系统默认只回退到产生该错误的语句。

4）如果批中产生一个运行时错误，系统默认只回退到产生该错误的语句。但当打开 XACT_ABORT 选项为 ON 时，系统可以自动回滚产生该错误的当前事务。

一个事务中也可以拥有多个批，一个批里可以有多个 SQL 语句组成的事务，事务内批的多少不影响事务的提交或回滚操作。

3. SET XACT_ABORT 语句

SET XACT_ABORT 语句用于指定当 T-SQL 语句产生运行时错误时，SQL Server 是否自动回滚当前事务。其语法格式如下：

```
SET XACT_ABORT { ON | OFF }
```

当 SET XACT_ABORT 为 ON 时，如果 T-SQL 语句产生运行时错误，整个事务将终止并回滚。为 OFF 时，只回滚产生错误的 T-SQL 语句，而事务将继续进行处理。编译错误（如语法错误）不受 SET XACT_ABORT 的影响。

对于大多数 OLE DB 提供程序（包括 SQL Server），隐式或显式事务中的数据修改语句必须将 XACT_ABORT 设置为 ON。唯一不需要该选项的情况是提供程序支持嵌套事务时。

例 6-9 下列代码导致在含有其他 T-SQL 语句的事务中发生违反外键错误。其中，SET XACT_ABORT 设置为 ON，这导致语句错误使批处理终止，并使事务回滚。

```
CREATE TABLE t1 (a int PRIMARY KEY)
CREATE TABLE t2 (a int REFERENCES t1 (a))
GO
INSERT INTO t1 VALUES (1)
INSERT INTO t1 VALUES (3)
INSERT INTO t1 VALUES (4)
INSERT INTO t1 VALUES (6)
GO
SET XACT_ABORT ON
GO
BEGIN TRAN
INSERT INTO t2 VALUES (1)
INSERT INTO t2 VALUES (2) /* FOREIGN KEY error */
INSERT INTO t2 VALUES (3)
COMMIT TRAN
GO
```

6.2.2 事务的模式

SQL Server 的事务模式可分为显式事务、隐式事务和自动事务 3 种。

1. 显式事务

显式事务是指由用户执行 T-SQL 事务语句而定义的事务，这类事务又称作用户定义事务。定义事务的语句包括以下几种。

1）BEGIN TION：标识一个事务的开始，即启动事务。

2）COMMIT TION 与 COMMIT WORK：标识一个事务的结束，事务内所修改的数据被永久保存到数据库中。

3）ROLLBACK TION 与 ROLLBACK WORK：标识一个事务的结束，说明事务执行过程中遇到错误，事务内所修改的数据被回滚到事务执行前的状态。

2. 隐式事务

在隐式事务模式下，在当前事务提交或回滚后，SQL Server 自动开始下一个事务。所以，隐式事务不需要使用 BEGIN TION 语句启动事务，而只需要用户使用 ROLLBACK TION、ROLLBACK WORK 或 COMMIT TION、COMMIT WORK 等语句提交或回滚事务。在提交或回滚后，SQL Server 自动开始下一个事务。

执行 SET IMPLICIT_TIONS ON 语句可使 SQL Server 进入隐式事务模式。在隐式事务模式下，当执行表 6-1 任意一个语句时，可使 SQL Server 重新启动一个事务。

表 6-1　隐式事务模式

所有 CREATE 语句	ALTER TABLE 语句	所有 DROP 语句
TRUNCATE TABLE	GRANT	REVOKE
INSERT	UPDATE	DELETE
SELECT	OPEN	FETCH

需要关闭隐式事务模式时，调用 SET 语句关闭 IMPLICIT_TIONS OFF 连接选项即可。

3. 自动事务模式

在自动事务模式下，当一个语句被成功执行后，它被自动提交，而当它执行过程中产生错误时，被自动回滚。自动事务模式是 SQL Server 的默认事务管理模式，当与 SQL Server 建立连接后，直接进入自动事务模式，直到使用 BEGIN TION 语句开始一个显式事务，或者打开 IMPLICIT_TIONS 连接选项进入隐式事务模式为止。

而当显式事务被提交或 IMPLICIT_TIONS 被关闭后，SQL Server 又进入自动事务管理模式。

6.2.3　事物控制

SQL Server 中有关事务的处理语句见表 6-2。

表 6-2　SQL Server 中有关事务的处理语句

命　令　名	作　　用	格　　式
BEGIN TION	说明一个事务开始	BEGIN TION　[<事务名>]
COMMIT TION	说明一个事务结束，它的作用是提交或确认事务已经完成	COMMIT TION　[<事务名>]
SAVE TION	用于在事务中设置一个保存点，目的是在撤销事务时可以只撤销部分事务，以提高系统的效率	SAVE TION <保存点>
ROLLBACK TION	说明要撤销事务，即撤销在该事务中对数据库所做的更新操作，使数据库回退到 BEGIN TION 或保存点之前的状态	ROLLBACK TION　[<事务名>| <保存点>]

说明：

1）在定义一个事务时，BEGIN TION 语句应与 COMMIT TION 语句或 ROLLBACK TION 成对出现。在 SQL Server 中，事务定义语句可以嵌套，但实际上只有最外层的 BEGIN

TION 语句和 COMMIT TION 语句才能建立和提交事务；在回滚事务时，也只能使用最外层定义的事务名或存储点标记，而不能使用内层定义的事务名。事务嵌套常用在存储过程或触发器内，它们可以使用 BEGIN TION …COMMIT TION 对来相互调用。

2）事务处理过程中的错误：①如果服务器错误使事务无法成功完成，则 SQL Server 自动回滚该事务，并释放该事务所占有的所有资源；②如果客户端与 SQL Server 的网络连接中断，那么当网络告知 SQL Server 该中断时，将回滚该连接所有未完成的事务；③如果客户端应用程序失败或客户计算机崩溃或重启，也会中断该连接，当 SQL Server 中断时，将回滚该连接所有未完成的事务；④如果客户从该应用程序注销，所有未完成的事务也会被回滚。

编写有效事务的指导原则如下：

1）不要在事务处理期间输入数据。

2）浏览数据时，尽量不要打开事务。

3）保持事务尽可能的短。

4）灵活地使用更低的事务隔离级别。

5）在事务中尽量使访问的数据量最小。

6.2.4 任务实施

利用事物回滚机制将“商场货物管理系统”数据库中 Product 表中的 p_id 字段用修改触发器实现。

代码如下：

```
CREATE TRIGGER T //修改 Product 表记录
ON Product
AFTER UPDATE(p_id)
BEGIN
SET NOCOUNT OFF
DECLARE @p_id char(50), @ p_id_char(50)
SELECT @p_id=p_id FROM Deleted
SELECT @p_id_p_id FROM Inserted
IF EXITS(SELECT * FROM Product WHERE p_id=@p_id_)
 BEGIN
    UPDATE Product setp_id=@p_id WHERE @p_id=p_id
 END
ELSE
  BEGIN
raiserror('非法编号，不可修改', 16, 1)
ROLLBACK Transaction
END
END
```

习 题 6

一、选择题

1. 下列关于触发器叙述中，正确的是（ ）。

A. 触发器是可自动执行的，但需要一定条件下触发

B. 触发器不属于存储过程

C. 触发器不可以同步数据库的相关表进行级联更改

D. SQL 不支持 DML 触发器

2. 下列不是 DML 触发器的是（ ）。

A. AFTER　B. INSTEAD OF　C. CLR　D. UPDATE

3. 按触发事件不同将触发器分为两大类：DML 触发器和（ ）触发器。

A. DDL　B. CLR　C. DDT　D. URL

4. 在 SQL Server 2008 中一张表可以有多个触发器，用户可以针对（ ）语句设置触发器。

A. UPDATE　B. INSERT　C. DELETE　D. 以上都是

5. UPDATE 触发器可以使用（ ）。

A. Deleted 表和 Update 表　B. Inserted 表和 Update 表

C. Deleted 表和 Inserted 表　D. 以上都不是

二、简答题

1. 简述触发器的概念及特点。
2. 简述触发器的分类。
3. AFTER 触发器和 INSTEAD OF 触发器有什么区别？
4. 简述 Deleted 表和 Inserted 表的作用。
5. 触发器和存储过程最主要的区别在哪里？
6. 如何查看、更改、删除、禁用和启用触发器？
7. 事务的概念和其 4 个属性是什么？

拓展训练 6

在“商场货物管理系统”的 Product 表中创建触发器 trgPrice，以实现新增商品时保证商品单价在 0～50 000 之间，如果超出范围，则提示“单价超出范围”。参考代码如下：

```
CREATE TRIGGER trgPrice
ON Product
FOR INSERT, UPDATE
AS
DECLARE @price INT
SELECT @price=单价  FROM INSERTED
IF (@price<0 OR @price>50000)
BEGIN
PRINT '价格查出范围'
END
```

第 7 章　数据库安全性管理

➘ 本章的工作任务

本章主要介绍 SQL Server 2008 数据库安全性管理中的登录身份验证、服务器登录账户管理、用户账户管理、角色管理、权限管理和架构管理。主要工作任务是解决商场货物管理系统中数据库安全管理与维护。

7.1　工作任务 1：了解 SQL Server 2008 数据库的安全管理

➘ 任务描述与目标

1. 任务描述

本节的工作任务是了解并掌握 SQL Server 2008 数据库的安全管理问题。

2. 任务目标

1）学习数据库的安全性管理。

2）了解数据库的安全性管理的一些机制。

7.1.1　数据库的安全性管理概述

数据库的安全性是指保护数据库以防止不合法地使用所造成的数据泄露、更改或破坏。系统安全保护措施是否有效是数据库系统的主要指标之一。数据库的安全性和计算机系统的安全性（包括操作系统、网络系统的安全性）是紧密联系、相互支持的。

随着越来越多的网络互联，安全性也变得日益重要。公司的资产必须受到保护，尤其是数据库，它们存储着公司的宝贵信息。安全是数据引擎的关键特性之一，保护企业免受各种威胁。SQL Server 2008 安全特性的宗旨是使其更加安全，且使数据保护人员能够更方便地使用和理解安全。

SQL Server 2008 提供了丰富的安全特性，用于保护数据和网络资源。它的安装更轻松、更安全，除了最基本的特性之外，其他特性都不是默认安装的，即便安装了也处于未启用的状态。SQL Server 提供了丰富的服务器配置工具，特别值得关注的就是 SQL Server Surface Area Configuration Tool，它的身份验证特性得到了增强，使 SQL Server 更加紧密地与 Windows 身份验证相集成，并保护弱口令或陈旧的口令。有了细粒度授权、SQL Server Agent 代理和执行上下文，在经过验证之后，授权和控制用户可以采取的操作将更加灵活，元数据也更加安全，因为系统元数据视图仅返回关于用户有权以某种形式使用的对象的信息。在数据库级别，加密提供了最后一道安全防线，而用户与架构的分离使得用户的管理更加轻松。

对于数据库管理来说，保护数据不受内部和外部侵害是一项重要的工作。SQL Server 2008的身份验证、授权和验证机制可以保护数据免受未经授权的泄露和篡改。

SQL Server的安全机制一般主要包括3个等级：

1）服务器级别的安全机制。这个级别的安全性主要通过登录账户进行控制，要想访问一个数据库服务器，必须拥有一个登录账户。登录账户可以是Windows账户或组，也可以是SQL Server的登录账户。登录账户可以属于相应的服务器角色。至于角色，可以理解为权限的组合。

2）数据库级别的安全机制。这个级别的安全性主要通过用户账户进行控制，要想访问一个数据库，必须拥有该数据库的一个用户账户身份。用户账户是通过登录账户进行映射的，可以属于固定的数据库角色或自定义数据库角色。

3）数据对象级别的安全机制。这个级别的安全性通过设置数据对象的访问权限进行控制。如果是使用图形界面管理工具，可以在表上右击，选择“属性”→“权限”命令，然后启用相应的权限复选框即可。

以上的每个等级就好像一道门，如果门没有上锁，或者用户拥有开门的钥匙，则用户可以通过这道门达到下一个安全等级。如果通过了所有的门，则用户就可以实现对数据的访问。

SQL Server 2008的安全性管理主要包括SQL Server登录、数据库用户、角色、权限和架构等方面。

1）SQL Server登录。要想连接到SOL Server服务器实例，必须拥有相应的登录账户和密码。身份验证系统验证用户是否拥有有效的登录账户和密码，从而决定是否允许该用户连接到指定的SQL Server服务器实例。

2）数据库用户。通过身份验证后，用户可以连接到SQL Server服务器实例。但是，这不意味着该用户可以访问到指定服务器上的所有数据库。在每个SQL Server数据库中，都存在一组SQL Server用户账户。登录账户要访问指定数据库，就要将自身映射到数据库的一个用户账户上，从而获得访问数据库的权限。一个登录账户可以对应多个用户账户。

3）角色。为便于管理数据库中的权限，SQL Server提供了若干“角色”，这些角色是用户分组的安全主体，类似于Microsoft Windows操作系统中的用户组，可以对用户进行分组管理。可以对角色赋予数据库访问权限，此权限将应用于角色中的每一个用户。

4）权限。权限是规定了用户在指定数据库中所能进行的操作。

5）架构。架构是指包含表、视图和过程等的容器。它位于数据库内部，而数据库位于服务器内部。这些架构就像嵌套框放置在一起。服务器是最外面的框，而架构是最里面的框。特定架构中的每个安全对象都必须有唯一的名称。架构中安全对象的完全指定名称包括此安全对象所在的架构的名称。因此，架构也是命名空间。

在SQL Server 2008中，数据库中的所有对象都是位于架构内的。每一架构的所有者都是角色，而不是独立的用户，允许多用户管理数据库对象。这解决了旧版本中的一些问题，比如没有重新指派每一个对象的所有者就不能从数据库中删除用户。现在，用户仅需要更改架构的所有权，而不用去更改每一个对象的所有权。

SQL Server 2008中广泛使用安全主体和安全对象管理安全。一个请求服务器、数据库或架构资源的实体称为安全主体。每一个安全主体都有唯一的安全标识符（Security Identifier，SID）。安全主体在3个级别上管理：Windows、SQL Server和数据库。安全主体的级别决定了安全主体的影响范围。通常，Windows和SQL Server级别的安全主体具有实例级的范围，而数据库级别的安全主体的影响范围是特定的数据库。

表 7-1 中列出了每一级别的安全主体。这些安全主体包括 Windows 组、数据库角色和应用程序角色，它们能包括其他安全主体。这些安全主体构成为集合，每个数据库用户属于公共数据库角色。当一个用户在安全对象上没有被授予或被拒绝给予特定权限的时候，用户则继承了该安全对象上授予公共角色的权限。

表 7-1　安全主体级别和所包括的主体

主体级别	主体对象
Windows 级别	Windows 域登录、Windows 本地登录和 Windows 组
SQL Server 级别	服务器角色、SQL Server 登录 SQL Server 登录映射为非对称密钥 SQL Server 登录映射为证书 SQL Server 登录映射为 Windows 登录
数据库级别	数据库用户、应用程序角色、数据库角色和公共数据库角色 数据库映射为非对称密钥 数据库映射为证书 数据库映射为 Windows 登录

安全主体能在分等级的实体集合（也称为安全对象）上分配特定的权限。最顶层的三个安全对象是服务器、数据库和架构，见表 7-2。这些安全对象的每一个都包含其他的安全对象，后者依次又包含其他的安全对象，这些嵌套的层次结构称为范围。因此，也可以说 SQL Server 中的安全对象范围是服务器、数据库和架构。

表 7-2　安全对象范围及包含的安全对象

安全对象范围	包含的安全对象
服务器	服务器（当前实例）、数据库、端点、登录和服务器角色
数据库	应用程序角色、程序集和非对称密钥 证书、合同和数据库角色 全文目录、消息类型和远程服务绑定 路由、架构、服务、对称密钥和用户
架构	聚合、函数、过程 队列、同义词和表 类型、视图和 XML 架构集合

7.1.2　任务实施

1）分析商场货物管理系统数据库中数据库安全问题。

2）商场货物管理系统数据库中安全性管理主要包括：

① SQL Server 登录。

② 数据库用户。

③ 角色。

④ 权限。

⑤ 架构。

7.2　工作任务 2：商场货物管理系统数据库中的登录管理

任务描述与目标

1. 任务描述

本节的工作任务是了解并掌握商场货物管理系统数据库中的登录管理。

2. 任务目标

1）学习 SQL Server 2008 数据库的登录管理。

2）了解商场货物管理系统数据库的登录管理。

7.2.1　身份验证模式

登录指用户连接到指定 SQL Server 数据库实例的过程。在此期间，系统要对该用户进行身份验证。只有拥有正确的登录账户和密码，才能连接到指定的数据库实例。

在安装过程中，必须为数据库引擎选择身份验证模式。可供选择的模式有两种：Windows 身份验证模式和混合模式。Windows 身份验证模式会启用 Windows 身份验证并禁用 SQL Server 身份验证。混合模式会同时启用 Windows 身份验证和 SQL Server 身份验证。Windows 身份验证始终可用，并且无法禁用。

1. 更改安全身份验证模式

1）在 SQL Server Management Studio 的"对象资源管理器"窗口中，右键单击用户指定的服务器，选择"属性"命令，如图 7-1 所示。

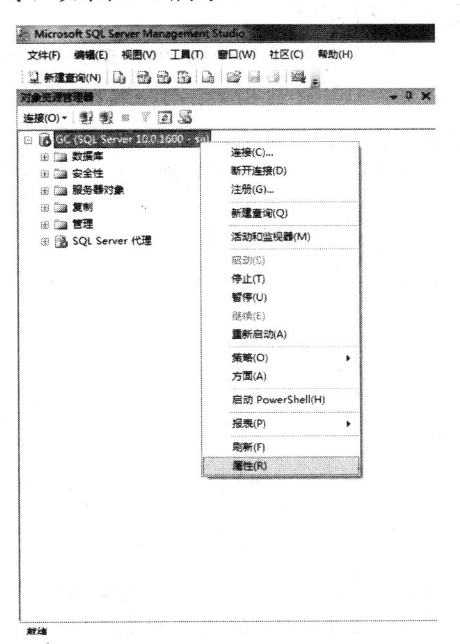

图 7-1　选择"属性"命令

2）在“安全性”页上的“服务器身份验证”栏中，选择“SQL Server 和 Windows 身份验证模式”，再单击“确定”按钮，如图 7-2 所示。

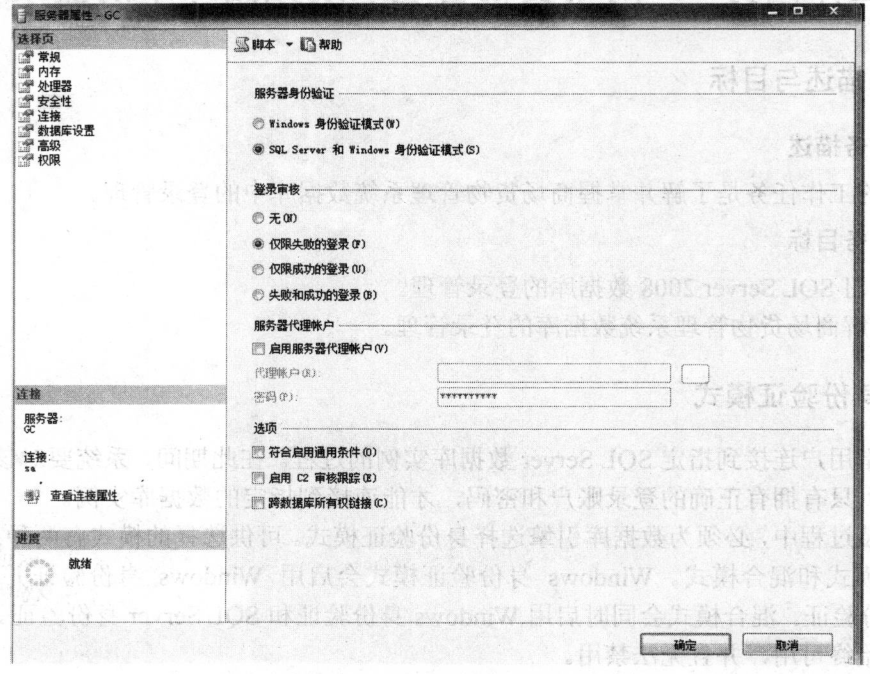

图 7-2 “服务器属性”窗口

3）在 SQL Server Management Studio 窗口中，单击“确定”按钮以确认需要重新启动 SQL Server。

2．通过 Windows 身份验证进行连接

当用户通过 Windows 用户账户连接时，如图 7-3 所示，SQL Server 使用操作系统中的 Windows 主体标记验证用户名和密码。也就是说，用户身份由 Windows 进行确认。SQL Server 不要求提供密码，也不执行身份验证。

图 7-3 “连接到服务器”对话框（1）

Windows 身份验证是默认身份验证模式，并且比 SQL Server 身份验证更为安全。Windows 身份验证使用 Kerberos 安全协议，提供有关强密码复杂性验证的密码策略，还提供账户锁定支持，并且支持密码过期。通过 Windows 身份验证完成的连接有时也称为可信连接，这是因为 SQL Server 信任由 Windows 提供的凭据。

3. 通过 SQL Server 身份验证进行连接

当使用 SQL Server 身份验证时，如图 7-4 所示，在 SQL Server 中创建的登录名并不基于 Windows 用户账户。用户名和密码均通过使用 SQL Server 创建并存储在 SQL Server 中。通过 SQL Server 身份验证进行连接的用户每次连接时必须提供其凭据（登录名和密码）。当使用 SQL Server 身份验证时，必须为所有 SQL Server 账户设置强密码。

图 7-4 “连接到服务器”对话框（2）

7.2.2 创建 SQL Server 登录名

创建使用 Windows 身份验证的 SQL Server 登录名有以下两种方法。

（1）在SQL Server Management Studio中创建Windows身份验证的登录名

1）在 SQL Server Management Studio 的“对象资源管理器”窗口中，展开要在其中创建新登录名的服务器实例的文件夹。

2）展开“安全性”项，右键单击“登录名”项，在弹出的快捷菜单中选择“新建登录名”命令，如图 7-5 所示。

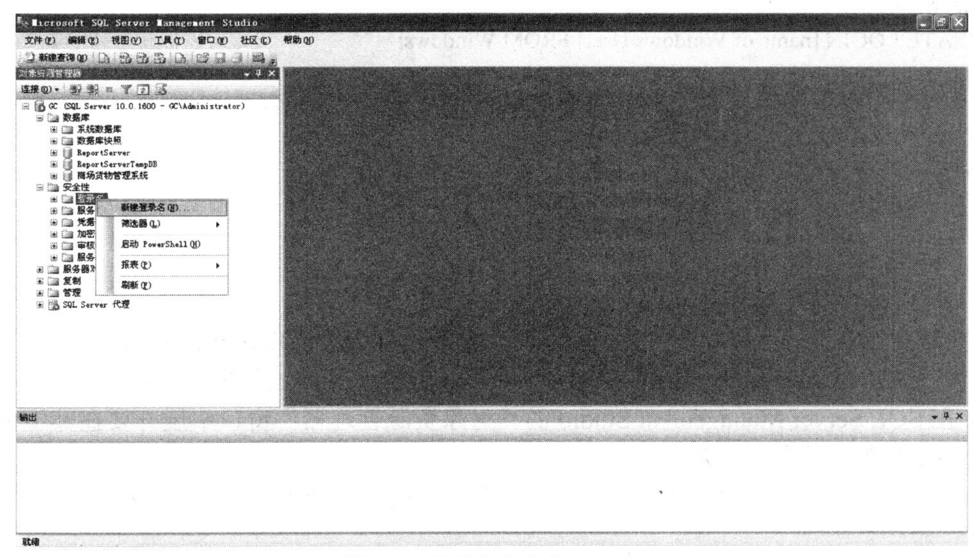

图 7-5 “新建登录名”命令

3）在“常规”页上的“登录名”框中输入一个 Windows 用户名，如图 7-6 所示。

4）选择“Windows 身份验证”项，并单击“确定”按钮。

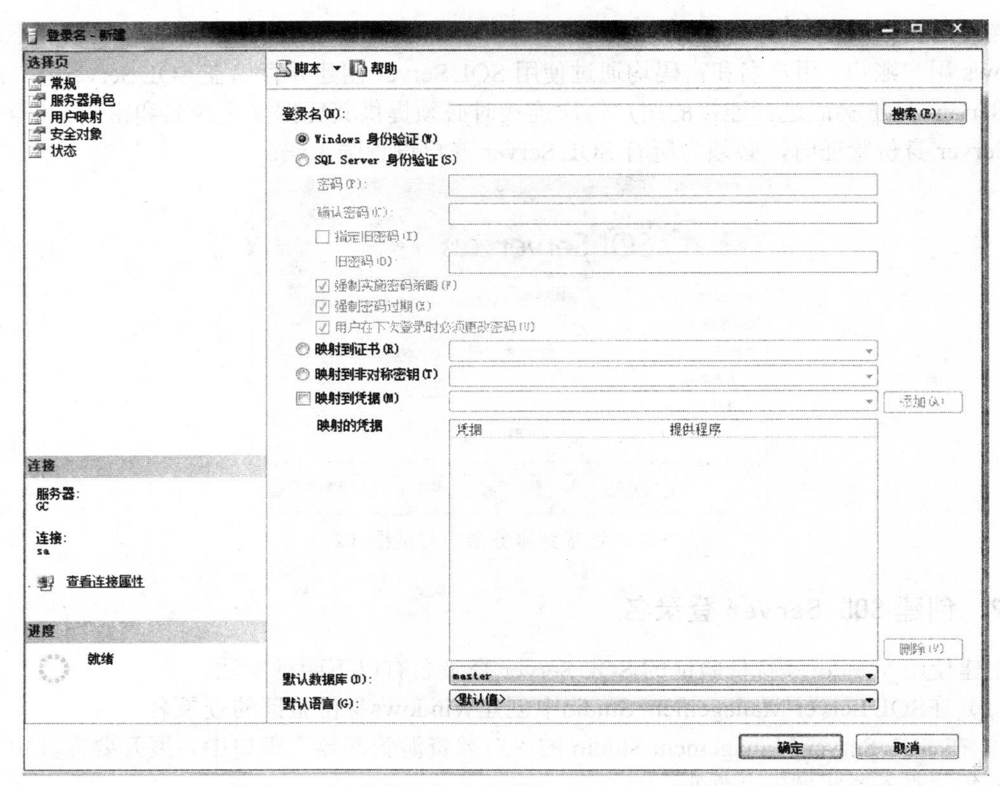

图 7-6 “新建登录名”对话框（Windows 身份验证）

（2）通过T-SQL语句创建Windows身份验证的登录名

语法格式如下：

```
CREATE LOGIN [name of Windows User] FROM Windows;
GO
```

例 7-1 在查询编辑器中，输入以下 T-SQL 命令创建登录名。

```
CREATE LOGIN [GC \ gdm] FROM Windows;
GO
```

7.2.3 任务实施

在商场货物管理系统中创建使用 SQL Server 身份验证的 SQL Server 登录名。

（1）在SQL Server Management Studio中创建SQL Server身份验证的登录名

1）在 SQL Server Management Studio 的“对象资源管理器”窗口中展开要在其中创建新登录名的服务器实例的文件夹。

2）展开“安全性”项，右键单击“登录名”项，在弹出的快捷菜单中选择“新建登录名”命令。

3）在“常规”页上的“登录名”框中输入一个新登录名的名称，如图 7-7 所示。

图 7-7 “新建登录名”对话框（SQL Server 身份验证）

4）选择“SQL Server 身份验证”项，输入登录名的密码。

5）选择应当应用于新登录名的密码策略选项。通常，“强制实施密码策略”是更安全的选择。

6）单击“确定”按钮。

（2）通过T-SQL语句创建SQL Server身份验证的登录名

语法格式如下：

```
CREATE LOGIN [login name] WITH PASSWORD='[password]';
GO
```

在查询编辑器中，输入以下 T-SQL 命令创建登录名如图 7-8 所示。

```
CREATE LOGIN GC_CZY WITH PASSWORD='1234';
GO
```

图 7-8 通过 T-SQL 语句创建登录名（SQL Server 身份验证）

7.3 工作任务3：商场货物管理系统数据库中的用户账户管理

任务描述与目标

1. 任务描述

本节的工作任务是了解并掌握SQL Server 2008数据库的用户账户管理，并完成商场货物管理系统数据库中的用户账户管理。

2. 任务目标

1）学习SQL Server 2008数据库的用户账户管理。

2）了解并掌握客户商场货物数据库的用户账户管理。

7.3.1 系统用户

拥有登录账户的用户通过SQL Server身份验证后，就获得了对SQL Server实例的访问权限，但是如果要访问某个具体的数据库，还必须有一个用于控制在数据库中所执行的活动的SQL Server用户账户。登录账户映射到SQL Server用户账户，就可以实现对数据库的访问。如果数据库中没有用户账户，那么即使用户能够连接到SQL Server实例，也无法访问该数据库。

数据库用户是数据库级别上的主体。每个数据库用户都是public角色的成员。

在数据库内，使用用户标识符（ID）标识用户，数据库内对象的全部权限和所有权由用户账户控制。创建数据库对象（表、索引、视图、触发器、函数或存储过程）的用户称为数据库对象所有者。创建数据库对象的权限必须由数据库所有者或系统管理员授予。数据库对象所有者没有特殊的登录ID或密码。对象创建者被隐式授予数据库的所有权限，但其他用户必须被显式授予权限后才能访问该对象。

dbo是具有在数据库中执行所有活动权限的用户。将固定服务器角色sysadmin的任何成员都映射到每个数据库内称为dbo的一个特殊用户上。另外，由固定服务器角色sysadmin的任何成员创建的任何对象都自动属于dbo。

guest用户账户没有相关联的登录账户，它允许没有用户账户的登录访问数据库。当满足下列所有条件时，登录采用guest用户的标识：

1）登录有访问SQL Server实例的权限，但没有通过自己的用户账户访问数据库的权限。

2）数据库中含有guest用户账户。

创建数据库时，该数据库默认包含guest用户。授予guest用户的权限由在数据库中没有用户账户的用户继承。

注意：不能删除guest用户，但可通过撤销该用户的CONNECT权限将其禁用。可以通过在master或tempdb以外的任何数据库中执行REVOKE CONNECT FROM GUEST命令来撤销CONNECT权限。

7.3.2 任务实施

在“商场货物管理系统”中建立一个数据库用户GC_CZY。

下面通过使用 SQL Server Management Studio 来创建数据库用户账户，然后给用户授予访问数据库“商场货物管理系统”的权限。具体步骤如下所示：

1）打开 SQL Server Management Studio，并展开“服务器”节点。

2）展开“数据库”节点，然后再展开“商场货物管理系统”节点。

3）再展开“安全性”节点，右击“用户”节点，在弹出的快捷菜单中选择“新建用户”命令，打开“数据库用户-新建”窗口。

4）单击“登录名”文本框旁边的“选项”按钮[...]，打开“选择登录名”对话框，然后单击“浏览”按钮，打开“查找对象”对话框，如图 7-9 所示。选择刚刚创建的 SQL Server 登录账户 GC_CZY。

5）单击“确定”按钮返回，在“选择登录名”对话框就可以看到选择的登录名对象，如图 7-10 所示。

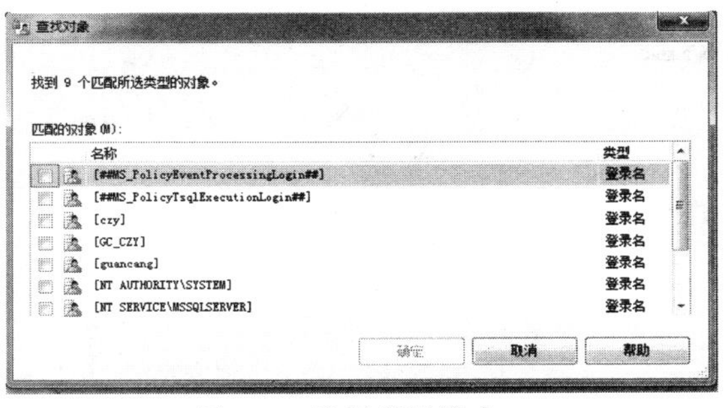

图 7-9　选择登录账户

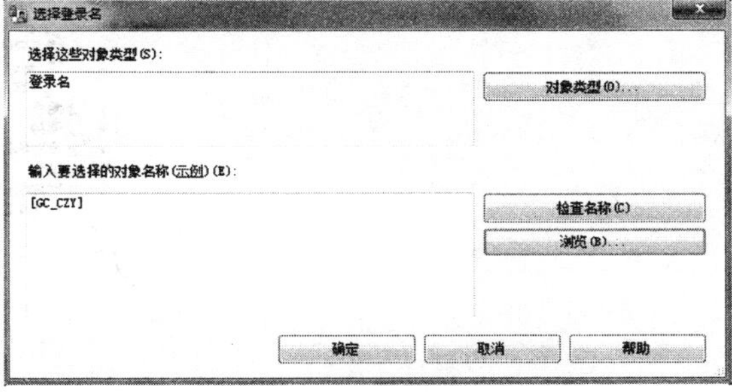

图 7-10　“选择登录名”对话框

6）单击“确定”按钮返回。设置用户名为 FZY，选择架构为 dbo，并设置用户的角色为 db_owner，具体设置如图 7-11 所示。

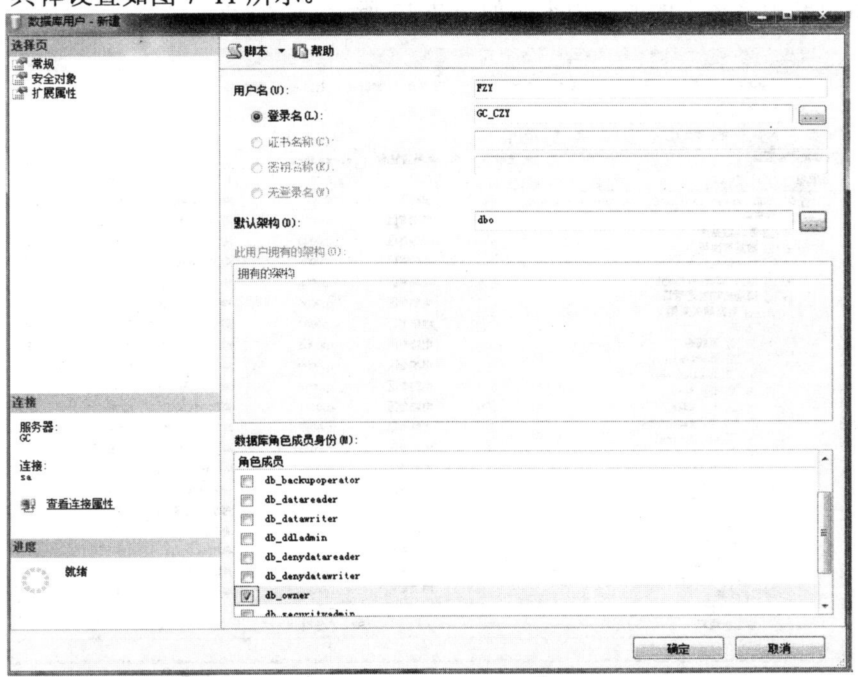

图 7-11　新建数据库用户

7）单击“确定”按钮，完成数据库用户的创建。

8）为了验证是否创建成功，可以刷新“用户”节点，用户就可以看到刚才创建的 FZY 用户账户，如图 7-12 所示。

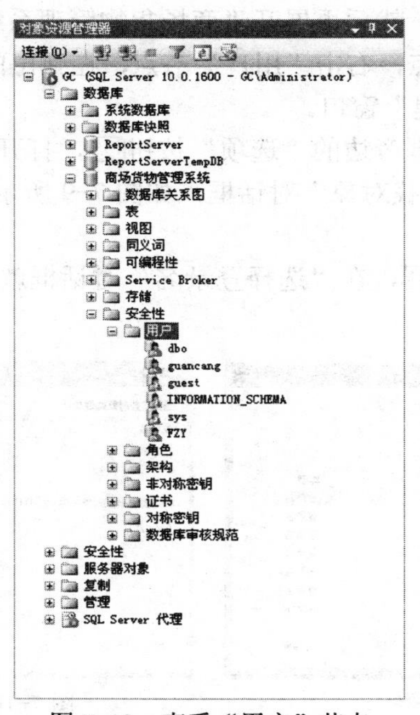

图 7-12 查看“用户”节点

数据库用户创建成功后，就可以使用该用户关联的登录名 GC_CZY 进行登录，就可以访问“商场货物管理系统”的所有内容，如图 7-13 所示。

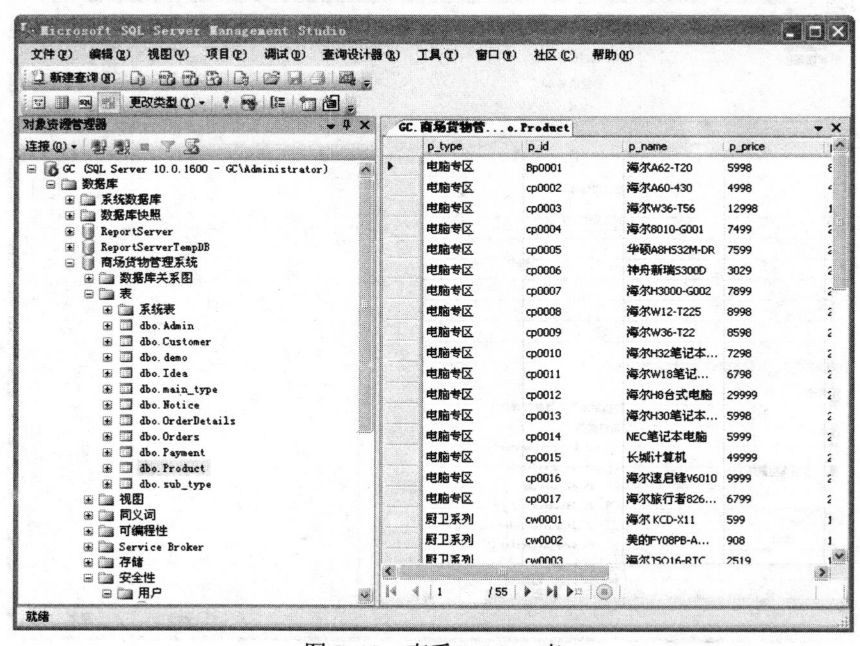

图 7-13 查看 Product 表

添加数据库用户还可以用系统存储过程 sp_grantdbaccess 来实现，具体语法如下：

```
CREATE USER user_name
    [ { { FOR → FROM }
        {
            LOGIN login_name
            → CERTIFICATE cert_name
            → ASYMMETRIC KEY asym_key_name
        }
        → WITHOUT LOGIN
    ]
    [ WITH DEFAULT_SCHEMA = schema_name ]
```

其中各参数含义如下。

① user_name：指定在此数据库中用于识别该用户的名称。user_name 是 sysname。它的长度最多是 128 个字符。

② LOGIN login_name：指定要创建数据库用户的 SQL Server 登录名。login_name 必须是服务器中有效的登录名。当此 SQL Server 登录名进入数据库时，它将获取正在创建的数据库用户的名称和 ID。

③ CERTIFICATE cert_name：指定要创建数据库用户的证书。

④ ASYMMETRIC KEY asym_key_name：指定要创建数据库用户的非对称密钥。

⑤ WITH DEFAULT_SCHEMA = schema_name：指定服务器为此数据库用户解析对象名时将搜索的第一个架构。

⑥ WITHOUT LOGIN：指定不应将用户映射到现有登录名。

例 7-2　建立了一个 SQL Server 的登录账户，然后将该账户添加为“商场货物管理系统”数据库的用户。

```
USE master
GO
CREATE LOGIN GC_CZY1
WITH PASSWORD = '1234';
USE 商场货物管理系统
CREATE USER GC_CZY1 FOR LOGIN GC_CZY1;
GO
```

执行上述语句，就为“商场货物管理系统”数据库创建了一个名字为 GC_CZY1 的用户。

7.4　工作任务 4：商场货物管理系统数据库中的角色管理

任务描述与目标

1. 任务描述

本节的工作任务是了解并掌握 SQL Server 2008 数据库的用户角色管理。

2. 任务目标

1）学习 SQL Server 2008 数据库的用户角色管理。

2）了解并掌握客户商场货物数据库的用户角色管理。

7.4.1 固定服务器角色

角色是 SQL Server 2008 用来集中管理数据库或者服务器的权限。数据库管理员将操作数据库的权限赋予角色。然后，数据库管理员再将角色赋给数据库用户或者登录账户，从而使数据库用户或者登录账户拥有了相应的权限。

为便于管理服务器上的权限，SQL Server 提供了若干“角色”，这些角色是用于分组其他主体的安全主体。“角色”类似于 Microsoft Windows 操作系统中的“组”。

服务器级角色也称为“固定服务器角色”，因为不能创建新的服务器级角色。服务器级角色的权限作用域为服务器范围。可以向服务器级角色中添加 SQL Server 登录名、Windows 账户和 Windows 组。固定服务器角色的每个成员都可以向其所属角色添加其他登录名。

用户可以指派给下列 8 个服务器角色之中的任意一个角色。

1）sysadmin：该服务器角色的成员有权在 SQL Server 2008 中执行任何任务。不熟悉 SQL Server 2008 的用户可能会意外地造成严重问题，所以给这个角色指派用户时应该特别小心。通常情况下，这个角色仅适合数据库管理员（DBA）。

2）securityadmin：该服务器角色的成员将管理登录名及其属性。他们可以 GRANT、DENY 和 REVOKE 服务器级权限，也可以 GRANT、DENY 和 REVOKE 数据库级权限。另外，他们可以重置 SQL Server 2008 登录名的密码。

3）serveradmin：该服务器角色的成员可以更改服务器范围的配置选项和关闭服务器。比如，SQL Server 2008 可以使用多大内存或者关闭服务器，这个角色可以减轻管理员的一些管理负担。

4）setupadmin：该服务器角色的成员可以添加和删除链接服务器，并且也可以执行某些系统存储过程。

5）processadmin：SQL Server 2008 能够多任务化，也就是说，它可以通过执行多个进程做多件事件。例如，SQL Server 2008 可以生成一个进程用于向高速缓存写数据，同时生成另一个进程用于从高速缓存中读取数据。这个角色的成员可以结束（在 SQL Server 2008 中称为删除）进程。

6）diskadmin：该服务器角色用于管理磁盘文件，比如，镜像数据库和添加备份设备。这适合于助理 DBA。

7）dbcreator：该服务器角色的成员可以创建、更改、删除和还原任何数据库。这不仅是适合助理 DBA 的角色，也可能是个适合开发人员的角色。

8）bulkadmin：该服务器角色的成员可以运行 BULK INSERT 语句。这条语句允许他们从文本文件中将数据导入到 SQL Server 2008 数据库中。

在 SQL Server 2008 中可以使用系统存储过程对固定服务器角色进行相应的操作，表 7-3 就列出了可以对服务器角色进行操作的各个存储过程。

表 7-3 使用服务器角色的操作

功　能	类　型	说　明
sp_helpsrvrole	元数据	返回服务器级角色的列表
sp_helpsrvrolemember	元数据	返回有关服务器级角色成员的信息
sp_srvrolepermission	元数据	显示服务器级角色的权限

（续）

功　能	类　型	说　明
is_srvrolemember	元数据	指示 SQL Server 登录名是否为指定服务器级角色的成员
sys.server_role_members	元数据	为每个服务器级角色的每个成员返回一行
sp_addsrvrolemember	命令	将登录名添加为某个服务器级角色的成员
sp_dropsrvrolemember	命令	从服务器级角色中删除 SQL Server 登录名或者 Windows 用户或者组

例 7-3　查看所有的固定服务器角色，使用系统存储过程 sp_helpsrvrole，具体的执行过程及结果如图 7-14 所示。

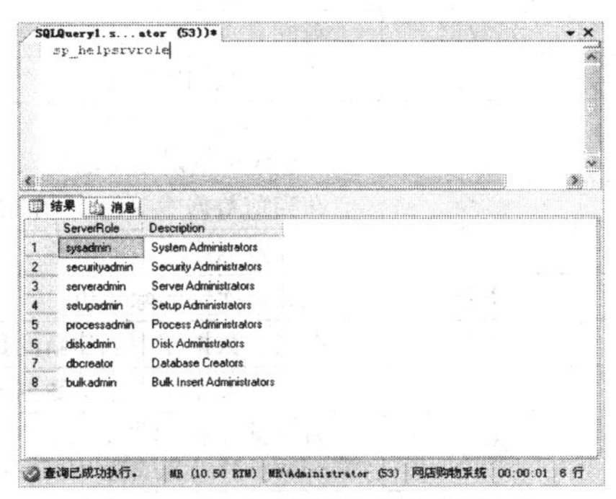

图 7-14　查看固定服务器角色

7.4.2　固定数据库角色

固定数据库角色存在于每个数据库中，在数据库级别提供管理特权分组。管理员可将任何有效的数据库用户添加为固定数据库角色成员，每个成员都获得应用于固定数据库角色的权限。用户不能增加、修改和删除固定数据库角色。

SQL Server 2008 在数据库级设置了固定数据库角色来提供最基本的数据库权限的综合管理。在数据库创建时，系统默认创建了以下 10 个固定数据库角色。

1）db_owner：进行所有数据库角色的活动，以及数据库中的其他维护和配置活动。该角色的权限跨越所有其他的固定数据库角色。

2）db_accessadmin：这些用户有权通过添加或者删除用户来指定某用户可以访问数据库。

3）db_securityadmin：该数据库角色的成员可以修改角色成员身份和管理权限。

4）db_ddladmin：该数据库角色的成员可以在数据库中运行任何数据定义语言（DDL）命令。这个角色允许他们创建、修改或者删除数据库对象，而不必浏览里面的数据。

5）db_backupoperator：该数据库角色的成员可以备份该数据库。

6）db_datareader：该数据库角色的成员可以读取所有用户表中的所有数据。

7）db_datawriter：该数据库角色的成员可以在所有用户表中添加、删除或者更改数据。

8）db_denydatareader：这个服务器角色的成员不能读取数据库内用户表中的任何数据，但可以执行架构修改（比如在表中添加列）。

9）db_denydatawriter：该服务器角色的成员不能添加、修改或者删除数据库内用户表中的任何数据。

10）public：在 SQL Server 2008 中每个数据库用户都属于 public 数据库角色。当尚未对某个用户授予或者拒绝对安全对象的特定权限时，则该用户将继承授予该安全对象的 public 角色的权限。这个数据库角色不能被删除。

在 SQL Server 2008 中可以使用 T-SQL 语句对固定数据库角色进行相应的操作，表 7-4 列出了可以对数据库角色进行操作的系统存储过程和命令等。

表 7-4 数据库角色的操作

功 能	类 型	说 明
sp_helpdbfixedrole	元数据	返回固定数据库角色的列表
sp_dbfixedrolepermission	元数据	显示固定数据库角色的权限
sp_helprole	元数据	返回当前数据库中有关角色的信息
sp_helprolemember	元数据	返回有关当前数据库中某个角色的成员的信息
sys.database_role_members	元数据	为每个数据库角色的每个成员返回一行
IS_MEMBER	元数据	指示当前用户是否为指定 Microsoft Windows 组或者 Microsoft SQL Server 数据库角色的成员
CREATE ROLE	命令	在当前数据库中创建新的数据库角色
ALTER ROLE	命令	更改数据库角色的名称
DROP ROLE	命令	从数据库中删除角色
sp_addrole	命令	在当前数据库中创建新的数据库角色
sp_droprole	命令	从当前数据库中删除数据库角色
sp_addrolemember	命令	为当前数据库中的数据库角色添加数据库用户、数据库角色、Windows 登录名或者 Windows 组
sp_droprolemember	命令	从当前数据库的 SQL Server 角色中删除安全账户

例 7-4 使用系统存储过程 sp_helpdbfixedrole 就可以返回固定数据库角色的列表，如图 7-15 所示。

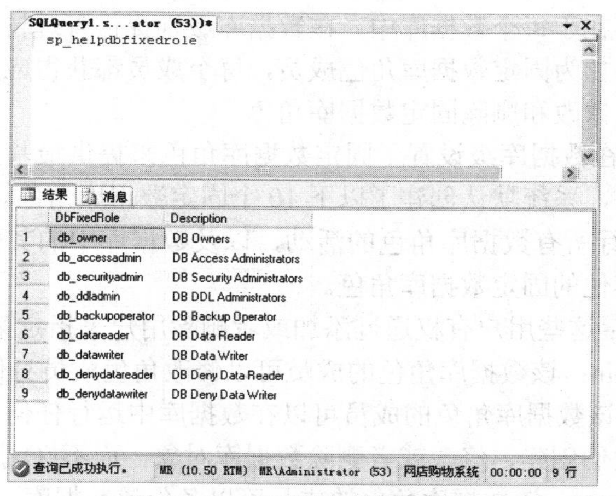

图 7-15 查看固定数据库角色

7.4.3 应用程序角色

应用程序角色是一个数据库主体，它使应用程序能够用其自身的、类似用户的特权来运行。使用应用程序角色，可以只允许通过特定应用程序连接的用户访问特定数据。与数据库角色不同的是，应用程序角色默认情况下不包含任何成员，而且不活动。应用程序角色使用两种身份验证模式，可以使用 sp_setapprole 来激活，并且需要密码。因为应用程序角色是数据库级别的主体，所以它们只能通过其他数据库中授予 guest 用户账户的权限来访问这些数据库。因此，任何已禁用 guest 用户账户的数据库对其他数据库中的应用程序角色都不可访问。

创建应用程序角色的过程与创建数据库角色的过程一样，图 7-16 为应用程序角色的创建窗口。

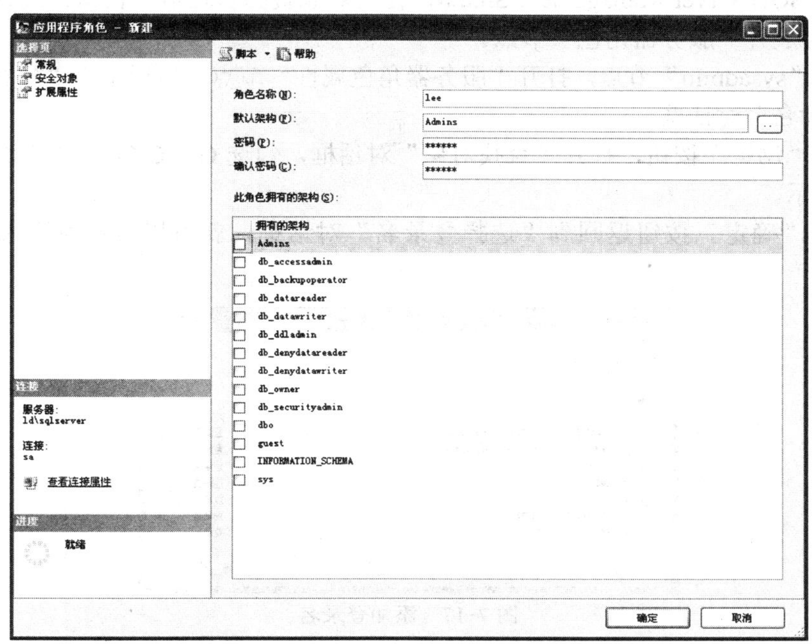

图 7-16　创建应用程序角色

应用程序角色和固定数据库角色的区别有如下 4 点：

1）应用程序角色不包含任何成员。不能将 Windows 组、用户和角色添加到应用程序角色。

2）当应用程序角色被激活以后，这次服务器连接将暂时失去所有应用于登录账户、数据库用户等的权限，而只拥有与应用程序相关的权限。在断开本次连接以后，应用程序失去作用。

3）默认情况下，应用程序角色非活动，需要密码激活。

4）应用程序角色不使用标准权限。

7.4.4　用户自定义角色

有时，固定数据库角色可能不满足需要。例如，有些用户可能只需数据库的“选择”、“修改”和“执行”权限。由于固定数据库角色之中没有一个角色能提供这组权限，所以需要创建一个自定义的数据库角色。

在创建数据库角色时，先给该角色指派权限，然后将用户指派给该角色。这样，用户将继承给这个角色指派的任何权限。这不同于固定数据库角色，因为在固定角色中不需要指派权限，只需要添加用户。

7.4.5　任务实施

1．指派固定服务器角色

将“商场货物管理系统”的数据库用户 GC_CZY 指派固定服务器角色，从而使数据库用户或者登录账户拥有了相应的权限。

下面将运用前面介绍的知识，将一些用户指派给固定服务器角色，进而分配给他们相应的管理权限。具体步骤如下：

1）打开 SQL Server Management Studio，在“对象资源管理器”窗口，展开“安全性”节点，然后再展开“服务器角色”节点。

2）双击“sysadmin”节点，打开“服务器角色属性”节点，然后单击“添加”按钮，打开“选择登录名”对话框。

3）单击“浏览”按钮，打开“查找对象”对话框，勾选 GC_CZY 选项旁边的复选框，如图 7-17 所示。

4）单击“确定”按钮返回到“选择登录名”对话框，就可以看到刚刚添加的登录名 GC_CZY。

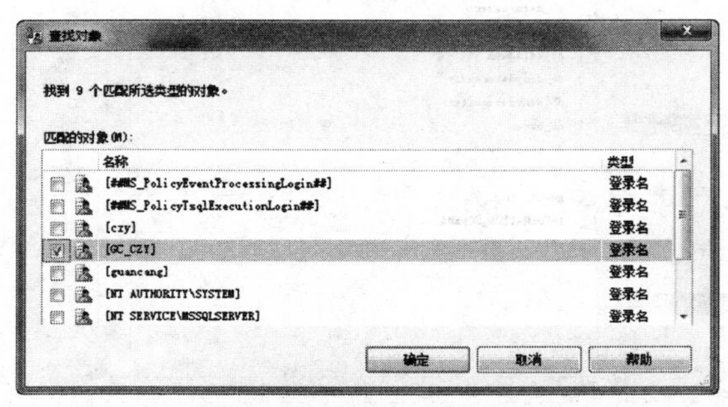

图 7-17　添加登录名

5）单击“确定”按钮返回“服务器角色属性”窗口，在角色成员列表中，就可以看到服务器角色 sysadmin 的所有成员，其中包括刚刚添加的 GC_CZY，如图 7-18 所示。

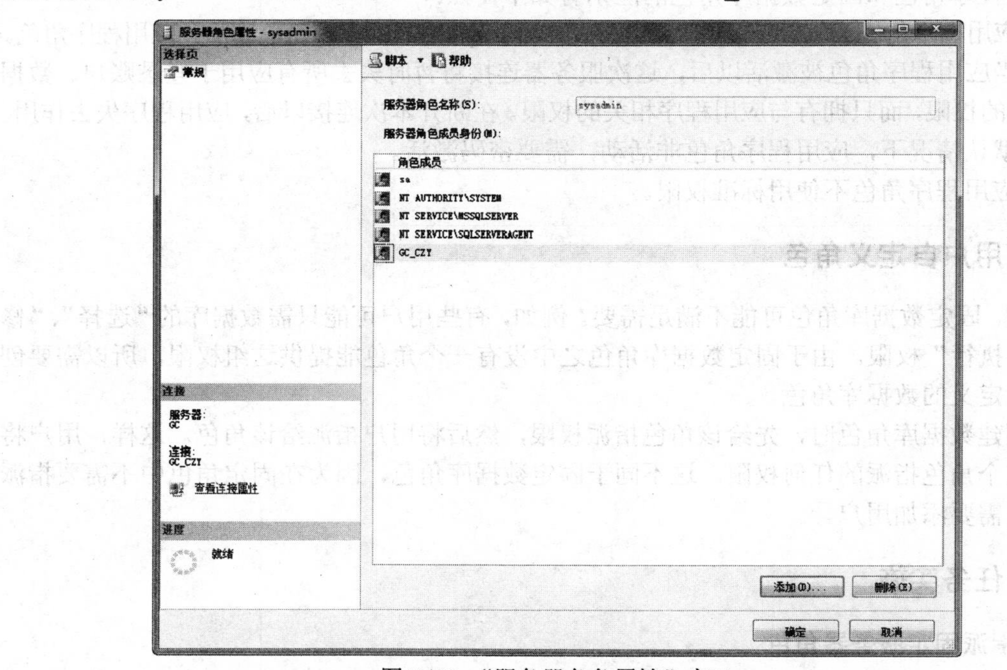

图 7-18　“服务器角色属性”窗口

6）用户可以再次通过“添加”按钮添加新的登录名，也可以通过“删除”按钮删除某些不需要的登录名。

7）添加完成后，单击“确定”按钮关闭“服务器角色属性”窗口。

2. 指派固定数据库角色

将“商场货物管理系统”的数据库用户 czy 指派固定数据库角色，从而使数据库用户或者登录账户拥有了相应的权限。

下面通过将用户添加到固定数据库角色中来配置他们对数据库拥有的权限，具体步骤如下：

1）打开 SQL Server Management Studio，在“对象资源管理器”窗口，展开“数据库”节点，然后再展开数据库“商场货物管理系统”节点中的“安全性”节点。

2）接着展开“角色”节点，然后再展开“数据库角色”节点，双击 db_owner 节点，打开“数据库角色属性”窗口。

3）单击“添加”按钮，打开“选择数据库用户或角色”对话框，然后单击“浏览”按钮打开“查找对象”对话框，选择数据库用户 czy，如图 7-19 所示。

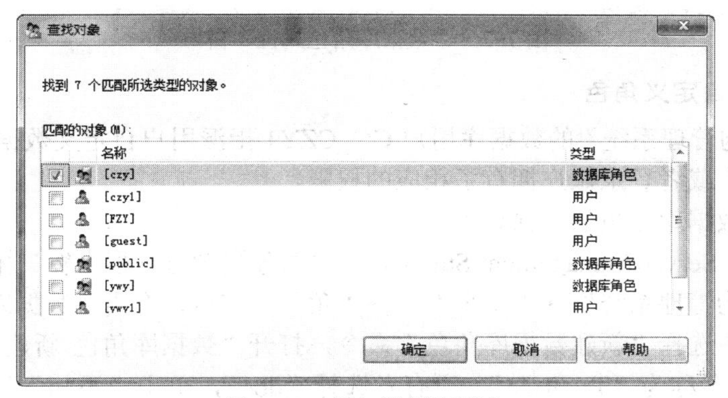

图 7-19 添加数据库用户

4）单击“确定”按钮返回“选择数据库用户或角色”对话框，如图 7-20 所示。

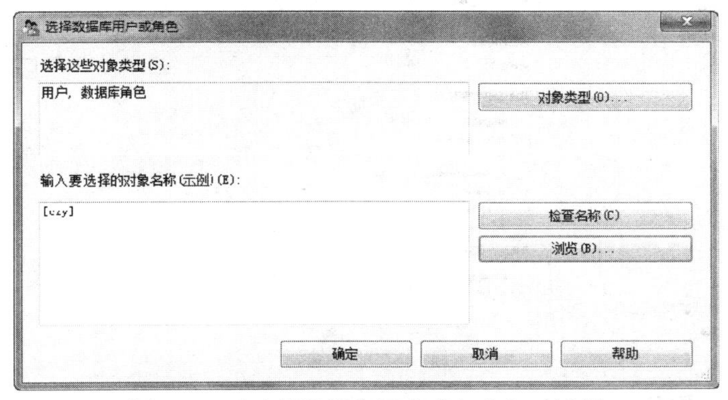

图 7-20 “选择数据库用户或角色”对话框

5）单击“确定”按钮，返回“数据库角色属性”窗口，在这里可以看到当前角色拥有的架构以及该角色所有的成员，其中包括刚添加的数据库用户 czy，如图 7-21 所示。

6）添加完成后，单击“确定”按钮关闭“数据库角色属性”窗口。

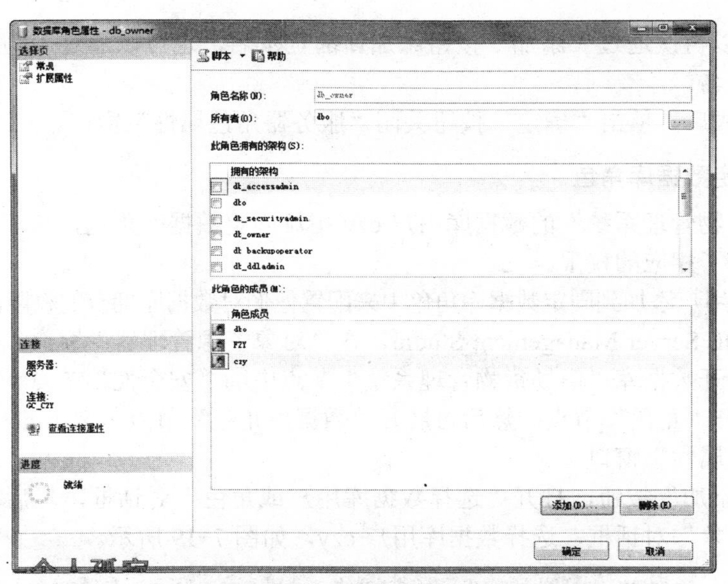

图 7-21 “数据库角色属性”窗口

3. 指派用户自定义角色

将“商场货物管理系统”的数据库用户 GC_CZY1 指派用户自定义数据库角色 TestRole，从而使数据库用户或者登录账户拥有了相应的权限。

创建自定义数据库角色的步骤如下：

1）打开 SQL Server Management Studio，在“对象资源管理器”窗口中依次展开“数据库”→“商场货物管理系统”→“安全性”→“角色”节点，右击“数据库角色”节点，在弹出的快捷菜单中选择“新建数据库角色”命令，打开“数据库角色-新建”窗口。

2）设置角色名称为“TestRole”，所有者选择“dbo”，单击“添加”按钮，选择数据库用户 GC_CZY1，如图 7-22 所示。

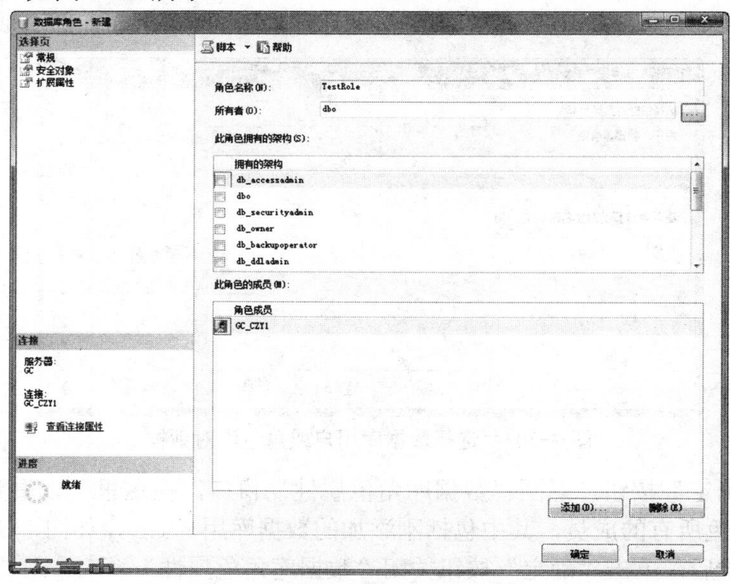

图 7-22 “数据库角色-新建”窗口

3）选中“安全对象”选项，打开“安全对象”选项页面，通过单击“搜索”按钮，添加“客户单”表为“安全对象”，如图 7-23～图 7-25 所示。

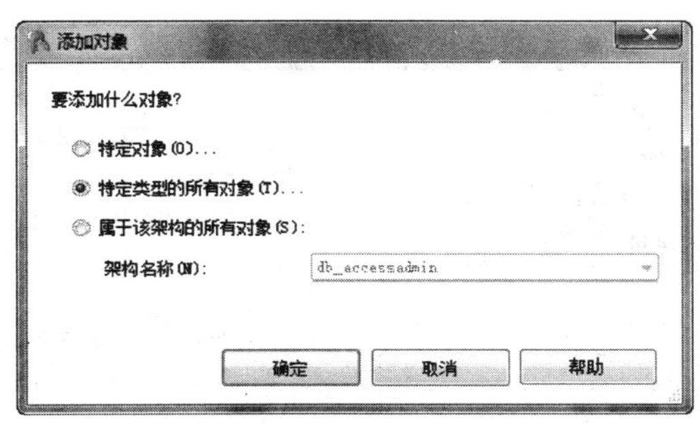

图 7-23　添加对象

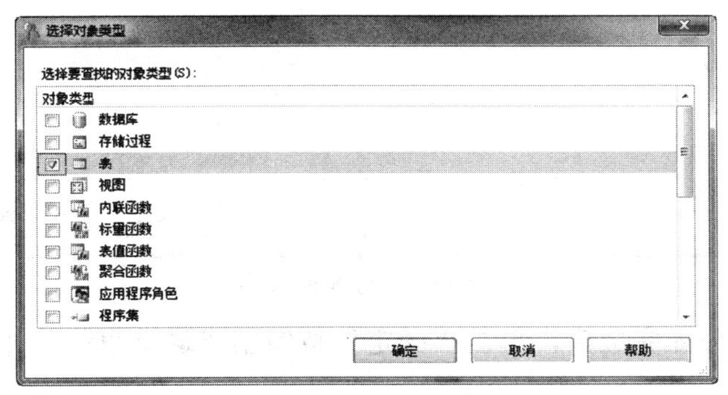

图 7-24　选择对象类型

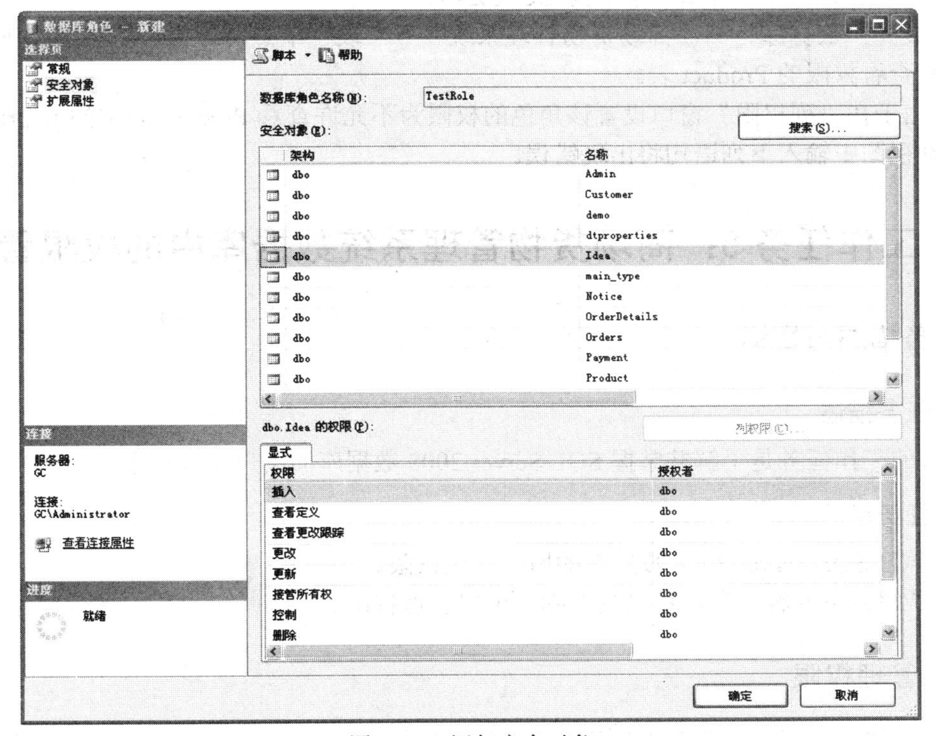

图 7-25　添加安全对象

4）单击“列权限”按钮，还可以为该数据角色配置表中每一列的具体权限，如图 7-26 所示。

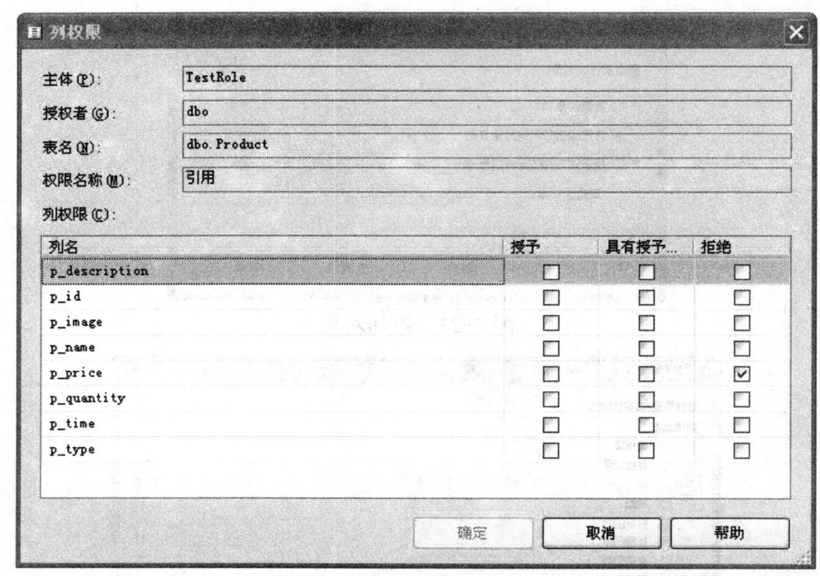

图 7-26　分配列权限

5）具体的权限分配完成后，单击“确定”按钮创建这个角色，并返回到 SQL Server Management Studio。

6）关闭所有程序，并重新登录为 GC_CZY1。

7）展开“数据库”→“商场货物管理系统”→“表”节点，可以看到表节点下面只显示了拥有查看权限的 Product 表。

8）由于在“列权限”窗口设置该角色的权限为不允许查看 Product 表中的 p_price 列，则在查询视图中输入下列语句将出现错误。

7.5　工作任务 5：商场货物管理系统数据库中的权限管理

➘　任务描述与目标

1. 任务描述

本节的工作任务是了解并掌握 SQL Server 2008 数据库的用户管理权限。

2. 任务目标

1）学习 SQL Server 2008 数据库的用户管理权限。

2）了解并掌握客户商场货物数据库的用户管理权限。

7.5.1　管理权限

数据库权限指明用户获得哪些数据库对象的使用权，以及用户能够对这些对象执行何种操作。用户在数据库中拥有的权限取决于以下两方面的因素：

1）用户账户的数据库权限。

2）用户所在角色的类型。

权限提供了一种方法来对特权进行分组，并控制实例、数据库和数据库对象的维护和实用程序的操作。用户可以具有授予一组数据库对象的全部特权的管理权限，也可以具有授予管理系统的全部特权但不允许存取数据的系统权限。

7.5.2 对象权限

在 SQL Server 2008 中，所有对象权限都可以授予，包括服务器、数据库和所有属于特定架构的对象管理器。

在服务器级别，可以为服务器、端点、登录和服务器角色授予对象权限，也可以为当前的服务器实例管理权限。在数据库级别，可以为应用程序角色、程序集、非对称密钥、凭据、数据库角色、数据库、全文目录、函数和架构等管理权限。

一旦有了保存数据的结构，就需要给用户授予开始使用数据库中数据的权限，可以通过给用户授予对象权限来实现。利用对象权限，可以控制哪位用户能够读取、写入或者以其他方式操作数据。下面简要介绍常用的 12 个对象权限。

1）Control：授予与所有者类似的权限，可有效地将所有已定义的权限授予该对象及其范围内的所有其他对象，包括能够授予其他被授予者任何权限。例如，如果给用户授予了数据库上的“控制”权限，那么他们在该数据库内的所有对象（比如表和视图）上都拥有“控制”权限。

2）Alter：该权限允许用户创建（CREATE）、修改（ALTER）或者删除（DROP）受保护对象及其范围内所有对象。他们能够修改的唯一属性是所有权。

3）Take Ownership：该权限允许用户取得对象的所有权。

4）Impersonate：该权限允许一个用户登录模仿另一个用户。

5）Create：该权限允许用户创建对象。

6）View Definition：该权限允许用户查看用来创建受保护对象的 T-SQL 语法。

7）Select：当用户获得了选择权限时，该权限允许用户从表或者视图中读取数据。当用户在列级上获得了选择权时，该权限允许用户从列中读取数据。

8）Insert：该权限允许用户在表中插入新的行。

9）Update：该权限允许用户修改表中的现有数据，但不允许添加或者删除表中的行。当用户在某一列上获得了这个权限时，用户只能修改该列中的数据。

10）Delete：该权限允许用户从表中删除行。

11）References：表可以借助于外部关键字关系在一个共有列上相互链接起来；外部关键字关系设计用来保护表间的数据。当两个表借助于外部关键字链接起来时，这个权限允许用户从主表中选择数据，即使他们在外部表上没有“选择”权限。

12）Execute：该权限允许用户执行被应用了该权限的存储过程。

7.5.3 语句权限

语句权限是用于控制创建数据库或者数据库中的对象所涉及的权限。例如，如果用户需要在数据库中创建表，则应该向该用户授予 CREATE TABLE 语句权限。某些语句权限（如 CREATE DATABASE）适用于语句自身，而不适用于数据库中定义的特定对象。只有 sysadmin、db_owner 和 db_securityadmin 角色的成员才能够授予用户语句权限。

在 SQL Server 2008 中的语句权限主要有以下几个。

1）CREATE DATABASE：创建数据库。

2）CREATE TABLE：创建表。

3）CREATE VIEW：创建视图。

4）CREATE PROCEDURE：创建过程。

5）CREATE INDEX：创建索引。

6）CREATE ROLE：创建规则。

7）CREATE DEFAULT：创建默认值。

7.5.4 删除权限

使用 REVOKE 语句删除以前授予的或者拒绝的权限。删除权限是删除已授予的权限，并不是妨碍用户、组或者角色从更高级别集成已授予的权限。

撤销对象权限的基本语法如下：

```
REVOKE [GRANT OPTION FOR]
{ALL[PRIVILEGES]→permission[,...n]}
{
[(column[,...n])]ON {table→view}→ON{table→view}
[(column[,...n])]
→{stored_procedure}
}
{TO→FROM}
security_account[,...n]
[CASCADE]
```

撤销语句权限的语法如下：

```
REVOKE {ALL→statement[,...n]}
FROM security_account[,...n]
```

其中各参数含义如下。

① ALL：表示授予所有可以应用的权限。其中在授予命令权限时，只有固定的服务器角色 sysadmin 成员可以使用 ALL 关键字；而在授予对象权限时，固定服务器角色成员 sysadmin、固定数据库角色 db_owner 成员和数据库对象拥有者都可以使用关键字 ALL。

② statement：表示可以授予权限的命令，如，CREATE DATABASE。

③ permission：表示在对象上执行某些操作的权限。

④ column：在表或者视图上允许用户将权限局限到某些列上，column 表示列的名字。

⑤ security_account：定义被授予权限的用户单位。security_account 可以是 SQL Server 的数据库用户，还可以是 SQL Server 的角色，也可以是 Windows 的用户或者工作组。

⑥ CASCADE：指示要撤销的权限也会从此主体授予或者在拒绝该权限的其他主体中撤销。

例 7-5 删除角色 TestRole 对合同表的 SELECT 权限。

```
USE 商场货物管理系统
```

```
GO
REVOKE SELECT ON 合同表
FROM TestRole
GO
```

7.5.5　任务实施

为“商场货物管理系统”的角色 TestRole 授予相关权限，从而使数据库用户或者数据库中的对象拥有所涉及的权限。

可以使用 SQL Server Management Studio 授予语句权限，为角色 TestRole 授予 CREATE TABLE 权限，而不授予 SELECT 权限，然后执行相应的语句，查看执行结果，从而理解语句权限的设置。具体步骤如下：

1）打开 SQL Server Management Studio，在“对象资源管理器”中展开“服务器”节点，然后再展开“数据库”节点。

2）右击数据库“商场货物管理系统”，在弹出的快捷菜单中选择“属性”命令，打开“数据库属性”窗口。

3）选中“权限”选项，打开“权限”选项页面，从“用户或角色”列表中单击选中 TestRole。

4）在“TestRole 的显示权限”列表中，勾选 CREATE TABLE 后面“授予”列的复选框，如图 7-27 所示。

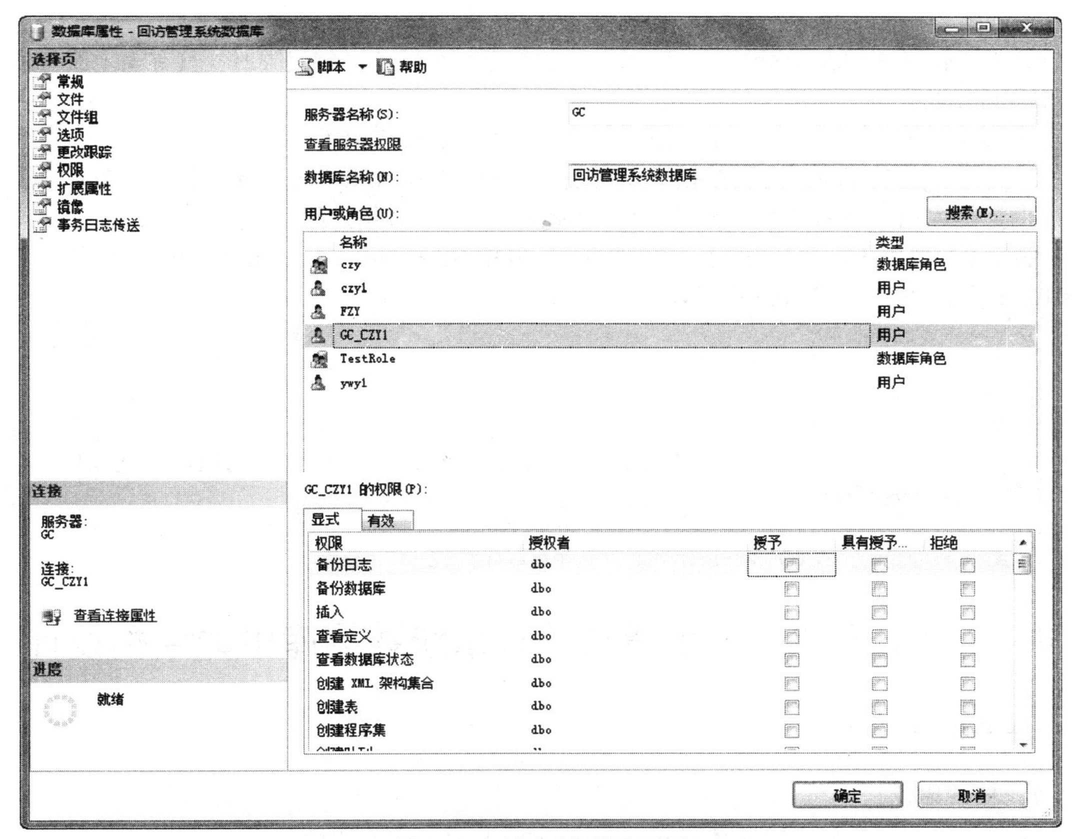

图 7-27　配置“权限”页面

5）设置完成后，单击“确定”按钮，返回 SQL Sever Management Studio。

6）断开当前 SQL Server 服务器的连接，重新打开 SQL Sever Management Studio，设置验证模式为 SQL Server 身份验证模式，使用 GC_CZY1 登录，由于该登录账户与数据库用户 GC_CZY1 相关联，而数据库用户 GC_CZY1 是 TestRole 的成员，所以该登录账户拥有该角色的所有权限。

7）单击“新建查询”命令，打开查询视图。查看“商场货物管理系统”数据库中的客户信息，结果将会失败。

8）消除当前查询窗口的语句，并输入 CREATE TABLE 语句创建表，具体代码如下所示：

```
USE 商场货物管理系统
GO
CREATE TABLE 维护表
(维护编号 int NOT NULL,
维护名称 nvarchar(50) NOT NULL,
维护时间 datetime NOT NULL,
)
```

9）执行上述语句，显示成功。因为用户 GC_CZY1 拥有创建表的权限，所以登录名 GC_CZY1 继承了该权限。

上面的授予语句权限工作完全可以用 GRANT 语句来完成，具体语句如下：

```
GRANT {ALL → statement[,…n]}
TO security_account[,…n]
```

其中各参数含义如下。

① ALL：该参数表示授予所有可以应用的权限。在授予语句权限时，只有固定服务器角色 sysadmin 成员可以使用 ALL 参数。

② statement：表示可以授予权限的命令，如 CREATE TABLE 等。

③ security_account：定义被授予权限的用户单位。security_account 可以是 SQL Server 2008 的数据库用户或者角色，也可以是 Windows 用户或者用户组。

例 7-6 使用 GRANT 语句完成前面使用 SQL Server Management Studio 完成的为角色 TestRole 授予 CREATE TABLE 权限。

```
USE 商场货物管理系统
GO
GRANT CREATE TABLE
TO TestRole
```

例 7-7 授予用户 GC_CZY1 在合同表上的 SELECT、UPDATE 和 INSERT 权限。

```
USE 商场货物管理系统统
GO
GRANT SEIECT, UPDATE, INSERT ON 合同表 TO GC_CZY1
```

7.6 工作任务 6：商场货物管理系统数据库中的架构设计

任务描述与目标

1. 任务描述

本节的工作任务是了解并掌握 SQL Server 2008 数据库的架构设计。

2．任务目标

1）学习 SQL Server 2008 数据库的架构设计。

2）了解并掌握客户商场货物数据库的架构设计。

7.6.1 创建架构

在创建表之前，应该谨慎地考虑架构的名称。架构的名称可以长达 128 个字符，必须以英文字母开头，在名称中间可以包含下画线“_”、@符号、#符号和数字。架构名称在每个数据库中必须是唯一的，但在不同的数据库中可以包含类似名称的架构，比如，两个不同的数据库可能都拥有一个名为 Admins 的架构。

为“商场货物管理系统”创建一个架构 Admins。创建架构的方法有两种：使用图形化界面创建和使用 T-SQL 命令创建。

（1）使用图形化界面创建架构

在 SQL Server Management Studio 中，创建一个新的架构的步骤如下：

1）打开 SQL Server Management Studio，连接到包含默认的数据库的服务器实例。

2）在“对象资源管理器”中，依次展开“服务器”→“数据库”→“商场货物管理系统”→“安全性”节点，右击“架构”节点，在弹出的快捷菜单中选择“新建架构”命令，打开“架构-新建”窗口，如图 7-28 所示。

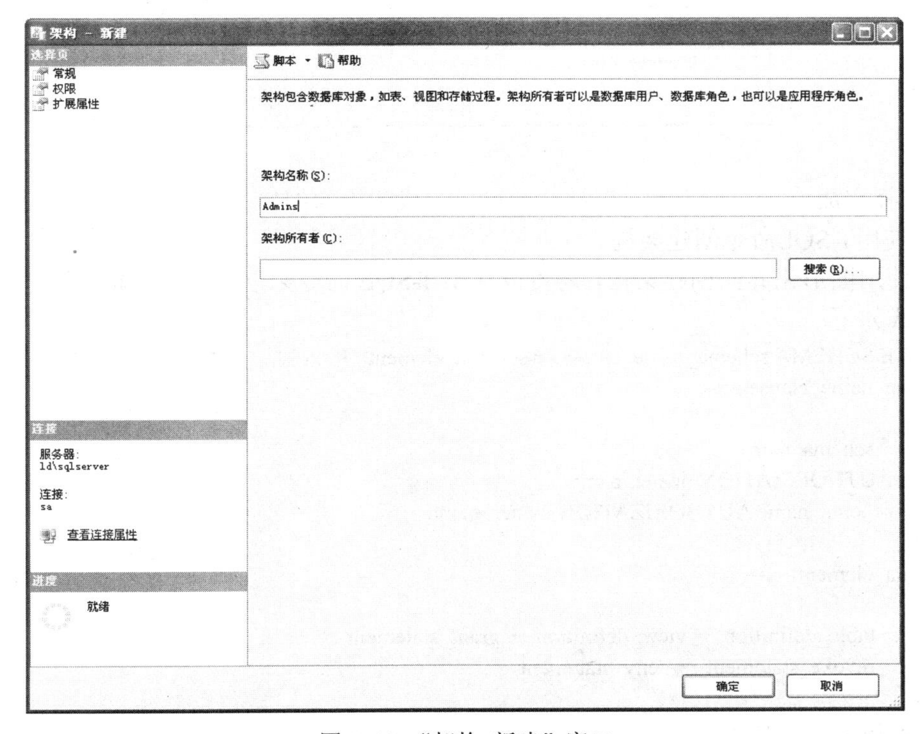

图 7-28 “架构-新建”窗口

3）在“常规”选项页面中，可以指定架构的名称以及设置架构的所有者。单击“搜索”按钮打开“搜索角色和用户”对话框，如图 7-29 所示。

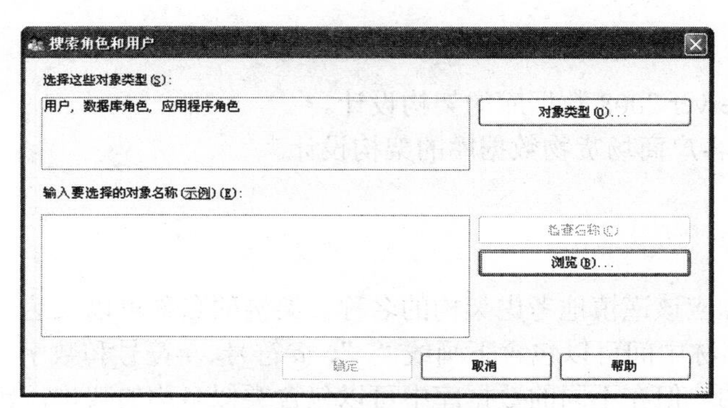

图 7-29　搜索角色和用户

4）在“搜索角色和用户”对话框中，单击“浏览”按钮，打开“查找对象”对话框。在“查找对象”对话框中选择架构的所有者，可以选择当前系统的所有用户或者角色，如图 7-30 所示。

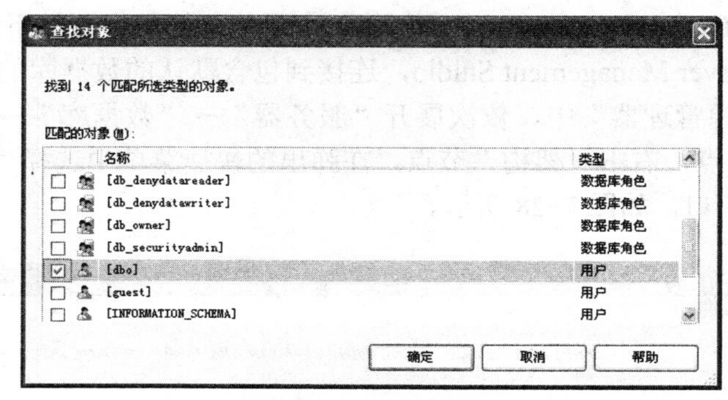

图 7-30　查找对象

5）选择完成后，单击“确定”按钮就可以完成架构的创建。

（2）使用T-SQL命令创建架构

除了使用图形化界面创建架构，还可以使用 T-SQL 命令来创建一个架构，创建架构的具体语法格式如下：

```
CREATE SCHEMA schema_name_clause [ <schema_element> [ ...n ] ]
<schema_name_clause> ::=
    {
        schema_name
    → AUTHORIZATION owner_name
    → schema_name AUTHORIZATION owner_name
    }
<schema_element> ::=
    {
        table_definition → view_definition → grant_statement
        revoke_statement → deny_statement
    }
```

其中各参数含义如下。

① schema_name：在数据库内标识架构的名称。

② AUTHORIZATION owner_name：指定拥有架构的数据库级主体的名称。此主体还可

以拥有其他架构，并且可以不使用当前架构作为其默认架构。

③ table_definition：指定在架构内创建表的 CREATE TABLE 语句。执行此语句的主体必须对当前数据库具有 CREATE TABLE 权限。

④ view_definition：指定在架构内创建视图的 CREATE VIEW 语句。执行此语句的主体必须对当前数据库具有 CREATE VIEW 权限。

⑤ grant_statement：指定可对除新架构外的任何安全对象授予权限的 GRANT 语句。

⑥ revoke_statement：指定可对除新架构外的任何安全对象撤销权限的 REVOKE 语句。

⑦ deny_statement：指定可对除新架构外的任何安全对象拒绝授予权限的 DENY 语句。

例如，创建一个名称为 Admins 的架构，就可以使用如下代码：

```
CREATE SCHEMA Admins AUTHORIZATION dbo
```

7.6.2 修改架构

如果所有者不能使用架构作为默认的架构，也可能想允许或者拒绝基于在每个用户或者每个角色上指定的权限，那么就需要更改架构的所有权或者修改它的权限。需要注意的是，架构在创建之后，就不能更改架构的名称，除非删除该架构，然后使用新的名称创建一个新的架构。

在 SQL Server Management Studio 中，可以更改架构的所有者。具体步骤如下：

1）打开 SQL Server Management Studio，连接到包含默认的数据库的服务器实例。

2）在“对象资源管理器”中，展开“服务器”→“数据库”→“商场货物管理系统”→“安全性”→“架构”节点，找到上面所创建的名称为 Admins 的架构。右击该节点，在弹出的快捷菜单中选择“属性”命令，打开“架构属性”窗口，如图 7-31 所示。

图 7-31 “架构属性”窗口

3）单击“搜索”按钮就可以打开“搜索角色和用户”对话框，然后单击“浏览”按钮，在“查找对象”对话框中选择想要修改的用户或者角色，然后单击“确定”按钮两次，完成对架构所有者的修改。

用户还可以在“架构属性”窗口的“权限”选项页面中管理架构的权限。所有在对象上被直接地指派权限的用户或者角色都会显示在“用户或角色”列表中，通过下面的步骤，就可以配置用户或者角色的权限：

1）在“架构属性”窗口中，选择“权限”选项。

2）在“权限”选项页面中单击“搜索”按钮，添加用户。

3）添加用户完成后，在“用户或角色”列表中选择用户，并在下面的权限列表中，勾选相应的复选框，就可以完成对用户的权限的配置，如图 7-32 所示。

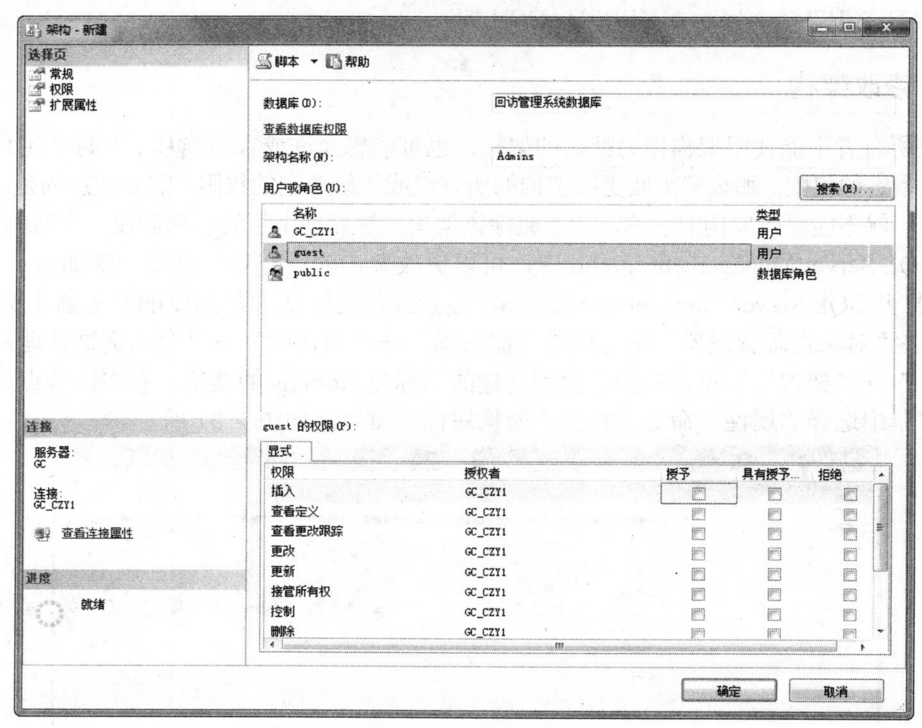

图 7-32　配置用户的权限

4）设置完成，单击“确定”按钮完成配置。

7.6.3　移动对象到新架构

在前面提到，架构是对象的容器，有时候希望把对象从一个容器移动到另一个容器。需要注意的是，只有在同一数据库内的对象，才可以从一个架构移动到另一个架构。

移动对象到一个新的架构会更改与对象相关联的命名空间，也会更改对象查询和访问的方式。

移动对象到新的架构也会影响对象的权限。当对象移动到新的架构中时，所有对象上的权限都会被删除。如果对象的所有者设置为特定的用户或者角色，那么该用户或者角色将继续成为对象的所有者。如果对象的所有者设置为 SCHEMA OWNER，所有权仍然为 SCHEMA

OWNER 所有，并且移动后，所有者将变成新架构的所有者。

在 SQL Server Management Studio 中，移动对象到新的架构中，可以使用如下步骤：

1）打开 SQL Server Management Studio，连接到包含默认的数据库的服务器实例。

2）在“对象资源管理器”中，展开“服务器”→“数据库”→“商场货物管理系统”→“表”节点，右击 Customer 表，从弹出的快捷菜单中选择“设计”命令，进入表设计器。

3）在“视图”菜单中，选择“属性窗口”命令，打开 Customer 表的属性窗口。

4）在属性窗口中，在“标识”下单击“架构”下拉列表，选择目标架构，如图 7-33 所示。

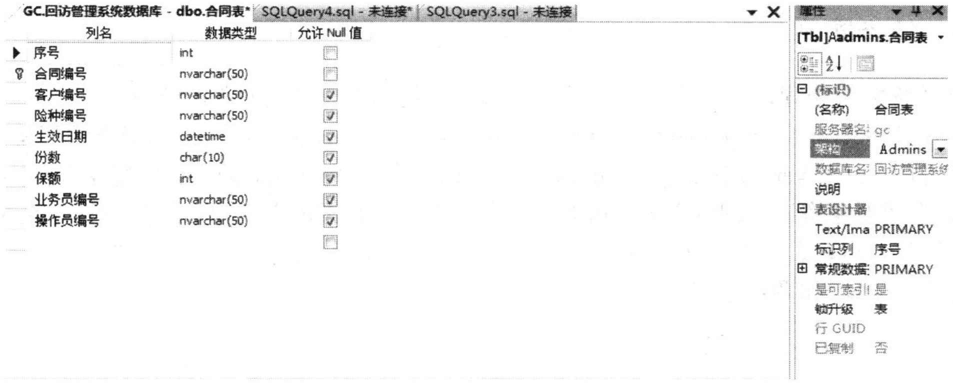

图 7-33　修改架构

5）修改完成后，保存对表的修改，即可完成移动该对象到新的架构操作。

使用 T-SQL 命令的 ALTER SCHEMA 语句也可以完成移动对象到新的架构，具体的语法格式如下：

```
ALTER SCHEMA schema_name TRANSFER securable_name
```

其中各参数含义如下。

① schema_name：当前数据库中的架构名称，安全对象将移入其中。其数据类型不能为 SYS 或 INFORMATION_SCHEMA。

② securable_name：要移入架构中的架构包含安全对象的一部分或两部分名称。

例 7-8　将 Customer 表从当前架构 dbo 中移动到目标架构 Admins 中。

```
ALTER SCHEMA Admins TRANSFER dbo.Customer
GO
```

7.6.4　删除架构

如果不再需要一个架构，那么就可以将其删除，把它从数据库中清除掉。要删除一个架构，首先必须在架构上拥有 CONTROL 的权限，并且在删除架构之前，移动或者删除该架构包含的所有对象，否则删除操作将会失败。

在 SQL Server Management Studio 中删除一个架构，可以通过以下步骤来实现：

1）打开 SQL Server Management Studio，连接到包含默认的数据库的服务器实例。

2）在“对象资源管理器”中，展开“服务器”→“数据库”→“商场货物管理系统”→“安全性”→“架构”节点，找到前面创建的名称为 Admins 的架构。

3）右击该架构，在弹出的快捷菜单中选择“删除”命令，打开“删除对象”对话框，单击“确定”按钮就可以完成删除操作。

同样，使用 T-SQL 命令的 DROP SCHEMA 语句也可以完成对架构的删除操作，具体语法格式如下：

```
DROP SCHEMA schema_name
```

其中，schema_name 表示架构在数据库中所使用的名称。

例如，要删除名称为 Admins 的架构，可以使用如下代码：

```
DROP SCHEMA Admins
```

7.6.5 任务实施

为“商场货物管理系统”创建一个架构 GC。使用图形化界面创建架构。

在 SQL Server Management Studio 中，可以通过下面的步骤来创建一个新的架构：

1）打开 SQL Server Management Studio，连接到包含默认的数据库的服务器实例。

2）在“对象资源管理器”中，展开“服务器”→“数据库”→“商场货物管理系统”→“安全性”节点，右击“架构”节点，在弹出的快捷菜单中选择“新建架构”命令，显示“架构-新建”窗口，如图 7-34 所示。

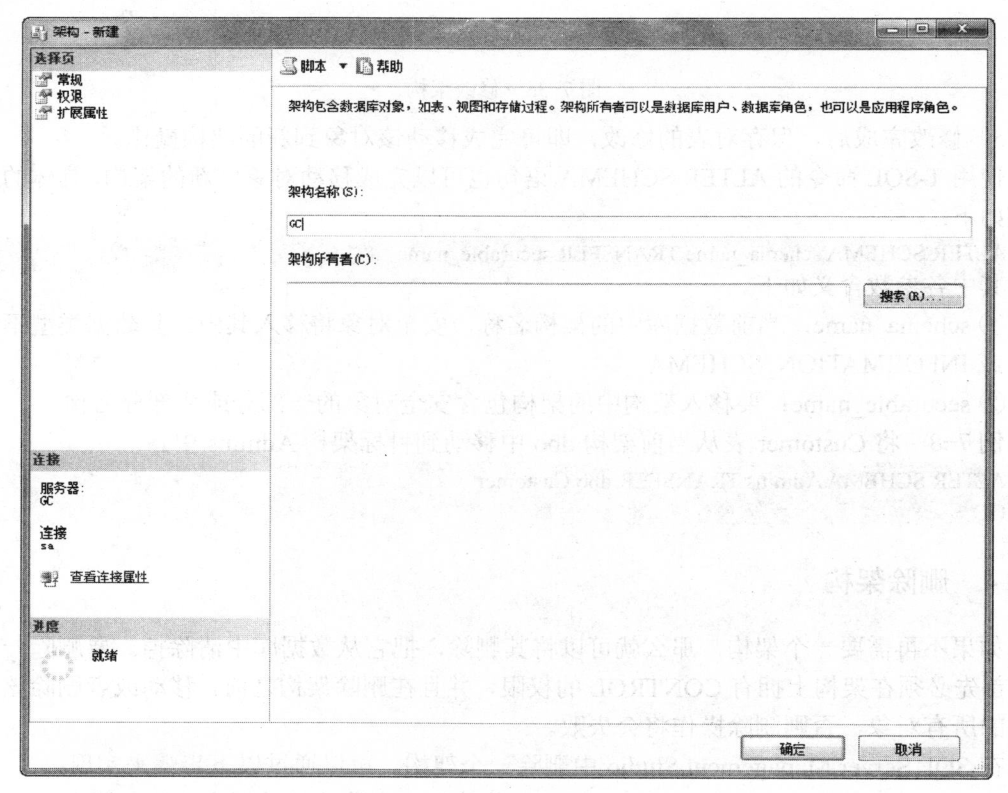

图 7-34 “架构-新建”窗口

3）在“常规”页面，可以指定架构的名称以及设置架构的所有者。单击“搜索”按钮打开“搜索角色和用户”对话框，如图 7-35 所示。

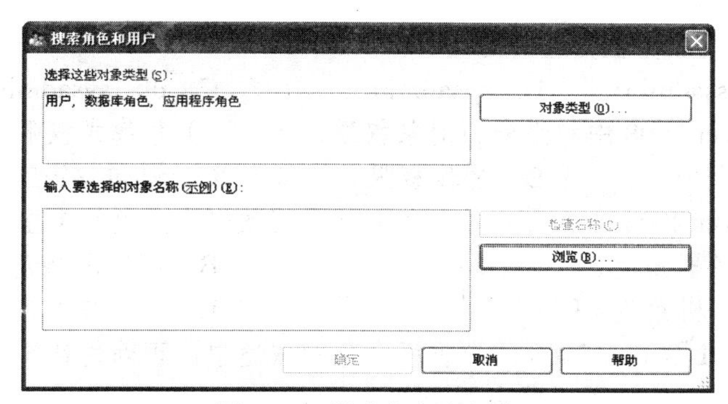

图 7-35　搜索角色和用户

4）在“搜索角色和用户”对话框中，单击“浏览”按钮，打开“查找对象”对话框。在“查找对象”对话框中选择架构的所有者，可以选择当前系统的所有用户或者角色。

5）选择完成后，单击“确定”按钮就可以完成架构的创建，如图 7-36 所示。

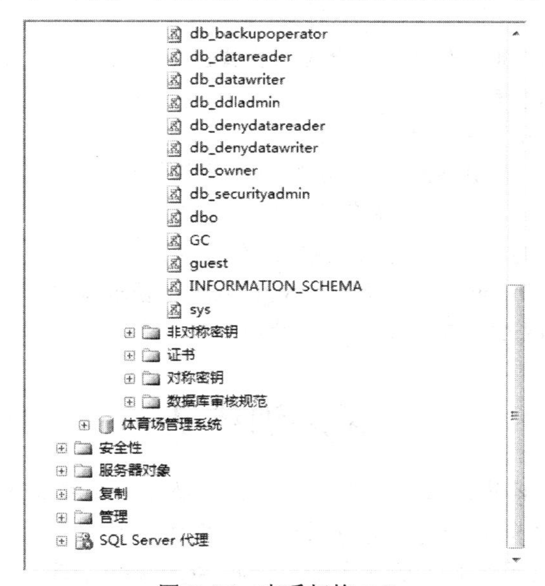

图 7-36　查看架构 GC

习　题　7

一、选择题

1. 在 SQL 中，授权命令关键字是（　　）。
   A. GRANT　　B. REVOKE　　C. OPTION　　D. PUBLIC
2. 在 T-SQL 中，主要使用 GRANT、（　　）和 DENY 3 种语句来管理权限。
   A. REVOKE　　B. DROP　　C. CREATE　　D. ALTER
3. 使用 T-SQL 语句创建架构的语句关键字为（　　）。
   A. CREATE LOGIN　　B. CREATE SCHEMA
   C. CREATE ROLE　　D. CREATE USER

4. 下列属于固定服务器角色的是（　　）。
A. db_accessadmin　B. sysadmin　C. db_ sysadmin　D. db_owner
5. 在 SQL Server 2008 中权限分为对象权限、（　　）和隐式权限。
A. 处理权限　B. 操作权限　C. 语句权限　D. 控制权限
6. 在 SQL Server 2008 中主要有（　　）与固定数据库角色等类型。
A. 固定服务器角色　B. 固定网络角色
C. 固定计算机角色　D. 固定信息管理角色
7. 下列关于 SQL Server 2008 的数据库角色的叙述中，正确的是（　　）。
A. 用户可以自定义固定服务器角色
B. 每个用户能拥有一个角色
C. 数据库角色是系统自带的，用户一般不可以自定义
D. 角色用来简化将很多权限分配给很多用户这个复杂任务的管理

二、简答题

1. 简述 SQL Server 2008 的两种身份验证模式。
2. 如何管理服务器登录账户？
3. 如何管理数据库用户账户？
4. 简述角色的作用，SQL Server 中分为哪几种角色？
5. 固定服务器角色和固定数据库角色有什么区别？
6. SQL Server 权限的类型有哪些？各有什么权限？
7. 分别创建一个 Windows 登录账户和 SQL Server 登录账户，验证一下分别通过这两个登录账户连接 SQL Server 后，能否访问商场货物管理系统？

拓展训练 7

1. 在商场货物管理系统创建一个数据库用户，验证一下通过该用户映射的登录账号连接 SQL Server 后，能否访问商场货物管理系统？有操作合同表权限吗？给该用户添加角色或权限后，验证一下通过该用户映射的登录账户连接 SQL Server 后，是否具有了相应的权限？创建由该用户拥有的架构 NewRole。

2. 创建差异数据库备份。使用 RESTORE 语句创建数据库的差异备份，例如，对数据库 BookDateBase 创建差异备份。

1）启动 SQL Server Management Studio 后，新建查询窗口。

2）首先创建本地磁盘备份。可以使用 SQL Server Management Studio，也可以使用系统存储过程 sp_addumpdevice 创建备份设备，创建语句如下：

```
USE master
EXEC sp_addumpdevice 'disk', 'testbackup', 'e:\backup\testbackup.bak'
```

3）对数据库 BookDateBase 创建差异备份。并备份到刚才创建的备份设备 testbackup 中，可以使用如下语句：

```
BACK DATABASE BookDateBase
TO DISK='testbackup'
WITH DIFFERENTIAL,
```

```
NOINIT,
NAME='BookDateBase_diff backup',
DESCRIPTION='differential backup of BookDateBase on disk'
```

3. 还原数据库的文件组备份。使用 RESTORE 语句对数据库的文件组进行恢复。假设现在存在一个本地磁盘备份设备 filebackup，并且其中包含 BookDateBase 数据库的一个文件 BookDateBase_2 的备份文件。现在需要使用 RESTORE 语句对其进行完整恢复，使其恢复到可用状态。

1）启动 SQL Server Management Studio。

2）在 SQL Server Management Studio 中新建一个查询。

3）使用 RESTORE 语句对 BookDateBase 数据库中的文件“BookDateBase”进行恢复，可以使用如下语句：

```
Use master
RESTORE DATABASE BookDateBase
File='BookDateBase_2'
FROM filebackup
WITH RECOVERY
```

第 8 章　备份和还原数据库

➘ 本章的工作任务

本章主要介绍 SQL Server 2008 数据库维护中的备份的概念以及备份所需要的常用设备，备份数据的操作方法，恢复数据的操作方法，复制数据库的操作技巧，数据库的分离、附加。

8.1　工作任务 1：商场货物管理系统中备份和恢复的设计

➘ 任务描述与目标

1．任务描述

本节的工作任务是了解并掌握 SQL Server 2008 数据库备份的概念以及备份所需要的常用设备、备份数据的操作方法、恢复数据的操作方法、复制数据库的操作技巧。

2．任务目标

1）学习 SQL Server 2008 数据库的备份的概念以及备份所需要的常用设备。

2）了解并掌握 SQL Server 2008 数据库的备份数据的操作方法、恢复数据的操作方法、复制数据库的操作技巧。

3）学习商场货物管理系统中备份和恢复的设计。

8.1.1　备份和恢复概述

1．数据库备份

用户使用数据库是因为要利用数据库来管理和操作数据，数据对于用户来说是非常宝贵的资产。数据存放在计算机上，但是即使是最可靠的硬件和软件也会出现系统故障或产品故障。所以，应该在意外发生之前做好充分的准备工作，以便在意外发生之后有相应的措施能快速地恢复数据库的运行，并使丢失的数据量减少到最小。

数据库备份就是创建完整数据库的副本，并将所有的数据项都复制到备份集，以便在数据库遭到破坏时能够恢复数据库。

对于计算机用户来说，对一些重要文件、资料定期进行备份是一种良好的习惯。如果出现突发情况，比如系统崩溃、系统遭受病毒攻击等，使得原先的文件遭到破坏以至于全部丢失，启动文件备份，就可以节省大量的时间和精力。

在备份数据库的时候，SQL Server 会执行如下操作：

1）将数据库所有的数据页写到备份介质上。

2）记录最早的事务日志记录的序列号。

3）把所有的错误日志记录写到备份介质上。

在 SQL Server 系统中，只有获得许可的角色才可以备份数据，分别是以下几种：

1）固定的服务器角色 sysadmin。

2）固定的数据库角色 db_owner。

3）固定的数据库角色 db_backupoperator。

当然，管理员也可以授权某些用户来执行备份工作。

SQL Server 2008 提供了高性能的备份和恢复功能，用户可以根据需求设计自己的备份策略，以保护存储在 SQL Server 2008 数据库中的关键数据。

SQL Server 2008 提供了 4 种数据库备份类型分别介绍如下。

（1）完整数据库备份

完整数据库备份（完整备份）就是备份整个数据库，包括备份数据库文件、这些文件的地址以及事务日志的某些部分（从备份开始时所记录的日志顺序号到备份结束时的日志顺序号）。这是任何备份策略中都要求完成的第一种备份类型，因为其他所有备份类型都依赖于完整备份。换句话说，如果没有执行完整备份，就无法执行差异备份和事务日志备份。

虽然从单独一个完全数据库备份就可以恢复数据库，但是完全数据库备份与差异备份和日志备份相比，在备份的过程中需要花费更多的空间和时间，所以完全数据库备份不需要频繁地进行，如果只使用完全数据库备份，那么进行数据恢复时只能恢复到最后一次完全数据库备份时的状态，该状态之后的所有改变都将丢失。

（2）差异数据库备份

差异数据库备份（差异备份）是指将从最近一次完全数据库备份以后发生改变的数据。如果在完整备份后将某个文件添加至数据库，则下一个差异备份会包括该新文件。这样可以方便地备份数据库，而无须了解各个文件。例如，如果在星期一执行了完整备份，并在星期二执行了差异备份，那么该差异备份将记录自星期一的完整备份以来已发生的所有修改。而星期三的另一个差异备份将记录自星期一的完整备份以来已发生的所有修改。差异备份每做一次就会变得更大一些，但仍然比完整备份小，因此差异备份比完整备份快。

（3）事务日志备份

尽管事务日志备份（日志备份）依赖于完整备份，但它并不备份数据库本身。这种类型的备份只记录事务日志的适当部分，明确地说，自从上一个事务以来已经发生了变化的部分。事务日志备份比完整数据库备份节省时间和空间，而且利用事务日志备份进行恢复时，可以指定恢复到某一个事务，比如可以将其恢复到某个破坏性操作执行的前一个事务，完整备份和差异备份则不能做到。但是与完整数据库备份和差异备份相比，用日志备份恢复数据库要花费较长的时间，这是因为日志备份仅仅存放日志信息，恢复时需要按照日志重新插入、修改或删除数据。所以，通常情况下，事务日志备份经常与完整备份和差异备份结合使用，比如，每周进行一次完整备份，每天进行一次差异备份，每小时进行一次日志备份。这样，最多只会丢失一个小时的数据。

（4）文件组备份

当一个数据库很大时，对整个数据库进行备份可能会花很多的时间，这时可以采用文件或文件组备份，即对数据库中的部分文件或文件组进行备份。

文件组是一种将数据库存放在多个文件上的方法，并允许控制数据库对象（比如表或视图）存储到这些文件当中的哪些文件上。这样，数据库就不会受到只存储在单个硬盘上的限制，而是可以分散到许多硬盘上，因而可以变得非常大。利用文件组备份，每次可以备份这些文件当中的一个或多个文件，而不是同时备份整个数据库。

文件组还可以用来加快数据访问的速度，因为文件组允许将表存放在一个文件上，而将对应的索引存放在另一个文件上。尽管这么做可以加快数据访问的速度，但也会减慢备份过程，因为必须将表和索引作为一个单元来备份。

2. 数据库恢复

SQL Server 2008 包括 3 种恢复模型，其中每种恢复模型都能够在数据库发生故障的时候恢复相关的数据。不同的恢复模型在 SQL Server 备份、恢复的方式和性能方面存在差异，而且，采用不同的恢复模型对于避免数据损失的程度也不同。每个数据库必须选择 3 种恢复模型中的一种以确定备份数据库的备份方式。

（1）简单恢复模型

对于小型数据库或不经常更新数据的数据库，一般使用简单恢复模型。使用简单恢复模型可以将数据库恢复到上一次的备份。简单恢复模型的优点在于日志的存储空间较小，能够提高磁盘的可用空间，而且也是最容易实现的模型。但是，使用简单恢复模型无法将数据库还原到故障点或特定的时间点。如果要还原到这些时间点，则必须使用完全恢复模型或大容量日志记录恢复模型。

（2）完全恢复模型

当从被损坏的媒体中完全恢复数据有着最高优先级时，可以使用完全恢复模型。该模型使用数据库的复制和所有日志信息来还原数据库。SQL Server 可以记录数据库的所有更改，包括大容量操作和创建索引。如果日志文件本身没有损坏，则除了发生故障时正在进行的事务，SQL Server 可以还原所有的数据。

在完全恢复模型中，所有的事务都被记录下来，所以可以将数据库还原到任意时间点。SQL Server 2008 支持将命名标记插入到事务日志中的功能，可以将数据库还原到这个特定的标记。

记录事务标记要占用日志空间，所以应该只对那些在数据库恢复策略中扮演重要角色的事务使用事务标记。该模型的主要问题是日志文件较大以及由此产生的较大的存储量和性能开销。

（3）大容量日志记录恢复模型

与完全恢复模型相似，大容量日志记录恢复模型使用数据库和日志备份来恢复数据库。该模型对某些大规模或者大容量数据操作（比如 INSERT INTO、CREATE INDEX、大批量装载数据和处理大批量数据）时提供最佳性能和最少的日志使用空间。在这种模型下，日志只记录多个操作的最终结果，而并非存储操作的过程细节，所以日志尺寸更小，大批量操作的速度也更快。如果事务日志没有受到破坏，除了故障期间发生的事务以外，SQL Server 能够还原全部数据，但是，由于使用最小日志的方式记录事务，所以不能恢复数据库到特定时间点。

8.1.2 设备的创建和管理

1. 备份设备简介

备份设备就是用来存储数据库、事务日志或文件和文件组备份的存储介质。常见的备份设备可以分为 3 种类型：磁盘备份设备、磁带备份设备和逻辑备份设备。

（1）磁盘备份设备

磁盘备份设备就是存储在硬盘或其他磁盘媒体上的文件，与常规操作系统文件一样。引用磁盘备份设备与引用任何其他操作系统文件一样。可以在服务器的本地磁盘上或共享网络资源的远程磁盘上定义磁盘备份设备。磁盘备份设备根据需要可大可小，最大的文件大小相当于磁盘上可用的闲置空间。如果磁盘备份设备定义在网络的远程设备上，则应该使用统一命名方式（UNC）来引用该文件，以\\Servername\Sharename\Path\File 格式指定文件的位置。在网络上备份数据可能受到网络错误的影响。因此，在完成备份后应该验证备份操作的有效性。

（2）磁带备份设备

磁带备份设备的用法与磁盘备份设备相同，不过磁带设备必须物理连接到运行 SQL Server 2008 实例的计算机上。如果磁带备份设备在备份操作过程中已满，但还需要写入一些数据，SQL Server 2008 将提示更换新磁带并继续备份操作。

若要将 SQL Server 2008 数据备份到磁带，那么需要使用磁带备份设备或者 Microsoft Windows 平台支持的磁带驱动器。另外，对于特殊的磁带驱动器，就仅使用驱动器制造商推荐的磁带。在使用磁带驱动器时，备份操作可能会写满一个磁带，并继续在另一个磁带上进行。所使用的第一个媒体称为“起始磁带”，该磁带含有媒体标头，每个后续磁带称为“延续磁带”，其媒体序列号比前一磁带的媒体序列号大 1。

（3）逻辑备份设备

物理备份设备名称主要用来供操作系统对备份设备进行引用和管理，如 C:\Backups\Acco-unting\Full.bak。逻辑备份设备是物理备份设备的别名，通常比物理备份设备更能简单、有效地描述备份设备的特征。逻辑备份设备名称被永久保存在 SQL Server 的系统表中。

使用逻辑备份设备的一个优点是比使用长路径简单。如果准备将一系列备份数据写入相同的路径或磁带设备，则使用逻辑备份设备非常有用。逻辑备份设备对于标识磁带备份设备尤为有用。

可以编写一个备份脚本以使用特定逻辑备份设备。这样就无需更新脚本即可切换到新的物理备份设备。切换涉及以下过程：

1）删除原来的逻辑备份设备。

2）定义新的逻辑备份设备，新设备使用原来的逻辑设备名称，但映射到不同的物理备份设备。逻辑备份设备对于标识磁带备份设备尤为有用。

2. 创建备份设备

在 SQL Server 2008 中创建设备的方法有两种：一是在 SQL Server Management Studio 中使用现有命令和功能，通过方便的图形化工具创建；二是通过使用系统存储过程 sp_addumpdevice 创建。下面将对这两种创建备份设备的方法分别阐述。

使用 SQL Server Management Studio 创建备份设备的操作步骤如下：

1）在“对象资源管理器”中，单击服务器名称以展开服务器树。

2）展开“服务器对象”节点，然后用鼠标右键单击“备份设备”节点。

3）从弹出的快捷菜单中选择“新建备份设备”命令，打开“备份设备”窗口。

4）在“备份设备”窗口中输入设备名称并且指定该文件的完整路径，这里创建一个名称为“客户商场货物管理系统备份”的备份设备，如图 8-1 所示。

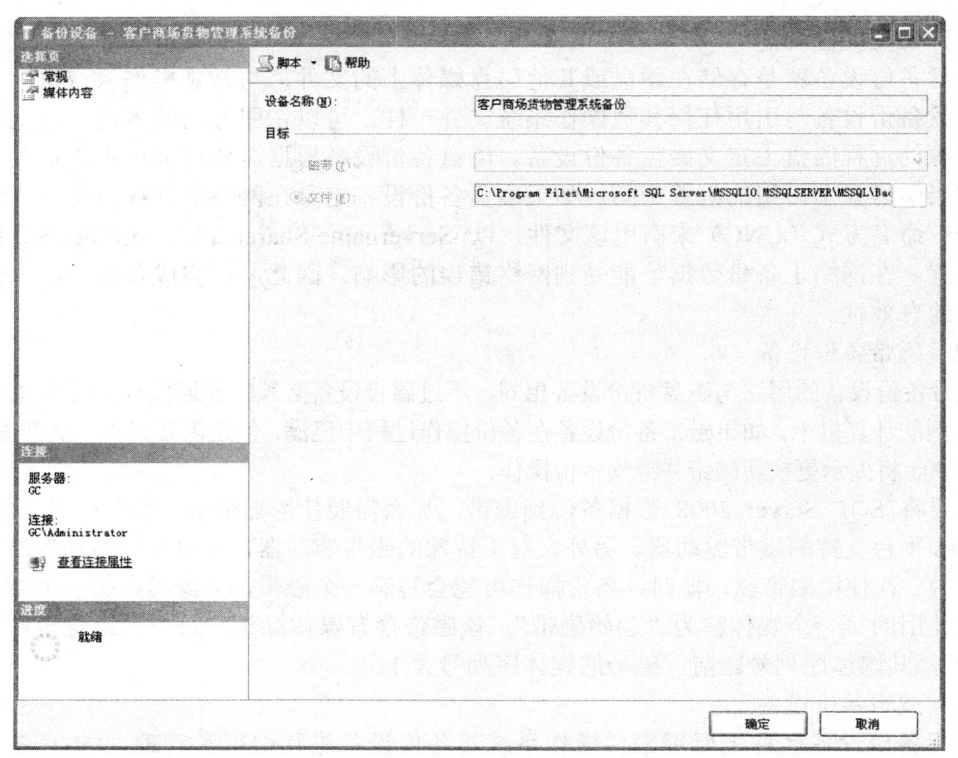

图 8-1 创建备份设备

5）单击“确定”按钮，完成备份设备的创建。展开“备份设备”节点，就可以看到刚刚创建的备份设备。

除了使用图形化工具创建备份设备外，还可以使用系统存储过程 sp_addumpdevice 来添加备份设备，这个存储过程可以添加磁盘和磁带设备。sp_addumpdevice 的基本语法如下：

```
sp_addumpdevice [ @devtype = ] 'device_type'
         , [ @logicalname = ] 'logical_name'
         , [ @physicalname = ] 'physical_name'
     [ , { [ @cntrltype = ] controller_type →
           [ @devstatus = ] 'device_status' }
     ]
```

其中各参数含义如下。

① [@devtype =] 'device_type'：该参数指备份设备的类型。device_type 的数据类型为 varchar(20)，无默认值，可以是 disk、tape 和 pipe。其中，disk 是指用硬盘文件作为备份设备；tape 是指 Microsoft Windows 支持的任何磁带设备；pipe 是指使用命名管道作为备份设备。

② [@logicalname =] 'logical_name'：该参数指在 BACKUP 和 RESTORE 语句中使用的备份设备的逻辑名称。logical_name 的数据类型为 sysname，无默认值，且不能为 NULL。

③ [@physicalname =] 'physical_name'：该参数指备份设备的物理名称。物理名称必须遵从操作系统文件名规则或者网络设备的通用命名约定，并且必须包含完整路径。physical_name 的数据类型为 nvarchar(260)，无默认值，且不能为 NULL。

④ [@cntrltype =] 'controller_type'：如果 cntrltype 的值是 2，则表示是磁盘；如果 cntrltype 值是 5，则表示是磁带。

⑤ [@devstatus =] 'device_status'：devstatus 如果是 noskip，表示读 ANSI 磁带头；如果是 skip，表示跳过 ANSI 磁带头。

例 8-1　创建一个名称为 Test 的备份设备。

```
USE master
GO
EXEC sp_addumpdevice 'disk', 'Test', 'D:\test.bak'
```

创建本地磁带备份设备 TapeTest，可以使用如下语句：

```
USE master
GO
EXEC sp_addumpdevice 'tape', 'TapeTest', ' \\.\tape0 '
```

3. 管理备份设备

在 Microsoft SQL Server 2008 系统中，创建了备份设备以后就可以通过系统存储过程、T-SQL 语句或者图形化界面查看备份设备的信息，或者把不用的备份设备删除等。

可以通过两种方式查看服务器上的所有备份设备，一种是通过使用 SQL Server Management Studio 图形化工具，另一种是通过系统存储过程 sp_helpdevice。

首先介绍使用 SQL Server Management Studio 图形化工具查看所有备份设备，操作步骤如下：

1）在“对象资源管理器”中，单击服务器名称以展开服务器树。

2）展开“服务器对象”→“备份设备”节点，就可以看到当前服务器上已经创建的所有备份设备，如图 8-2 所示。

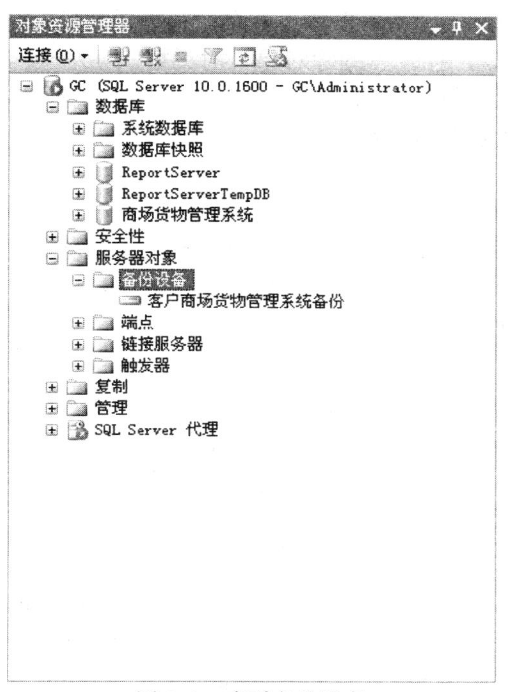

图 8-2　查看备份设备

使用系统存储过程 sp_helpdevice 也可以查看服务器上每个设备的相关信息，如图 8-3 所示。

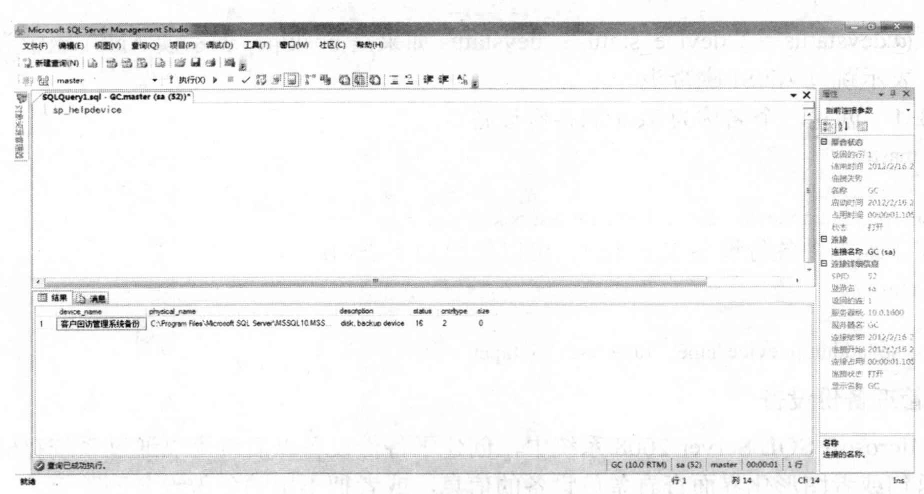

图 8-3　使用系统存储过程查看备份设备

如果不再需要的备份设备，可以将其删除，删除备份设备后，其上的数据都将丢失。删除备份设备也有两种方式，一种是使用 SQL Server Management Studio；另一种是使用系统存储过程 sp_dropdevice。

使用 SQL Server Management Studio 删除备份设备，例如将备份设备 Test 删除，操作步骤如下：

1）在“对象资源管理器”中，单击服务器名称以展开服务器树。

2）展开“服务器对象”→“备份设备”节点，右击要删除的备份设备 Test，在弹出的快捷菜单中选择“删除”命令，打开“删除对象”对话框。

3）在“删除对象”对话框中单击“确定”按钮，即完成对该备份设备的删除操作。

使用 sp_dropdevice 系统存储过程将服务器中备份设备删除，并能删除操作系统文件。具体语句如下：

```
sp_dropdevice '备份设备名' [,'DELETE']
```

上述语句中，如果指定了 DELETE 参数，则在删除备份设备的同时删除它使用的操作文件。例如删除名称为 Test 的备份设备，可以使用如下代码：

```
EXEC sp_dropdevice 'Test'
```

8.1.3　备份数据

前面介绍过备份数据的类型可以分为 4 种，在创建每一种备份时，所用到的操作都不相同。因此，本节重点围绕这 4 种类型，展开详细介绍。

1．创建完整备份

完整备份是指包含所有数据文件的完整映像的任何备份。完整备份会备份所有数据和足够的日志，以便恢复数据。由于完整备份是任何备份策略中都要求完成的第一种备份类型，所以首先介绍如何使用 SQL Server Management Studio 和 BACKUP 语句进行完整数据库备份。

使用 SQL Server Management Studio 对“商场货物管理系统”进行完整备份的操作步骤如下：

1）打开 SQL Server Management Studio，连接服务器。

2）在对象资源管理器中，展开“数据库”节点，右击“商场货物管理系统”数据库，在弹出的快捷菜单中选择“属性”命令，打开“数据库属性”窗口。

3）在“选项”页面中，确保恢复模式为完整恢复模式，如图 8-4 所示。

图 8-4　完整备份中选择恢复模式

4）单击“确定”按钮应用修改结果。

5）右击数据库“商场货物管理系统”，在弹出的快捷菜单中选择“任务”→“备份”命令，打开“备份数据库”窗口，如图 8-5 所示。

6）在“备份数据库”窗口中，从“数据库”下拉菜单中选择“商场货物管理系统”数据库；“备份类型”项选择“完整”，保留“名称”文本框的内容不变。

7）设置备份到磁盘的目标位置，通过单击“删除”按钮，删除已存在默认生成的目标，然后单击“添加”按钮，打开“选择备份目标”对话框，启用“备份设备”选项，选择以前建立的“客户商场货物管理系统备份”备份设备，如图 8-6 所示。

8）单击“确定”按钮返回“备份数据库”窗口，就可看到“目标”下面的文本框将增加一个“商场货物管理系统备份”备份设备。

9）打开“选项”页面，如图 8-7 所示。选择“覆盖所有现有备份集”单选按钮，该项用于初始化新的设备或覆盖现在的设备；勾选“完成后验证备份”复选框，该项用来核对实际数据库与备份副本，并确保它们在备份完成之后一致。

10）单击“确定”按钮，完成对数据库的备份。完成备份后将弹出“备份完成”对话框。

现在已经完成了数据库“商场货物管理系统”的一个完整备份。为了验证是否真的备份完成，下面来检查一下：

1）在 SQL Server Management Studio 的“对象资源管理器”窗口中，展开“服务器对象”节点下的“备份设备”节点。

2）右击备份设备“客户商场货物管理系统备份”，在弹出的快捷菜单中选择“属性”命令。

3）选中“媒体内容”选项，打开“媒体内容”选项页面，可以看到刚刚创建的“商场货物管理系统”数据库的完整备份，如图 8-8 所示。

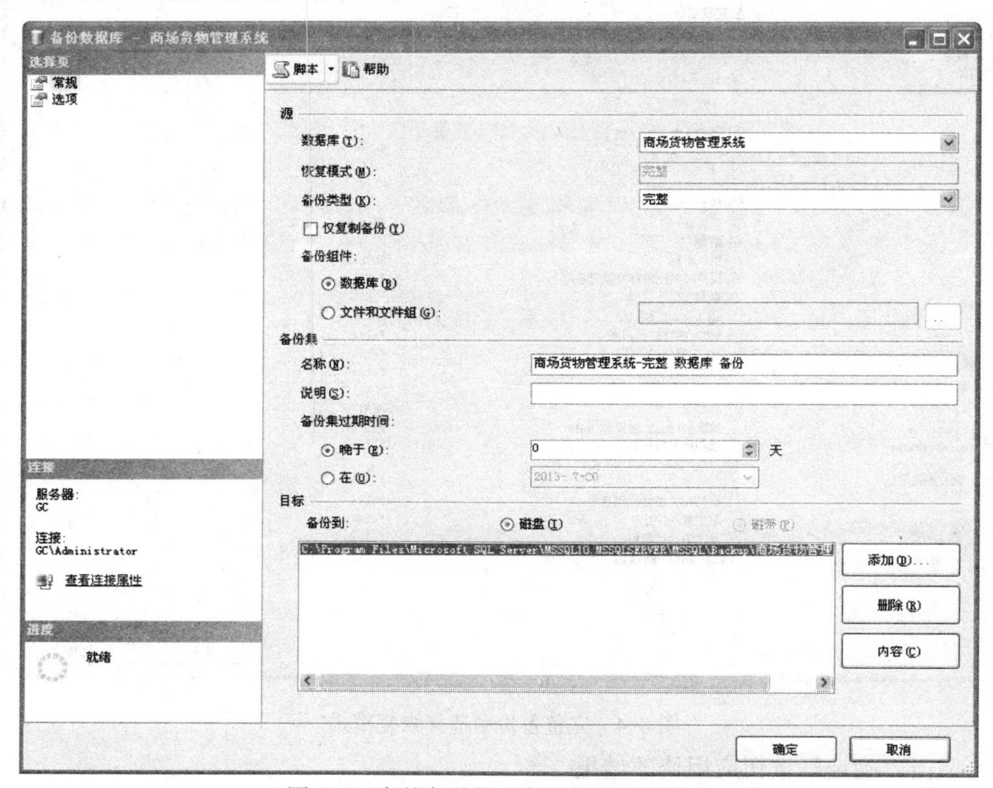

图 8-5　完整备份的“备份数据库”窗口

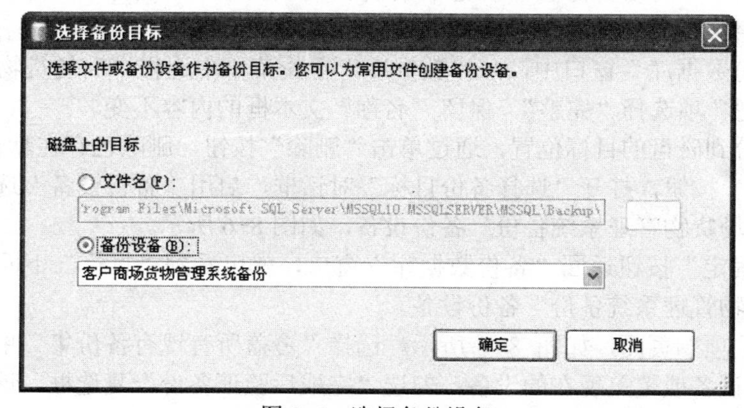

图 8-6　选择备份设备

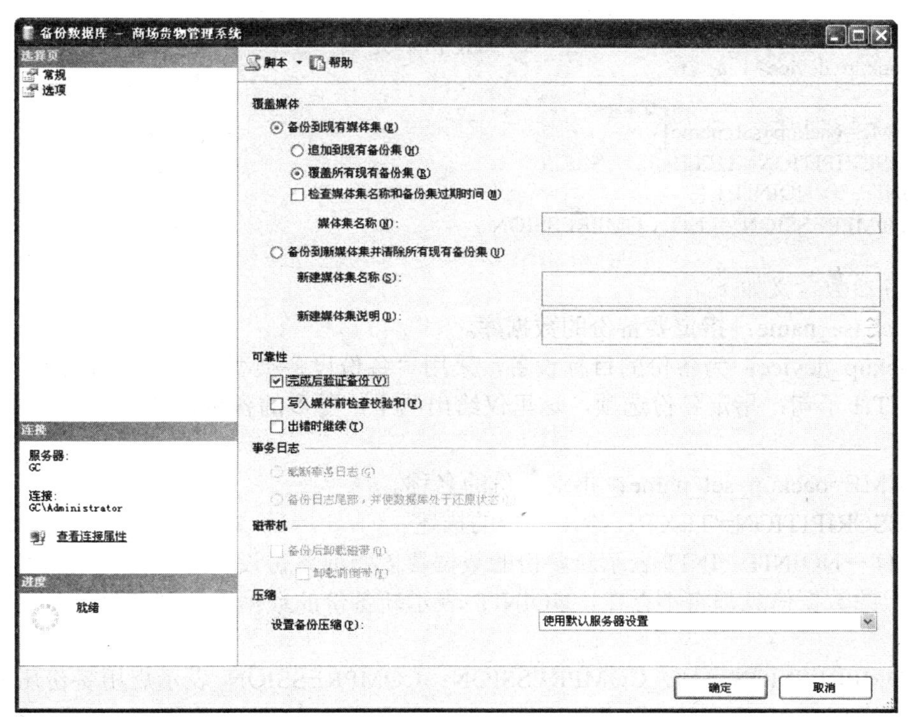

图 8-7　完整备份的“选项”页面

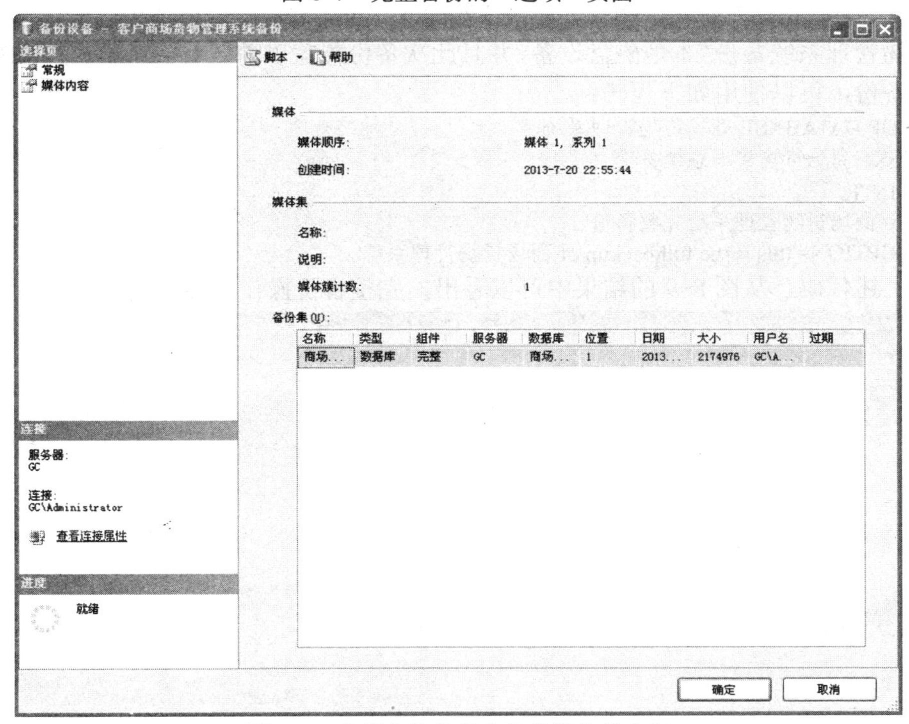

图 8-8　查看完整备份中备份设备的内容

前面介绍了使用 SQL Server Management Studio 备份数据库，下面再简单地介绍一下如何使用 BACKUP 命令来备份数据库。对数据库进行完整备份的语法如下：

```
BACKUP DATABASE database_name
TO <backup_device> [...n]
[WITH
[[,] NAME=backup_set_name]
[ [,] DESCRIPITION='TEXT']
[ [,] {INIT → NOINIT } ]
[ [,]{ COMPRESSION → NO_COMPRESSION }
]
```

其中各参数含义如下。

① database_name：指定要备份的数据库。

② backup_device：为备份的目标设备，采用“备份设备类型=设备名”的形式。

③ WITH 子句：指定备份选项，这里仅给出两个，更多的备份选项可以参考 SQL Sever 联机丛书。

④ NAME=backup_set_name：指定备份的名称。

⑤ DESCRIPITION='TEXT'：给出备份的描述。

⑥ INIT→NOINIT：INIT 表示新备份的数据覆盖当前备份设备上的每一项内容，即原来在此设备上的数据信息都将不存在，NOINIT 表示新备份的数据添加到备份设备上已有的内容的后面。

⑦ COMPRESSION→NO_COMPRESSION：COMPRESSION 表示启用备份压缩功能，NO_COMPRESSION 表示不启用备份压缩功能。

例 8-2 对数据库“商场货物管理系统”做一次完整备份，备份设备为以前创建好的“客户商场货物管理系统备份”本地磁盘设备，并且此次备份覆盖以前所有的备份。使用 BACKUP 命令创建备份，可以使用如下代码：

```
BACKUP DATABASE 商场货物管理系统
TO DISK='商场货物管理系统备份'
WITH INIT,
NAME='商场货物管理系统完整备份',
DESCRIPTION='this is the full backup of 商场货物管理系统'
```

执行上述代码，从图 8-9 的结果中可以看出，完整备份操作已经成功完成。

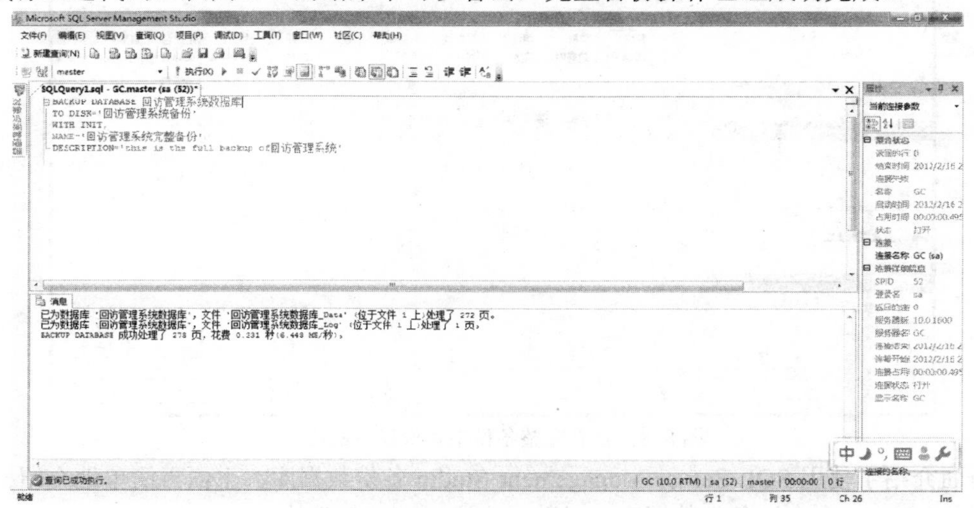

图 8-9 使用 BACKUP 语句备份数据库

2．创建差异备份

当数据量十分庞大时，执行一次完整备份需要耗费非常多时间和空间，因此完整备份不能频繁进行。创建了数据库的完整备份以后，如果数据库从上次备份以来只修改了很少的数据时，比较适合使用差异备份。下面将介绍创建差异数据库备份的方法。

创建差异备份的过程与创建完整备份的过程几乎相同，下面使用 SQL Server Management Studio 在上一节创建的永久备份设备“商场货物管理系统备份”上创建一个数据库“商场货物管理系统”的差异备份。操作过程如下：

1）打开 SQL Server Management Studio，连接服务器。

2）在对象资源管理器中，展开“数据库”节点，右击“商场货物管理系统”数据库，在弹出的快捷菜单中选择“任务”→“备份”命令，打开“备份数据库”窗口。

3）从“数据库”下拉菜单中选择“商场货物管理系统”数据库；“备份类型”项选择“差异”；保留“名称”文本框的内容不变；在“目标”项下面确保列出了“客户商场货物管理系统设备”设备，如图 8-10 所示。

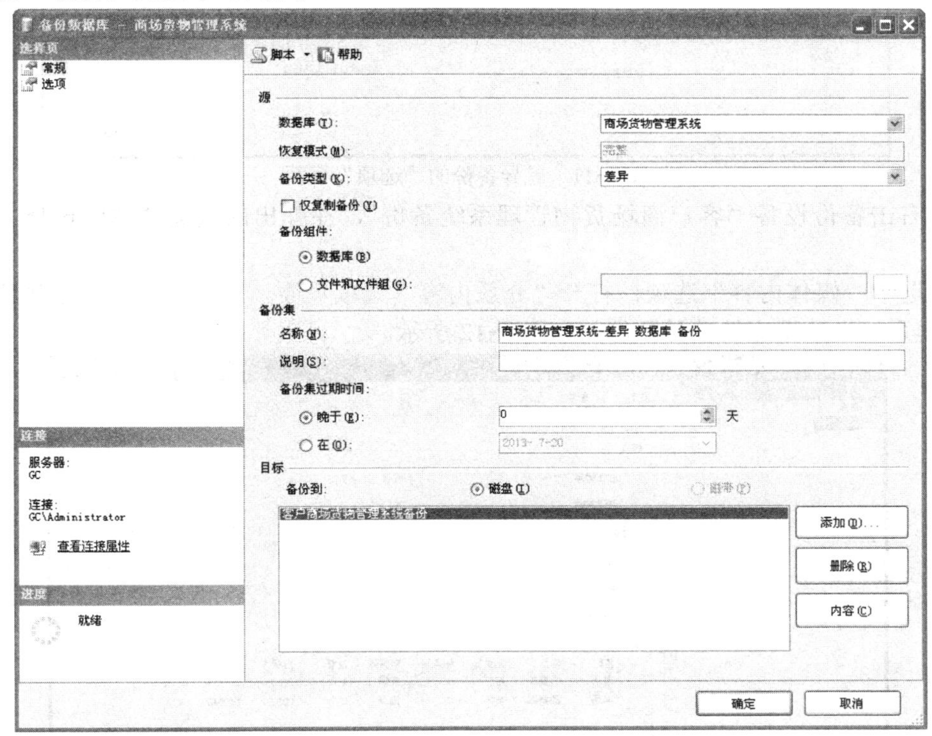

图 8-10　差异备份的“备份数据库”窗口

4）打开“选项”页面，如图 8-11 所示。选择“追加到现有备份集”单选按钮，以免覆盖现有的完整备份；勾选“完成后验证备份”复选框。

5）完成设置后，单击“确定”开始备份，完成备份将弹出“备份完成”窗口。

现在已经完成了数据库“商场货物管理系统”的一个差异备份。为了验证是否真的备份完成，下面来检查一下：

1）在 SQL Server Management Studio 的“对象资源管理器”窗口中，展开“服务器对象”节点下的“备份设备”节点。

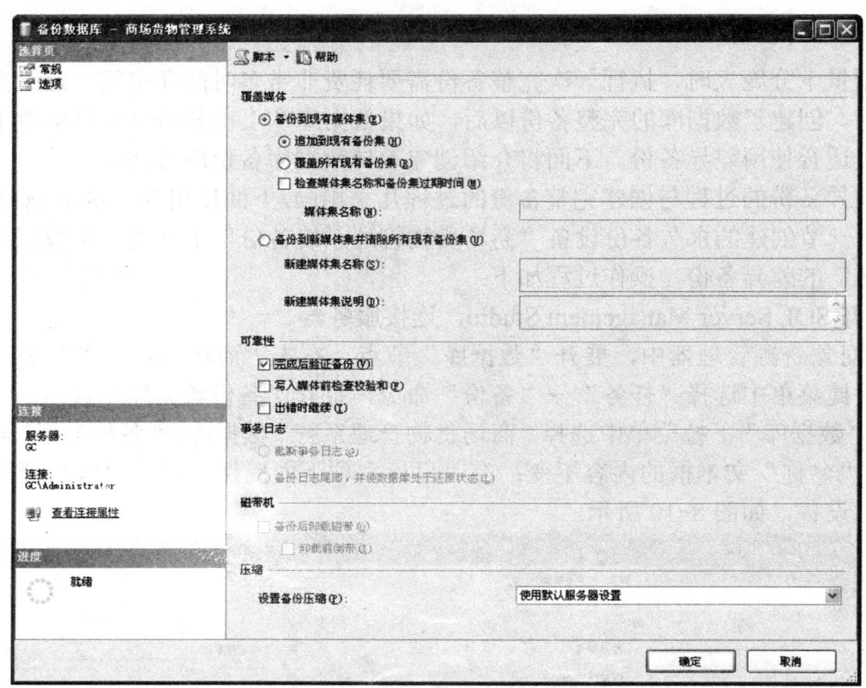

图 8-11　差异备份的“选项”页面

2）右击备份设备“客户商场货物管理系统备份”，在弹出的快捷菜单中选择“属性”命令。

3）选中“媒体内容”选项，打开“介质内容”选项页面，可以看到刚刚创建的“商场货物管理系统”数据库的差异备份，如图 8-12 所示。

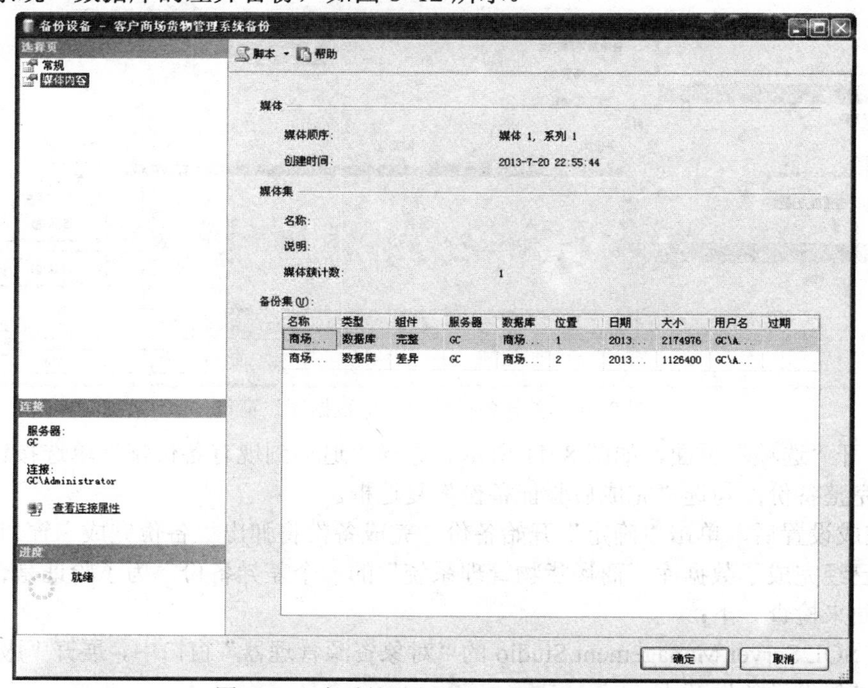

图 8-12　查看差异备份中备份设备的内容

创建差异备份也可以使用 BACKUP 语句，其语法与完整备份的语法相似：

```
BACKUP DATABASE database_name
TO <backup_device> [...n]
WITH DIFFERENTIAL
[[,] NAME=backup_set_name]
[ [,] DESCRIPITION='TEXT']
[ [,] {INIT → NOINIT } ]
[ [,]{ COMPRESSION → NO_COMPRESSION }
]
```

其中 WITH DIFFERENTIAL 子句指明了本次备份是差异备份。其他参数与完整备份参数安全一样，在此就不再重复。

例 8-3　对数据库“商场货物管理系统”做一次差异备份。

```
BACKUP DATABASE 商场货物管理系统
TO DISK='商场货物管理系统备份'
WITH DIFFERENTIAL,
NOINIT,
NAME='商场货物管理系统差异备份',
DESCRIPTION='this is differential backup of 商场货物管理系统 on disk'
```

执行上述代码，从图 8-13 中的结果中可以看出，数据库“商场货物管理系统”的差异备份已经创建完成。

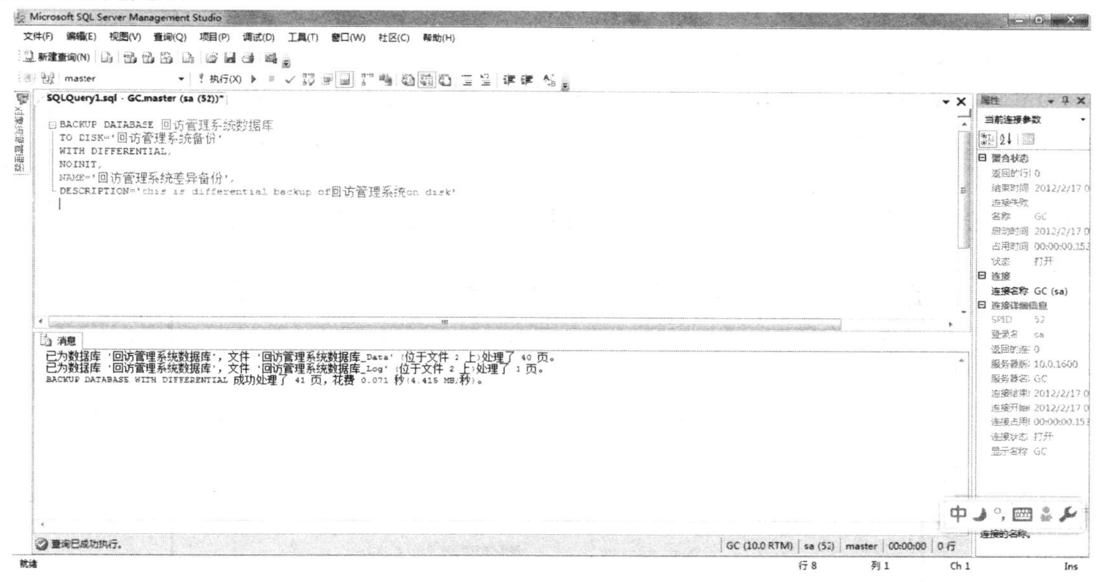

图 8-13　执行差异备份

3. 创建事务日志备份

在前面小节中已经执行了完整备份和差异备份，但是如果没有执行事务日志备份，则数据库可能无法正常工作。

尽管事务日志备份依赖于完整备份，但它并不备份数据库本身。这种类型的备份只记录事务日志的适当部分，明确地说，是自从上一个事务以来已经发生了变化的部分。使用事务日志备份，可以将数据库恢复到故障点或特定的时间点。一般情况下，事务日志备份比完整备份和差异备份使用的资源少。因此，可以更频繁地创建事务日志备份，减少数据丢失的风险。在 Microsoft SQL Server 2008 系统中日志备份有 3 种类型：纯日志备份、大容量操作日志备份和尾日志备份，具体情况见表 8-1。

表 8-1 事务日志类型

日志备份类型	说 明
纯日志备份	仅包含一定间隔的事务日志记录而不包含在大容量日志恢复模式下执行的任何大容量更改的备份
大容量操作日志备份	包含日志记录以及由大容量操作更改的数据页的备份。不允许对大容量操作日志备份进行时间点恢复
尾日志备份	对可能已损坏的数据库进行的日志备份，用于捕获尚未备份的日志记录。尾日志备份在出现故障时进行，用于防止丢失工作，可以包含纯日志记录或大容量操作日志记录

只有当启动事务日志备份序列时，完整备份或差异备份才必须与事务日志备份同步。每个事务日志备份的序列都必须在执行完整备份或差异备份之后启动。

执行事务日志备份至关重要。除了允许还原备份事务外，日志备份将截断日志以删除日志文件中已备份的日志记录。即使经常备份日志，日志文件也会填满。

连续的日志序列称为“日志链”。日志链从数据库的完整备份开始。通常情况下，只有当第一次备份数据库或者从简单恢复模式转变到完整或大容量恢复模式时，需要进行完整备份，才会启动新的日志链。

创建事务日志备份的过程与创建完整备份的过程也基本相同，下面使用 SQL Server Management Studio 在前面创建的永久备份设备“商场货物管理系统”上创建一个数据库“商场货物管理系统”的事务日志备份。操作过程如下：

1）打开 SQL Server Management Studio，连接服务器。

2）在对象资源管理器中，展开“数据库”节点，右击“商场货物管理系统”数据库，在弹出的快捷菜单中选择“任务”→“备份”命令，打开“备份数据库”窗口。

3）在“备份数据库”窗口中，从“数据库”下拉菜单中选择“商场货物管理系统”数据库；“备份类型”项选择“事务日志”；保留“名称”文本框的内容不变；在“目标”项下面确保列了“客户商场货物管理系统备份”设备，如图 8-14 所示。

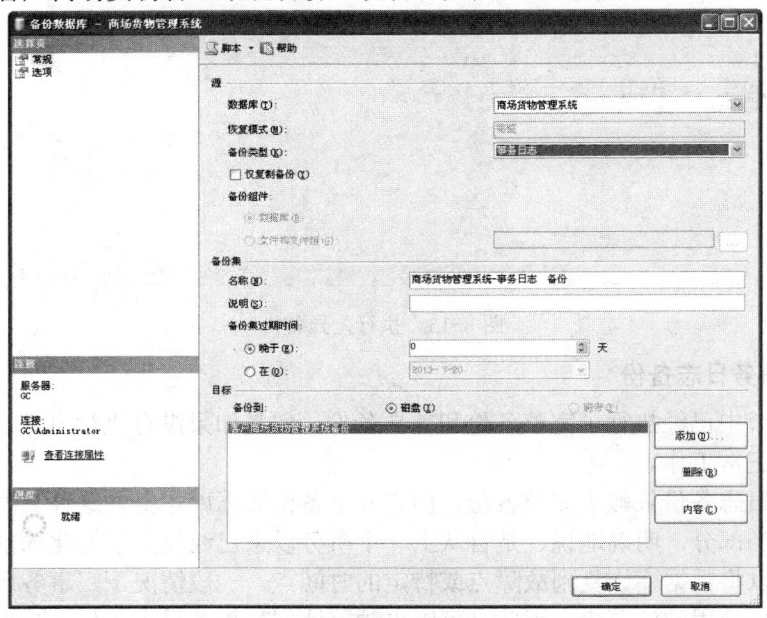

图 8-14 创建事务日志备份

4）打开“选项”页面，如图 8-15 所示。选择“追加到现有备份集”单选按钮，以免覆盖现有的完整和差异备份；勾选“完成后验证备份”复选框；选择“截断事务日志”单选按钮。

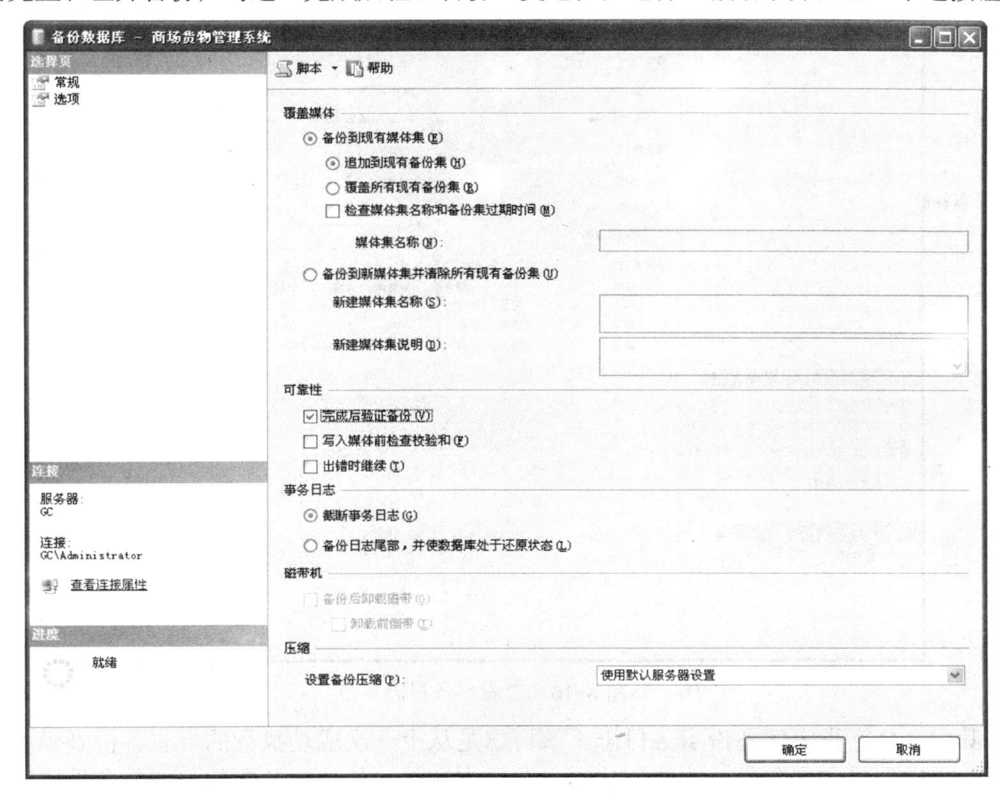

图 8-15　事务日志备份的“选项”页面

5）完成设置后，单击“确定”开始备份，完成备份将弹出“备份完成”窗口。

现在已经完成了数据库“商场货物管理系统”的一个事务日志备份。为了验证是否真的备份完成，下面来检查一下：

1）在 SQL Server Management Studio 的“对象资源管理器”窗口中，展开“服务器对象”节点下的“备份设备”节点。

2）右击备份设备“客户商场货物管理系统备份”，从弹出的快捷菜单中选择“属性”命令。

3）选中“媒体内容”选项，打开“媒体内容”页面，可以看到刚刚创建的“商场货物管理系统”数据库的事务日志备份，如图 8-16 所示。

使用 BACKUP 语句创建事务日志备份，语法格式如下：

```
BACKUP LOG database_name
TO <backup_device> […h]
WITH
 [[,] NAME=backup_set_name]
[ [,] DESCRIPITION='TEXT']
[ [,] {INIT  →  NOINIT } ]
[ [,]{ COMPRESSION → NO_COMPRESSION }
]
```

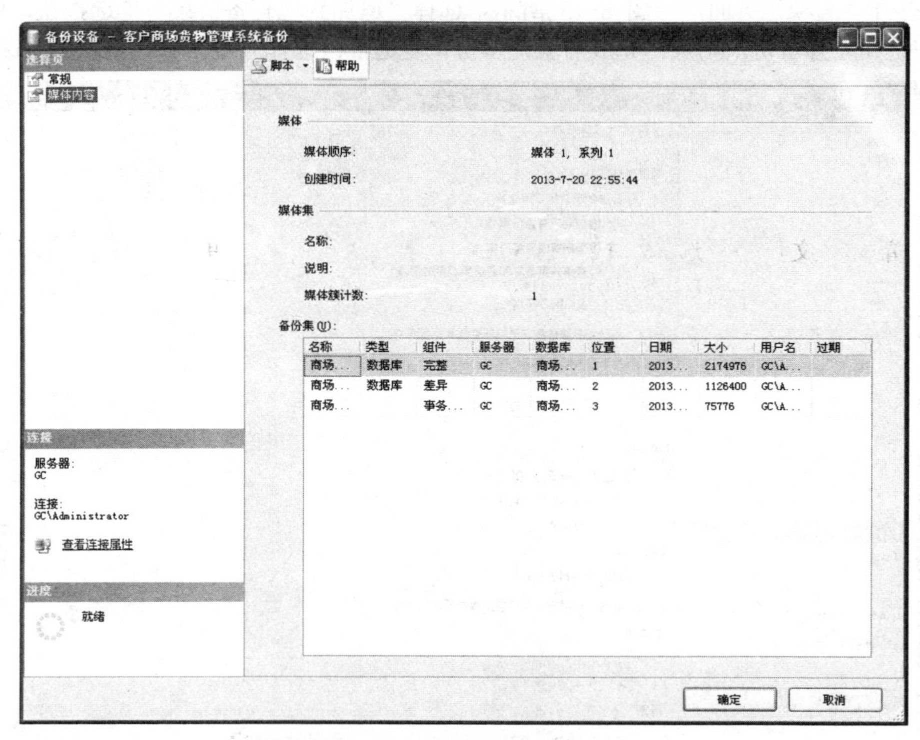

图 8-16　查看事务日志备份

其中 LOG 指定仅备份事务日志。该日志是从上一次成功执行的日志备份到当前日志的末尾。必须创建完整备份，才能创建第一个日志备份。其他的各参数与完整备份语法中各参数完全相似，这里也不再重复。

例 8-4　对数据库“商场货物管理系统”做事务日志备份，要求追加到现有的备份设备“商场货物管理系统备份 1”上。

```
BACKUP LOG 商场货物管理系统
TO DISK='商场货物管理系统备份 1'
WITH NOINIT,
NAME='商场货物管理系统事务日志备份',
DESCRIPTION='this is transaction backup of 商场货物管理系统 on disk'
```

当 SQL Server 完成日志备份时，自动截断数据库事务日志中不活动的部分，所谓不活动的部分是指已经完成的事务日志，这些事务日志已经被备份起来了，所以可以截断。事务日志被截断后，释放出空间可以被重复使用，这样避免了日志文件的无限增长。

4．创建文件组备份

现在，有越来越多的公司拥有了 TB 级的数据库，这些数据库称为超大型数据库。对于超大型数据库，如果每次都执行完整数据备份显然不切实际，应当执行数据库文件或文件组备份。

文件组是一种将数据库存放在多个文件上的方法，并允许控制数据库对象（比如表或视图）存储到这些文件当中的哪些文件上。这样，数据库就不会受到只存储在单个硬盘上的限制，而是可以分散到许多硬盘上，因而可以变得非常大。利用文件组备份，每次可以备份这些文件当中的一个或多个文件，而不是同时备份整个数据库。

在执行文件组备份之前，首先为数据库“商场货物管理系统”添加一个新文件组，操作步骤如下：

1）打开 SQL Server Management Studio，连接服务器。

2）在对象资源管理器中，展开“数据库”节点，右击“商场货物管理系统”数据库，在弹出的快捷菜单中选择“属性”命令，打开“数据库属性”窗口。

3）单击“文件组”选项，打开“文件组”选项页面，然后单击“添加”按钮，在“名称”文本框中输入“bei_fen”，如图 8-17 所示。

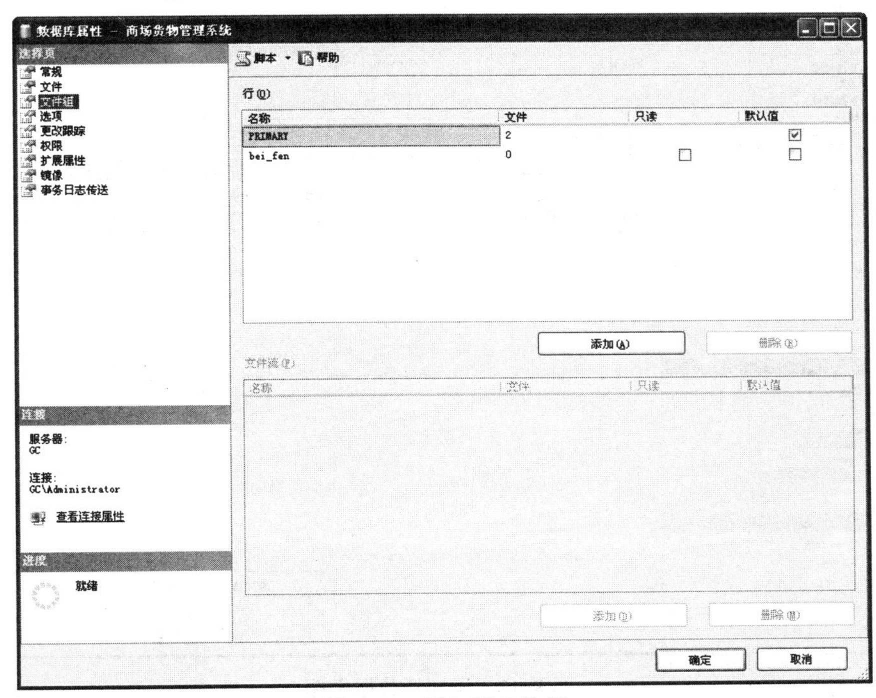

图 8-17　添加新文件组

4）单击“文件”选项，打开“文件”选项页面，然后单击“添加”按钮，为“商场货物管理系统”数据库创建一个新的数据文件，并且设置该数据文件所属的文件组为 bei_fen，如图 8-18 所示。

5）单击“确定”按钮完成对数据库的更改。

在 SQL Server 2008 中，执行文件组备份的方式有两种：使用 SQL Server Management Studio 和使用 BACKUP 语句。下面将分别对这两种方式进行阐述。

使用 SQL Server Management Studio 执行文件组备份的具体步骤如下：

1）打开 SQL Server Management Studio，连接服务器。

2）在对象资源管理器中，展开“数据库”节点，右击“商场货物管理系统”数据库，在弹出的快捷菜单中选择“任务”→“备份”命令，打开“备份数据库”窗口。

3）在“备份数据库”窗口的“备份组件”下选择“文件和文件组”单选按钮，打开“选择文件和文件组”对话框，如图 8-19 所示。

4）在“选择文件和文件组”对话框中，选择要备份的文件和文件组。单击“确定”按钮返回。

5）在“备份数据库”窗口的“常规”页面，选择数据库为“商场货物管理系统”，备份类型为“完整”，并选择备份设备，具体设置如图 8-20 所示。

6）打开“选项”页面，选择“追加到现有备份集”单选按钮，以免覆盖现有的完整备份；勾选“完成后验证备份”复选框。

7）设置完成后，单击“确定”按钮开始备份，完成后将弹出“备份完成”对话框。

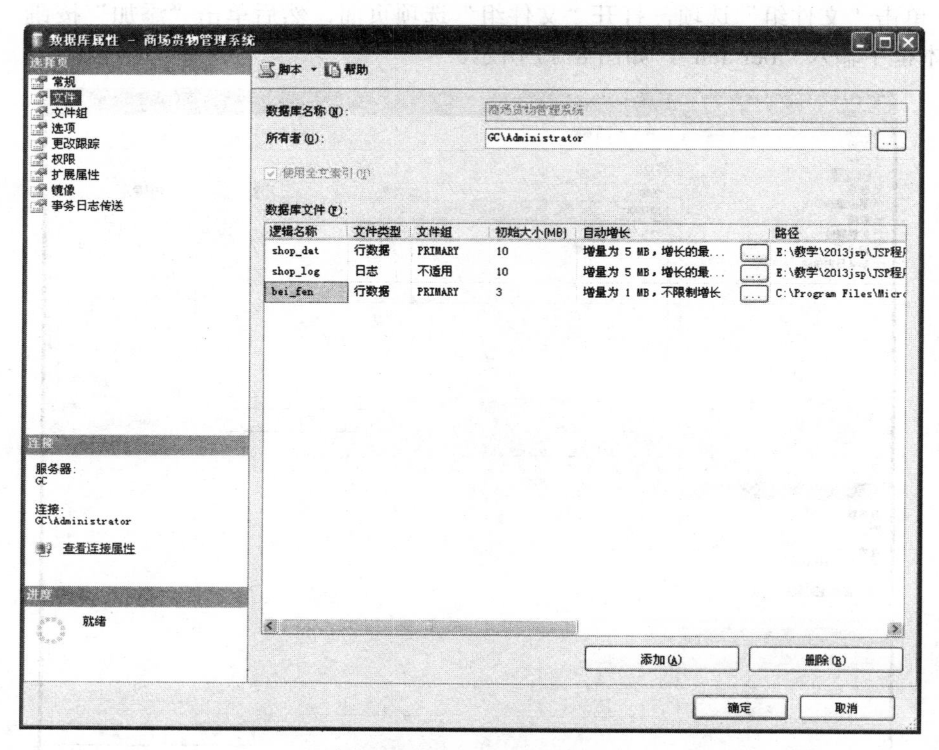

图 8-18　添加新数据文件

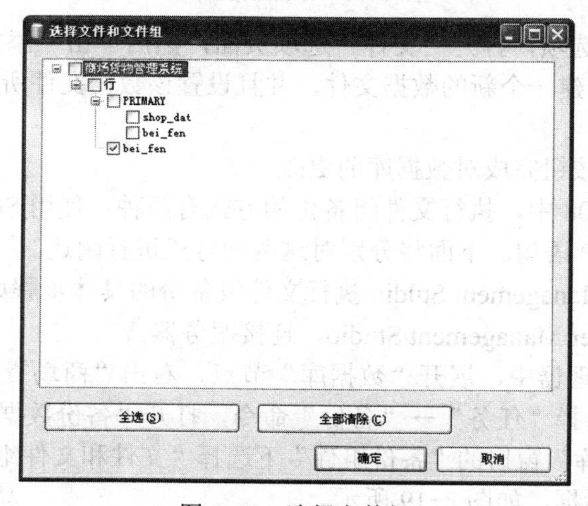

图 8-19　选择文件组

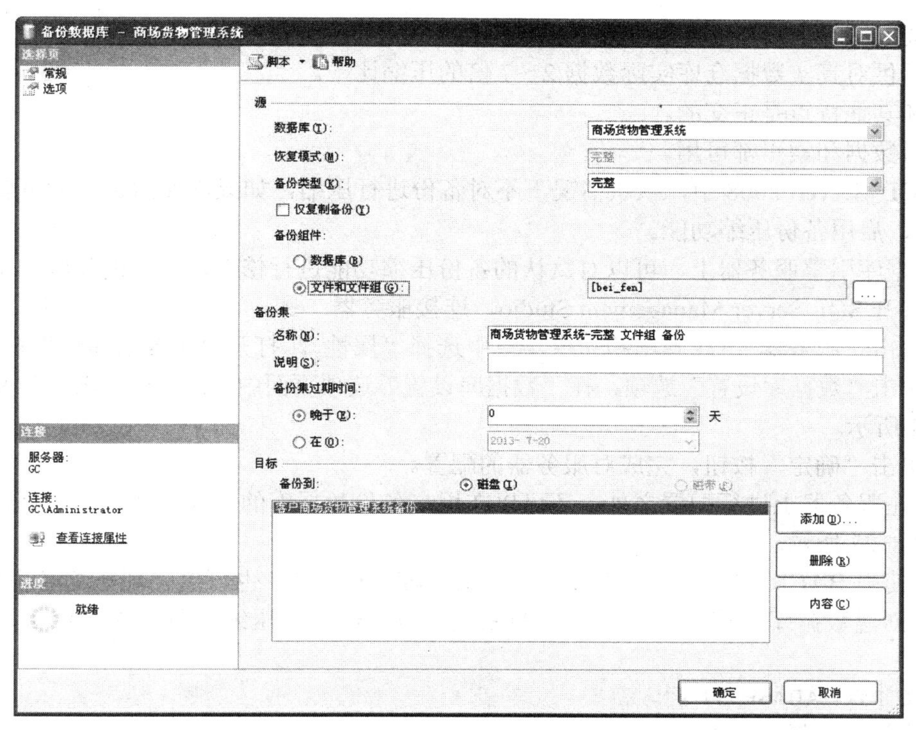

图 8-20　文件组备份“常规”选项

还可以使用 BACKUP 语句对文件组备份，具体语法如下：

```
BACKUP DATABASE database_name
< file_or_filegroup > […h]
TO < backup_device > […h]
WITH options
```

其中各参数含义如下。

① file_or_filegroup：指定了要备份的文件或文件组，如果是文件，则写作“file=逻辑文件名”；如果是文件组，则写作“filegroup=逻辑文件组名”。

② WITH options：用于指定备份选项，与前几种备份设备类型相同。

例 8-5　将数据库“商场货物管理系统”中刚添加的文件组 second 备份到本地磁盘备份设备“客户商场货物管理系统备份”。

```
BACKUP DATABASE 商场货物管理系统
FILEGROUP='second'
TO DISK='客户商场货物管理系统备份'
WITH
DESCRIPTION='this is the filegroup backup of 商场货物管理系统'
```

数据库执行备份操作，需要占用一定的磁盘空间。如果公司的数据库非常庞大，那么对数据库的备份就需要的空间将会十分惊人。对于数据库管理员来说，这是一件十分头疼的事情。幸运的是，在 SQL Server 2008 中新增了数据压缩功能。通常，数据压缩总是与节约硬盘、更小的物理文件以及备份次数的减少联系在一起。而对于 SQL Server 2008 的数据压缩而言，主要目的是实际的表的尺寸的减小。数据压缩的好处包括以下几点：

1）通过减少 I/O 和提高缓存命中率来提升查询性能。

2）提供对真实数据仓库实际数据 2～7 倍的压缩比率。

3）和其他特点是正交的。

4）对数据和索引都可用。

在 SQL Server 2008 中，默认情况下不对备份进行压缩，如果需要的话，就可以进行具体的配置，启用备份压缩功能。

在数据库引擎服务器上，可以对默认的备份压缩功能进行修改，具体的步骤如下：

1）打开 SQL Server Management Studio，连接服务器。

2）右击“服务器”，在弹出的命令菜单中选择“属性”，打开“服务器属性”窗口。

3）单击“数据库设置”选项，在“数据库设置”选项页面中勾选“压缩备份”复选框，如图 8-21 所示。

4）单击“确定”按钮，完成对服务器的配置。

除了在服务器上进行配置之外，还可以在用户备份数据库的时候，选择“压缩备份”选项，如图 8-22 所示。

当然使用 BACKUP 语句的 WITH COMPRESSION 选项，也可以实现压缩备份的功能。例如，在创建数据库“客户回访系统”的完整备份时候启用压缩备份功能，就可以使用以下代码：

```
BACKUP DATABASE 客户回访系统
TO DISK='客户回访系统'
WITH INIT,COMPRESSION
```

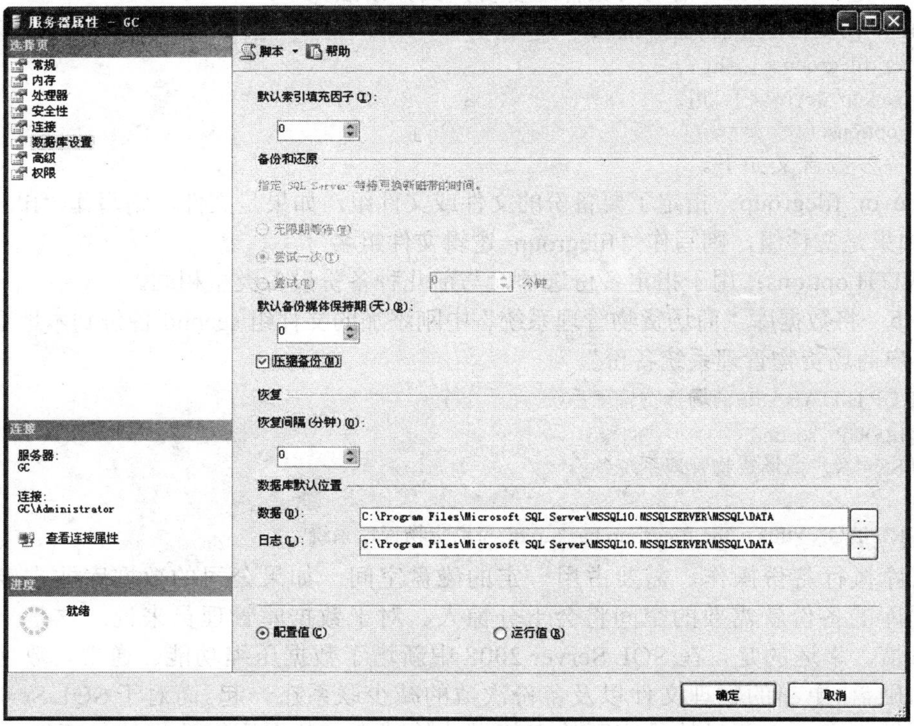

图 8-21 启用压缩备份（1）

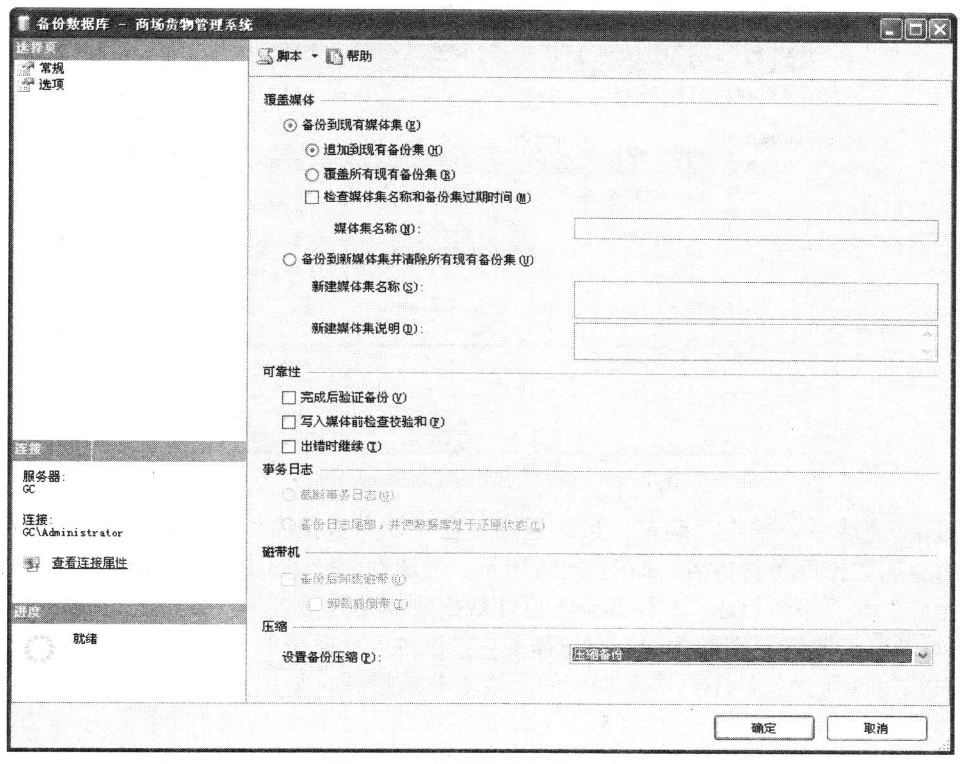

图 8-22　启用压缩备份（2）

8.1.4　恢复数据

恢复数据库，就是让数据库根据备份的数据回到备份时的状态。当恢复数据库时，SQL Server 会自动将备份文件中的数据全部复制到数据库，并回滚任何未完成的事务，以保证数据库中数据的完整性。

1. 常规恢复

恢复数据前，管理员应当断开准备恢复的数据库和客户端应用程序之间的一切连接。此时，所有用户都不允许访问该数据库，并且执行恢复操作的管理员也必须更改数据库连接到 master 或其他数据库，否则不能启动恢复进程。

在执行任何恢复操作前，用户要对事务日志进行备份，这样有助于保证数据的完整性。如果用户在恢复之前不备份事务日志，那么用户将丢失从最近一次数据库备份到数据库脱机之间的数据更新。

使用 SQL Server Management Studio 恢复数据库的操作步骤如下：

1）打开 SQL Server Management Studio，连接服务器。

2）在对象资源管理器中，展开“数据库”节点，右击“商场货物管理系统”数据库，在弹出的快捷菜单中选择“任务”→“还原”→“数据库”命令，打开“还原数据库”窗口。

3）在“还原数据库”窗口中选中“源设备”单选按钮，然后单击□打开“指定备份”对话框，在“备份媒体”下拉列表中选择“备份设备”项，然后单击“添加”按钮，选择之前创建的“客户商场货物管理系统备份”备份设备，如图 8-23 所示。

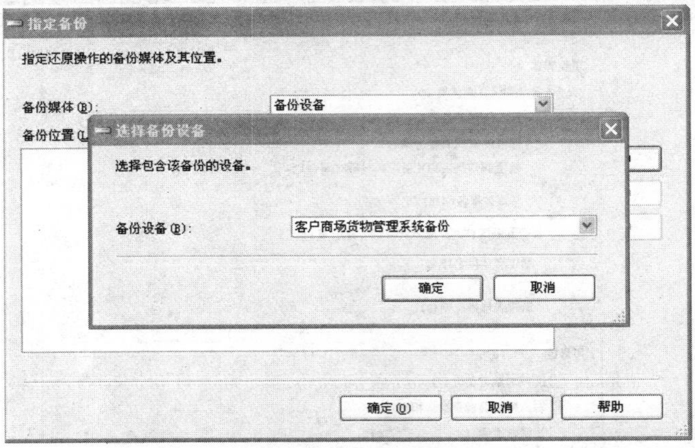

图 8-23　恢复数据库时选择备份设备

4）选择完成后，单击“确定”按钮返回。在“还原数据库”窗口，就可以看到该备份设备中所有的数据库备份内容，如图 8-24 所示。勾选“选择用于还原的备份集”下面的“完整”、“差异”和“事务日志”3 种备份，可使数据库恢复到最近一次备份的正确状态。

5）如果还需要恢复别的备份文件，需要在“选项”页面中的“恢复状态”栏中选择“不对数据库执行任何操作，不回滚未提交的事物”单选按钮，如图 8-25 所示。这样恢复完成后，数据库会显示处于正在还原状态，无法进行操作，必须到最后一个备份还原为止。

6）单击“确定”按钮，完成对数据库的还原操作。还原完成弹出“还原成功”对话框。

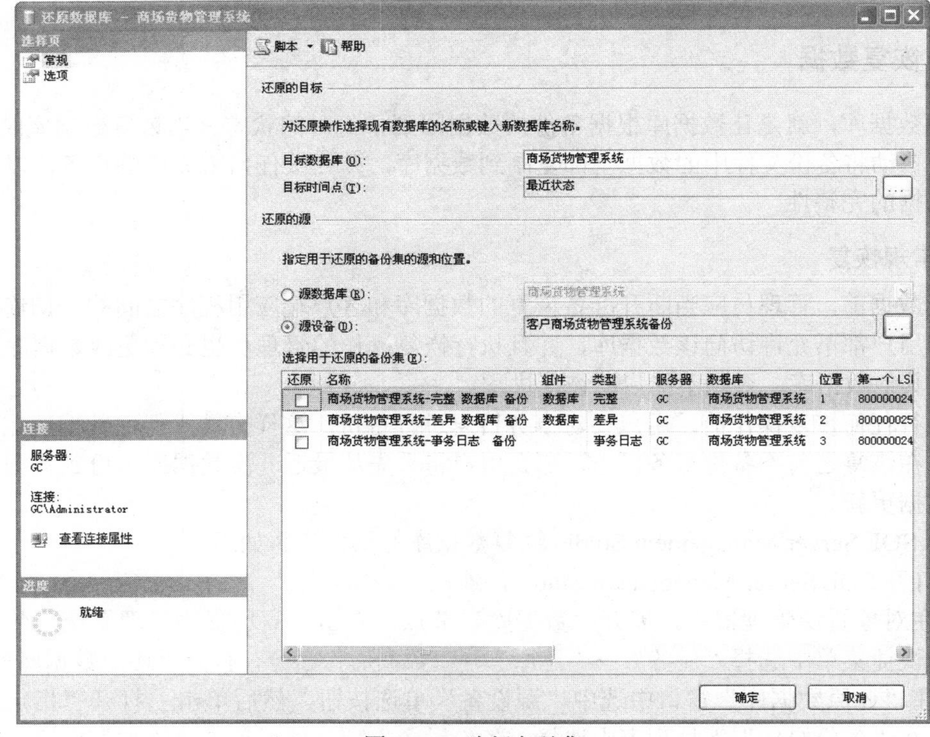

图 8-24　选择备份集

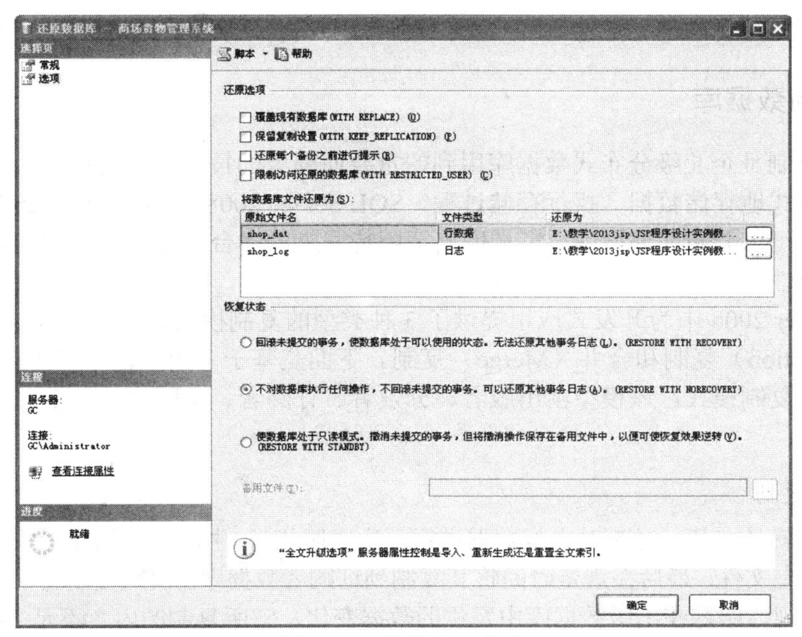

图 8-25　设置恢复状态

2. 时间点恢复

在 SQL Server 2008 中进行事务日志备份时，不仅给事务日志中的每个事务标上日志号，还给它们都标上一个时间。这个时间与 RESTORE 语句的 STOPAT 从句结合起来，允许将数据返回到前一个状态。但是，在使用这个过程时需要记住两点：

1）这个过程不适用于完整与差异备份，只适用于事务日志备份。

2）将失去 STOPAT 时间之后整个数据库上所发生的任何修改。

例如，一个数据库每天有大量的数据，每天 12 点都会定时做事务日志备份，10:00 的时候服务器出现故障，误清除了许多重要的数据。通过对日志备份的时间点恢复，可以把时间点设置在 10:00:00，既可以保存 10:00:00 之前的数据修改，又可以忽略 10:00:00 之后的错误操作。

使用 SQL Server Management Studio 按照时间点恢复数据库的操作步骤如下：

1）打开 SQL Server Management Studio，连接服务器。

2）在对象资源管理器中，展开“数据库”节点，右击“商场货物管理系统”数据库，在弹出的快捷菜单中选择“任务”→“还原”→”数据库”命令，打开“还原数据库”窗口。

3）单击“目标时间点”文本框后面的“选项”按钮☐，打开“时点还原”窗口，启用“具体日期和时间”选项，输入具体时间 10:00:00，如图 8-26 所示。

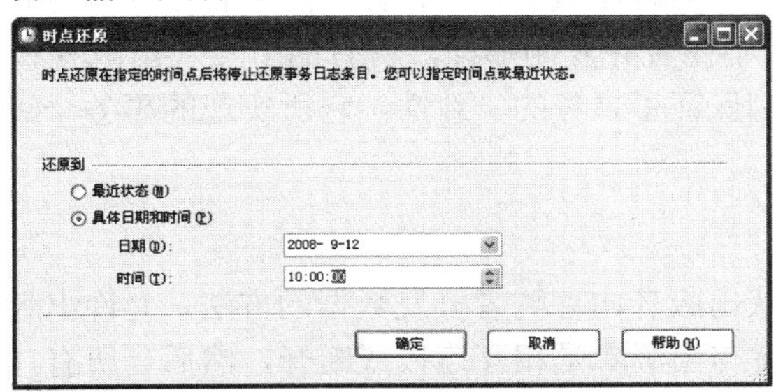

图 8-26　设置时点还原的日期和时间

4）设置完成后，单击“确定”按钮返回。然后还原备份，设置时间以后的操作将会被还原。

8.1.5 复制数据库

数据库复制是企业级分布式数据库用到的重要而强大的技术，通过它可以在企业内多台服务器上分布式地存储数据、执行存储过程。SQL Server 2008 中的复制（Replication）技术使企业的数据可以分布在局域网、广域网甚至因特网上的多台服务器上，并能实现这些分布式数据的一致性。

SQL Server 2008 中为开发式应用提供了 3 种类型的复制模式：快照（Snapshot）复制、事务（Transaction）复制和合并（Merge）复制。下面是基于“出版/订阅”的复制模型结构来介绍的 3 类复制模式。该模型由出版者、分发者、订阅者、出版物、文章和订阅物等几个元素组成。

1．快照复制

快照复制就是在某一时刻对出版数据进行一次“照相”，生成一个描述出版数据库中数据瞬时状态的静态文件，最后在规定时间将其复制到订购者数据库。快照复制并不像事务复制那样要不断地监视、跟踪在出版数据库中发生的数据变化，它所复制的内容不是 INSERT 语句、UPDATE 语句、DELETE 语句（事务复制的特征），也不是仅限于那些被修改数据（合并复制的特征）。它实际上是对订购数据库进行一次阶段性的表刷新，把所有出版数据库中的数据从源数据库送至目标数据库，而不仅仅是那些发生了变化的数据。如果数据很大，那么要复制的数据就很多，因此对网络资源需求较高，不仅要有较快的传输速度，而且要保证传输的可靠性。

快照复制是最为简单的一种复制类型，能够在出版者和订购者之间保证事务的潜在一致性。快照复制的执行仅需要快照代理和分发代理。快照代理准备快照文件（包括出版表的数据文件和描述文件）并将其存储在分发者的快照文件夹中，除此之外快照代理还要在分发者的分发数据库中跟踪同步作业。分发代理将在分发数据库中的快照作业分发至订购者服务器的目的表中。分发数据库仅用于复制而不包括任何用户表。

2．事务复制

由于事务复制要不断地监视源数据库的数据变化，所以与快照复制相比，其服务器负载相对更要重。在事务复制中，当出版数据库发生变化时，这种变化就会被立即传递给订购者，并在较短时间内完成（几秒或更短），而不是像快照复制那样要经过很长一段时间间隔。因此，事务复制是一种几近实时地从源数据库向目标数据库分发数据的方法。由于事务复制的频率较高，所以必须保证在订购者与出版者之间要有可靠的网络连接。

事务复制只允许出版者对复制数据进行修改（若设置了立即更新订购者选项，则允许订购者修改复制数据），而不像合并复制那样，所有的节点（出版者和订购者）都被允许修改复制数据，因此事务复制保证了事务的一致性。它所实现的事务一致性介于立即事务一致性和潜在事务一致性之间。

3．合并复制

合并复制作为一种从出版者向订购者分发数据的方法，允许出版者和订购者对出版数据进行修改，而不管订购者与出版者是相互连接或断开，然后当所有（或部分）节点相连时便合并发生在各个节点的变化。

在合并复制中，每个节点都独立完成属于自己的任务。不像事务复制和快照复制那样订购者与出版者之间要相互连接，合并复制完全不必连接到其他节点，也不必使用 MS DTC 来实现两阶段提交，就可以在多个节点对出版进行修改，只是在某一时刻才将该节点与其他节点相连（此时所指的其他节点并不一定指所有其他节点），然后将所发生的数据变化复制到这些相连节点的数据库中。如果在复制时因更新同一数据而发生冲突，则数据的最终结果并不总是出版者修改后的结果，也不一定包含在某一节点上所做的所有修改。因为各节点都有自主权，都可以对出版物（复制数据）进行修改，这样在按照所设定的冲突解决规则对冲突处理之后，数据库最终的结果往往是包含了多个节点的修改。

8.1.6　任务实施

先为客户商场货物管理系统创建一个备份设备，然后为客户商场货物管理系统进行一次完整备份。

使用 Microsoft SQL Server Management Studio 创建备份设备的操作步骤如下：

1）在“对象资源管理器”中，单击服务器名称以展开服务器树。

2）展开“服务器对象”节点，然后用鼠标右键单击“备份设备”节点。

3）从弹出的快捷菜单中选择“新建备份设备”命令，打开“备份设备”窗口。

4）在“备份设备”窗口中输入设备名称并且指定该文件的完整路径，这里创建一个名称为“客户商场货物管理系统备份”的备份设备，如图 8-27 所示。

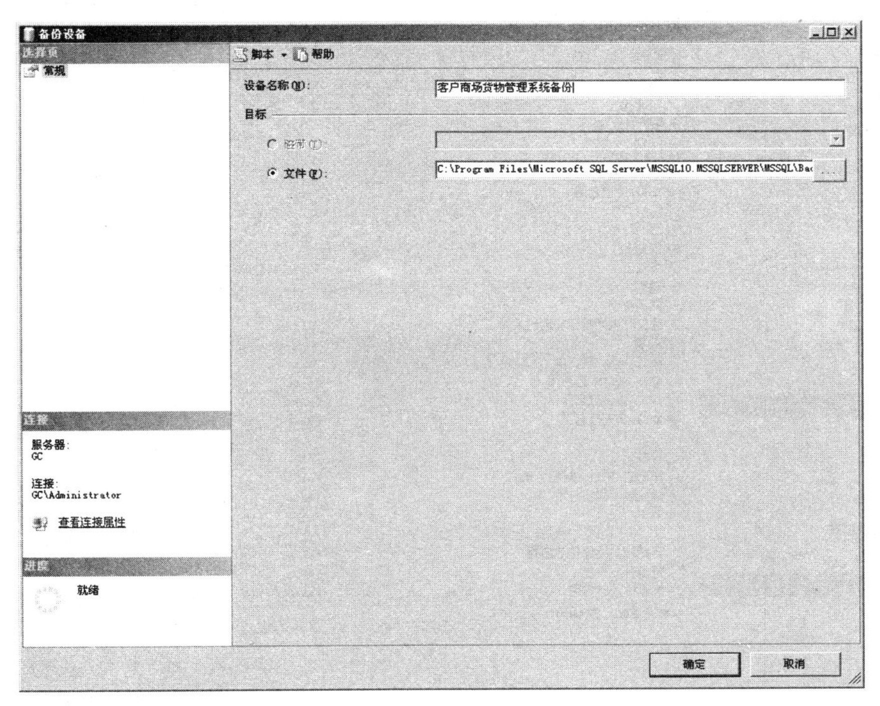

图 8-27　创建备份设备

5）单击“确定”按钮，完成备份设备的创建。展开“备份设备”节点，就可以看到刚

刚创建的备份设备

然后，需要对“商场货物管理系统”进行一次完整备份。使用 SQL Server Management Studio 对其进行完整备份的操作步骤如下：

1）打开 SQL Server Management Studio，连接服务器。

2）在对象资源管理器中，展开“数据库”节点，右击“商场货物管理系统”数据库，在弹出的快捷菜单中选择“属性”命令，打开“数据库属性”窗口。

3）在“选项”页面，确保恢复模式为完整恢复模式，如图 8-28 所示。

4）单击“确定”按钮应用修改结果。

5）右击数据库“商场货物管理系统”，在弹出的快捷菜单中选择“任务”→“备份”命令，打开“备份数据库”窗口，如图 8-29 所示。

6）在“备份数据库”窗口中，从“数据库”下拉菜单中选择“商场货物管理系统”数据库；“备份类型”项选择“完整”，保留“名称”文本框的内容不变。

7）设置备份到磁盘的目标位置，通过单击“删除”按钮，删除已存在默认生成的目标，然后单击“添加”按钮，打开“选择备份设备”对话框，选择以前建立的“客户商场货物管理系统备份”备份设备，如图 8-30 所示。

8）单击“确定”按钮返回“备份数据库”窗口，就可看到“目标”下面的文本框将增加一个“客户商场货物管理系统备份”备份设备。

图 8-28 选择恢复模式

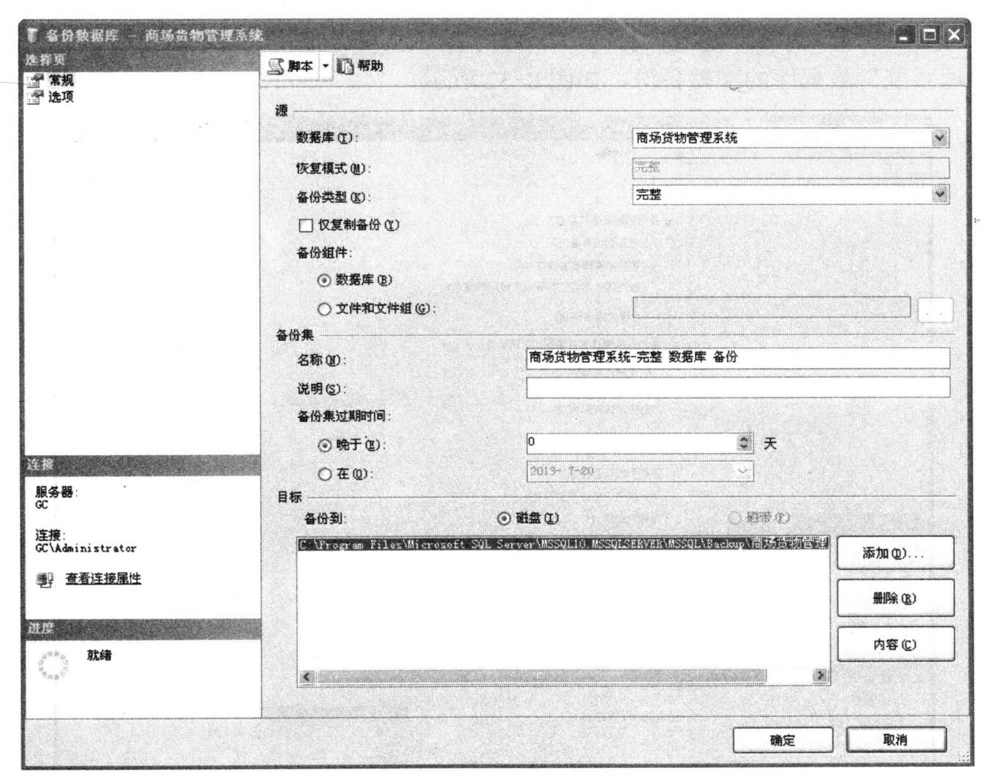

图 8-29　备份数据库

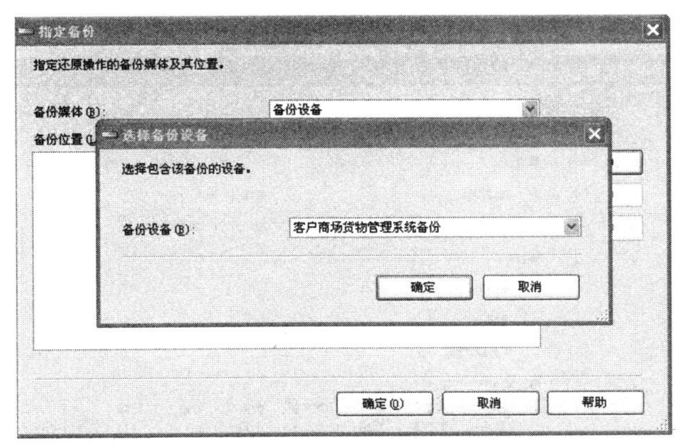

图 8-30　选择备份设备

9）打开“选项”页面，如图 8-31 所示。选择“覆盖所有现有备份集”单选按钮，勾选“完成后验证备份”复选框；选择“压缩备份”选项。

10）单击“确定”按钮，完成对数据库的备份。完成备份后将弹出“备份完成”对话框。

现在已经完成了数据库“商场货物管理系统”的一个完整备份。为了验证是否真的备份完成，下面来检查一下：

1）在 SQL Server Management Studio 的“对象资源管理器”窗口中，展开“服务器对象”节点下的“备份设备”节点。

2）右击备份设备“客户商场货物管理系统备份”，在弹出的快捷菜单中选择“属性”命令。

3）选中“媒体内容”选项，打开“媒体内容”选项页面，可以看到刚刚创建的“商场货物管理系统”数据库的完整备份，如图 8-32 所示。

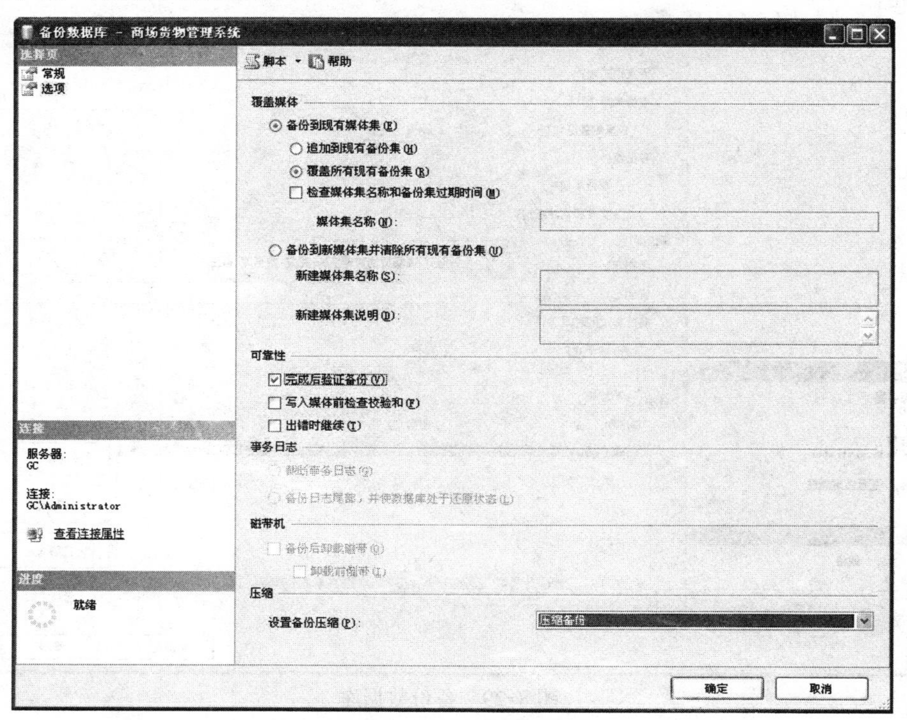

图 8-31 “选项”页面

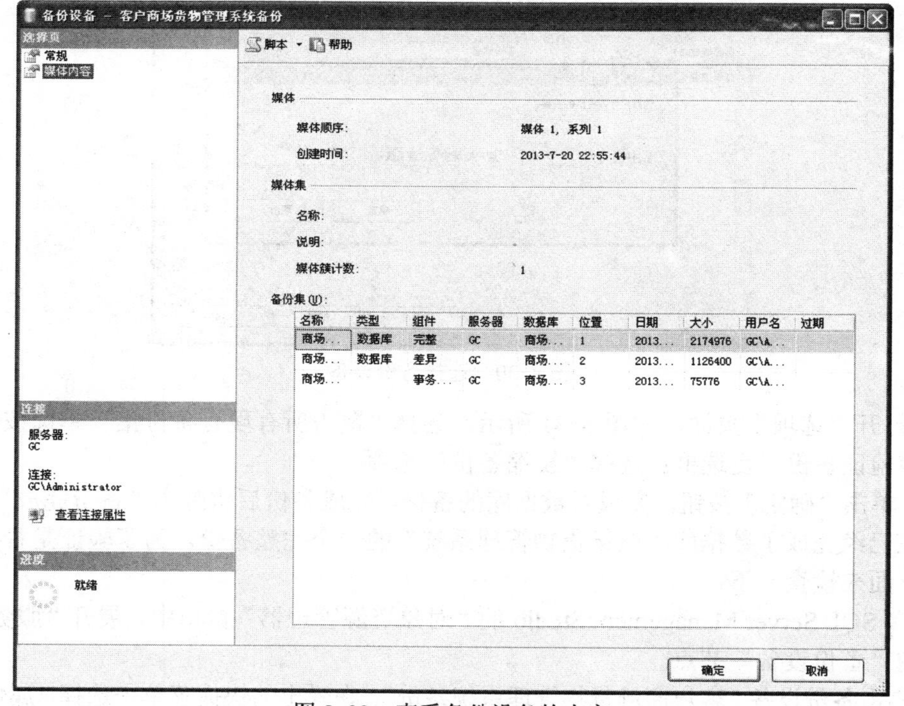

图 8-32 查看备份设备的内容

8.2　工作任务 2：商场货物管理系统中数据库分离/附加的设计任务描述与目标

1. 任务描述

本节的工作任务是介绍一种学习中常用的分离/附加方法，即把数据库文件（.mdf）和对应的日志文件（.ldf）复制到其他磁盘上作备份，然后把这两个文件再复制到任何需要这个数据库的系统之中。

2. 任务目标

1）学习 SQL Server 2008 数据库分离/附加方法。

2）了解并掌握客户回访数据库中数据库的分离/附加方法。

8.2.1　分离/附加数据库

分离/附加方法涉及 SQL Server 分离数据库和附加数据库这两个互逆操作工具。

1. 分离数据库

分离数据库就是将某个数据库（如 student_Mis）从 SQL Server 数据库列表中删除，使其不再被 SQL Server 管理和使用，但该数据库的文件（.mdf）和对应的日志文件（.ldf）完好无损。分离成功后，就可以把该数据库文件（.mdf）和对应的日志文件（.ldf）复制到其他磁盘中作为备份保存。分离数据库步骤如下：

1）打开 SQL Server Management Studio，连接服务器。在对象资源管理器中展开服务器节点。在数据库对象下找到需要分离的数据库名称，这里以“商场货物管理系统”数据库为例。右键单击“商场货物管理系统”数据库，在弹出的快捷菜单中选择“属性”命令，如图 8-33 所示，打开“数据库属性”窗口，如图 8-34 所示。

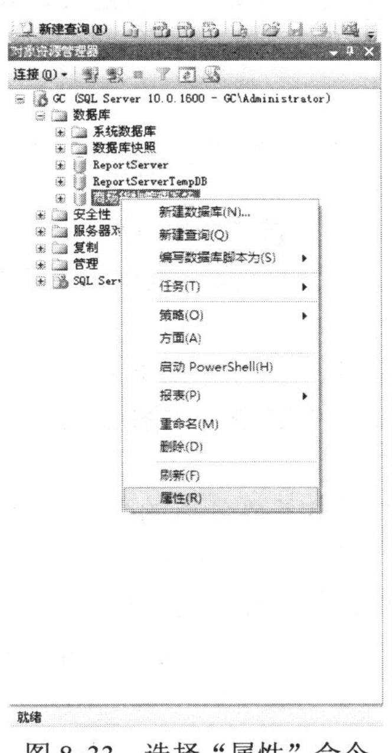

图 8-33　选择“属性”命令

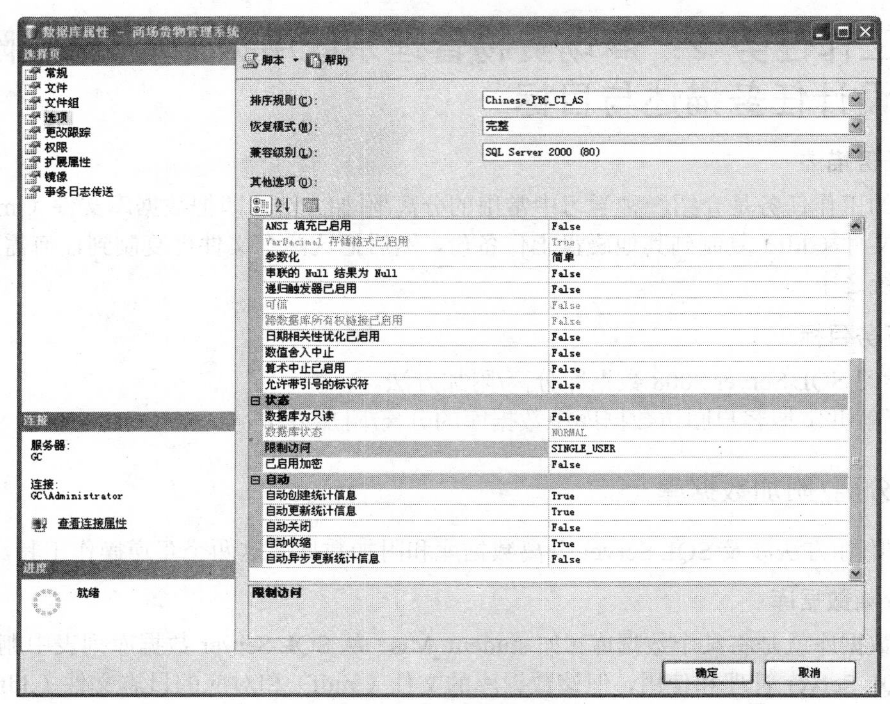

图 8-34 “数据库属性”窗口

2）在“数据库属性”窗口中打开“选项”页面，在“其他选项”列表中找到“状态”项，单击“限制访问”文本框，在其下拉列表中选择“SINGLE_USER”。

3）单击“确定”按钮后将出现一个消息框，通知此操作将关闭所有与这个数据库的连接，是否继续这个操作，如图 8-35 所示。

图 8-35 确认关闭数据库连接

注意：在大型数据库系统中，随意断开数据库的其他连接是一个危险的动作，因为无法知道连接到数据库上的应用程序正在做什么，也许被断开的是一个正在对数据复杂更新操作、且已经运行较长时间的事务。

4）单击“是”按钮后，数据库名称后面增加显示“单个用户”。右键单击该数据库名称，在快捷菜单中选择“任务”→“分离”命令，如图 8-36 所示，出现如图 8-37 所示的“分离数据库”窗口。

5）在“分离数据库”窗口中列出了要分离的数据库名称。勾选“更新统计信息”列的复选框。若“消息”列中没有显示存在活动连接，则“状态”列显示为“就绪”；否则显示“未就绪”，此时必须勾选“删除连接”列的复选框。

6）分离数据库参数设置完成后，单击“确定”按钮，就完成了所选数据库的分离操作。这时在对象资源管理器的数据库对象列表中就不显示刚才被分离的数据库名称“商场货物管理系统”了，如图 8-38 所示。

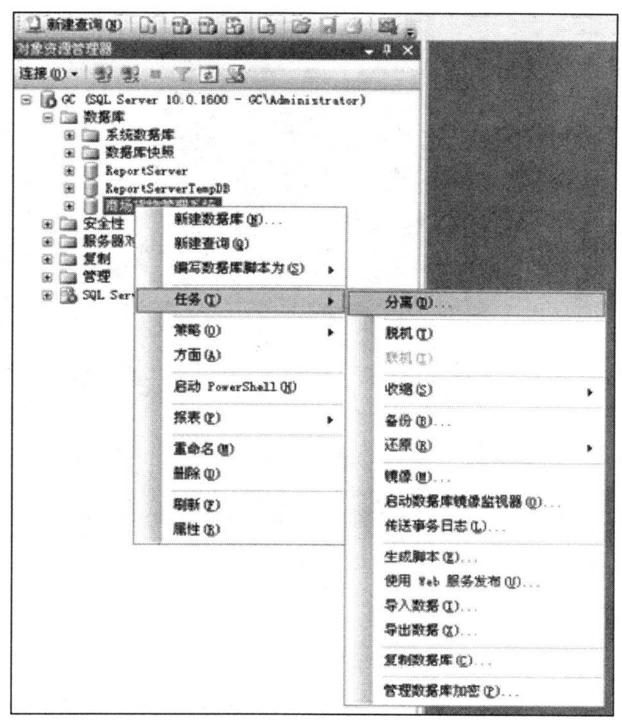

图 8-36　选择“任务”→“分离”命令

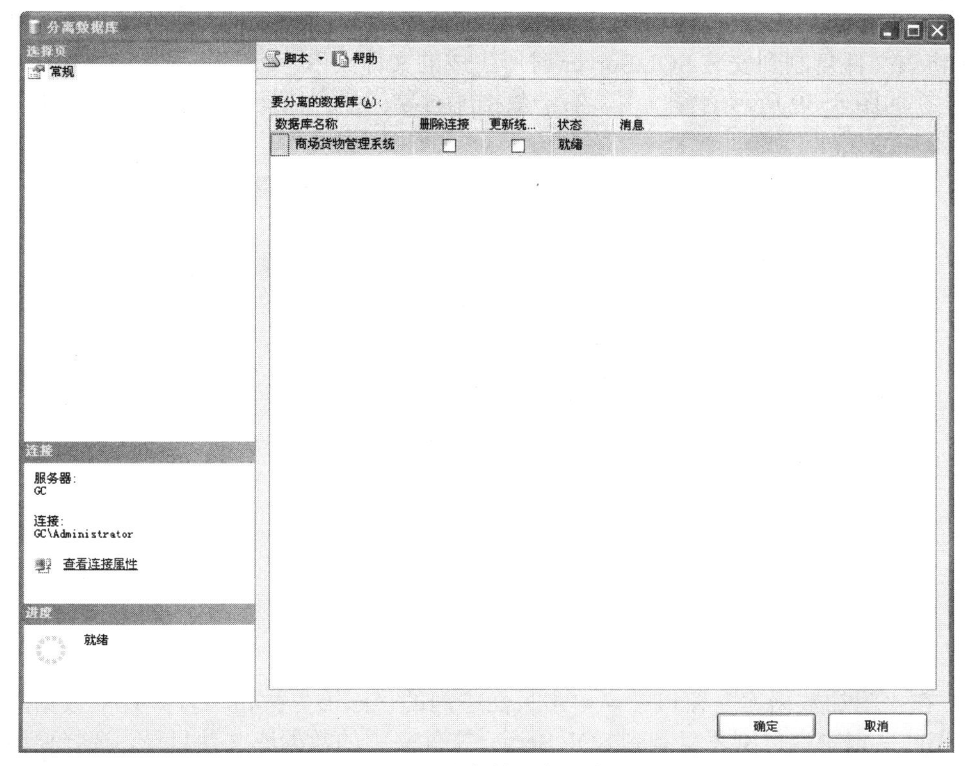

图 8-37　“分离数据库”窗口

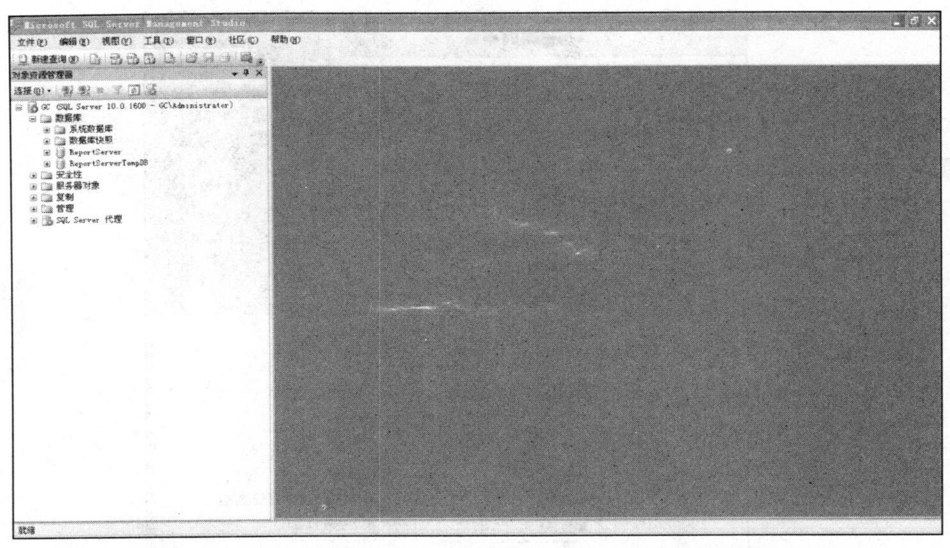

图 8-38 “商场货物管理系统”数据库被分离后的对象资源管理器窗口

2. 附加数据库

附加数据库就是将一个备份磁盘中的数据库文件（.mdf）和对应的日志文件（.ldf）复制到需要的计算机，并将其添加到某个 SQL Server 数据库服务器中，由该服务器来管理和使用这个数据库。附加数据库步骤如下：

1）将需要附加的数据库文件和日志文件复制到某个已经创建好的文件夹中。出于教学目的，将该文件复制到安装 SQL Server 时所生成的文件夹中。

2）在如图 8-39 所示的窗口中，右击数据库对象，并在快捷菜单中选择“附加”命令，打开“附加数据库”窗口。

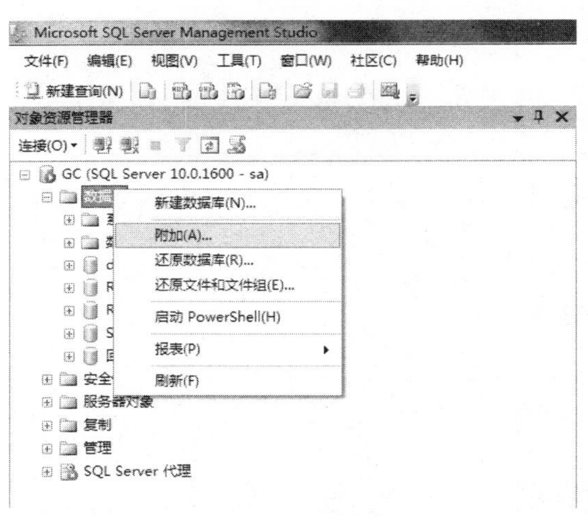

图 8-39 打开“附加数据库”窗口

3）在“附加数据库”窗口中，单击页面中间的“添加”按钮，打开定位数据库文件的窗口，在此窗口中定位刚才复制到 SQL Server 文件夹中的数据库文件目录，选择要附加的数据库文件，如图 8-40 所示。

图 8-40　定位数据库文件到“附加数据库”窗口中

4）单击“确定”按钮，就完成了附加数据库文件的设置工作。这时，在附加数据库窗口中列出了需要附加数据库的信息，如图 8-41 所示。如果需要修改附加后的数据库名称，则修改“附加为”文本框中的数据库名称。这里均采用默认值，因此，单击“确定”按钮，完成数据库的附加任务。

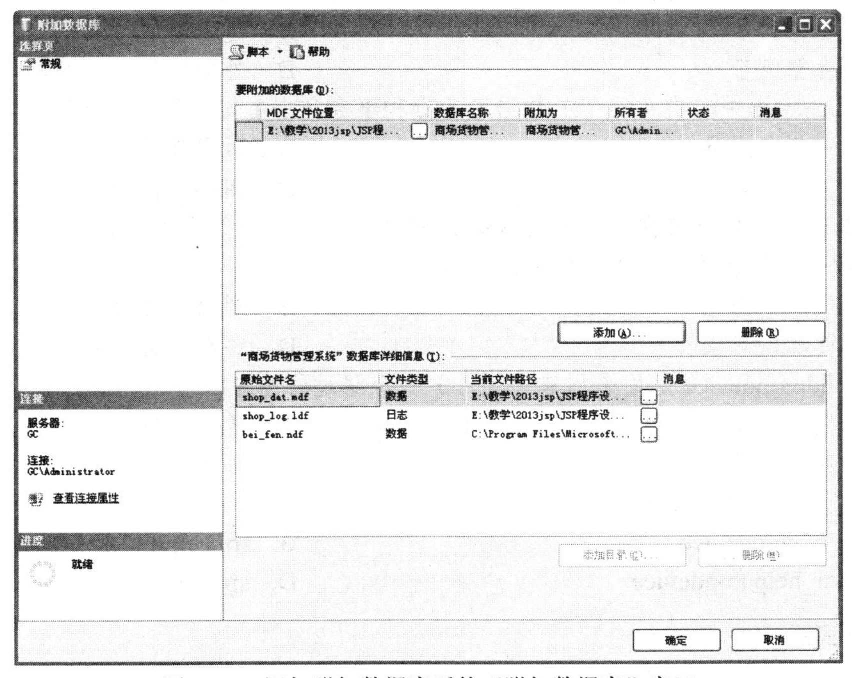

图 8-41　添加附加数据库后的“附加数据库”窗口

完成以上操作，在对象资源管理器中就可以看到刚刚附加的数据库“商场货物管理系统”，如图 8-42 所示。

图 8-42　已经附加了“商场货物管理系统”数据库的对象资源管理器窗口

以上操作可以看出，如果要将某个数据库迁移到同一台计算机的不同 SQL Server 实例中或其他计算机的 SQL Server 系统中，分离和附加数据库的方法是很有用的。

8.2.2　任务实施

利用分离/附加数据库的方法分离和附加商场货物管理系统数据库，具体操作步骤参考上一小节内容。

习　题　8

一、选择题

1. 备份设备是用来存储数据库事务日志等备份的（　　）。

   A. 存储介质　　B. 通用硬盘

   C. 存储纸带　　D. 外部设备

2. SQL Server 中，有（　　）数据库备份和事务日志备份 3 种备份方法。

   A. 一组与差异　　B. 通用与部分

   C. 完整与差异　　D. 相同与差异

3. 分离数据库是将数据库从 SQL Server 实例中（　　），但保持组成该数据库及其中的（　　）、数据文件和事务日志文件完好无损。

   A. 删除、对象　　B. 删除、文件

   C. 移动、对象　　D. 移动、文件

4. sp_addumpdevice 是用来创建（　　）的存储过程语句。

   A. 外部设备　　B. 通用设备

   C. 复制设备　　D. 备份设备

5. 查看备份设备的 T-SQL 语句是（　　）。

   A. sp_helpdevice　　B. sp_helpdb

   C. sp_helpumpdevice　　D. sp_adddevice

二、简答题

1. 在 SQL Server 中数据库备份方法有哪些？

2. 简述 SQL Server 中数据恢复模型。
3. 恢复数据库之前需要做的准备工作有哪些?
4. 简述“还原/附加”数据库的步骤。

拓展训练 8

1. 创建差异数据库备份。使用 RESTORE 语句创建数据库的差异备份，例如，对数据库 BookDateBase 创建差异备份。步骤提示:

1）启动 SQL Server Management Studio 后，新建查询窗口。

2）首先创建本地磁盘备份。可以使用 SQL Server Management Studio，也可以使用系统存储过程 sp_addumpdevice 创建备份设备，语句如下:

```
USE master
EXEC sp_addumpdevice 'disk','testbackup','e:\backup\testbackup.bak'
```

3）对数据库 BookDateBase 创建差异备份。并备份到刚才创建的备份设备 testbackup 中，可以使用如下语句:

```
BACK DATABASE BookDateBase
TO DISK='testbackup'
WITH DIFFERENTIAL,
NOINIT,
NAME='BookDateBase_diff backup',
DESCRIPTION='differential backup of BookDateBase on disk'
```

2. 还原数据库的文件组备份。使用 RESTORE 语句对数据库的文件组进行恢复。假设现在存在一个本地磁盘备份设备 filebackup，并且其中包含 BookDateBase 数据库的一个文件 BookDateBase_2 的备份文件。现在需要使用 RESTORE 语句对其进行完整恢复，使其恢复到可用状态。步骤提示:

1）启动 SQL Server Management Studio。

2）在 SQL Server Management Studio 中新建一个查询。

3）使用 RESTORE 语句对 BookDateBase 数据库中的文件“BookDateBase”进行恢复，可以使用如下语句:

```
Use master
RESTORE DATABASE BookDateBase
File='BookDateBase_2'
FROM filebackup
WITH RECOVERY
```

第 9 章　数据库的连接与访问

➘ 本章的工作任务

本章主要介绍 VB 应用程序访问 SQL Server 2008 数据库几种常用的方法，分别说明了每种方法的内部机理并给出了每种方法的一个简单的实例，最后完成一个完整的数据库应用系统——商场货物管理系统。

9.1　工作任务 1：VB 访问 SQL Server 2008 数据库的几种方法

➘ 任务描述与目标

1. 任务描述

本节的工作任务是了解并掌握 SQL Server 2008 数据库的访问方法。

2. 任务目标

1）学习 SQL Server 2008 数据库的访问方法。

2）学习商场货物管理系统的开发和设计过程。

9.1.1　数据库访问

VB（Visual Basic）作为一种面向对象的可视化编程工具，具有简单易学、灵活方便和易于扩充的特点，而且 Microsoft 为其提供了与 SQL Server 通信的 API 函数集及工具集。因此，它越来越多地用作大型公司数据和客户机—服务器应用程序的前端，与后端的 Microsoft SQL Server 相结合，能够提供一个高性能的客户机—服务器方案。

使用 VB 作为前端开发语言，与 SQL Server 接口有以下几种常用的方法：

1）DAO/Jet。

2）利用 ODBC API 编程。

3）RDO。

4）ADO。

1. 数据访问对象/Jet

VB 支持 DAO（Data Access Objects，数据访问对象）的子集。DAO 的方法虽然不是性能最好的管理客户机—服务器之间的对话方式，但它的确有许多优点。DAO/Jet 是为了实现从 VB 访问 Access 数据库而开发的程序接口对象。使用 DAO 访问 SQL Server 的过程如下：应用程序准备好语句并送至 Jet，Jet 引擎（MASJT200.DLL）优化查询，载入驱动程序管理器并与之通信，驱动程序管理器（ODBC.DLL）通过调用驱动器（SQLSRVR.DLL）的函数，实现连接到数据源，翻译并向 SQL Server 提交 SQL 语句且返回结果。下面是一个用 DAO 访问 SQL Server 的 VB 实例：

```
Dim mydb As Database
Dim mydynaset As Dynaset
Private Sub Form_Load()
Set mydb = OpenDatabase("", False, False, "ODBC; DSN=MyServer; WSID=LCL
DATABASE = sales")
Set mydynaset = mydb CreateDynaset("select*from Customers")
End Sub
```

上述例子是以非独占、非只读方式打开 sales 数据库，并检索 Customers 表中的所有字段。OpenDatabase 函数的最后一个参数是 ODBC 连接字符串参数，它指明了 Microsoft Access 连接到 SQL Server 所需要知道的一些内容。其中“DSN”为数据源名，“WSID”为工作站名，“DATABASE”为所要访问的数据库名。

2. 利用 ODBC API 编程

ODBC（开放数据库互连）的思想是访问异种数据库的一种可移植的方式，与数据资源对话的公用函数组装在一个称为驱动程序管理器（ODBC.DLL）的动态连接中。应用程序调用驱动程序管理器中的函数，而驱动程序管理器反过来通过驱动器（SQLSRVR.DLL）把它们送到服务器中。

下面的代码使用上面一些函数先登录到一个服务器数据库，并为随后的工作设置了语句句柄：

```
Global giHEnv As Long
Global giHDB As Long
Global giHStmt As Long
Dim myResult As integer
Dim myConnection As String
Dim myBuff As String*256
Dim myBufflen As Integer
If SQLAllocEnv(giHEnv)<>SQL_SUCCESS Then
MsgBox"Allocation couldn't happen!"
End If
If SQLAllocConnect(giHEnv,giHDB)<>SQL_SUCCESS Then
MsgBox "SQL Server couldn't connect!"
End If
myConnection="DSN=myServer; UID=LCL; PWD=; APP=ODBCTest; WSID=LCL; DATABASE=sales"
myResult=SQLDriverConnect(giHDB, Test, form1.hWnd, myConnection.len(myConnection), myBuff, 256,
myBufflen, SQL_DRIVER_COMPLETE_REQUIED)
myResult=SQLAllocStmt(giHDS, giHStmt)
myResult=SQLFreeStmt(giHStmt, SQL_CLOSE)
rsSQL="select * from Customers Where City = "Hunan""
myResult = SQLExecDirect(giHStmt, rsSQL, Len(rsSQL))
```

3. RDO

要讨论 RDO（Remote Data Objects，远程数据对象），就必然要谈到 DAO。RDO 是从 DAO 派生出来的，但两者最大的不同在于其数据库模式。DAO 是针对“记录（Records）”

和“字段（Fields）”，而 RDO 是作为“行（Rows）”和“列（Columns）”来处理的。也就是说，DAO 是 ISAM 模式，RDO 是关系模式。此外 DAO 是访问 Access 的 Jet 引擎（Jet 是 ISAM）的接口，而 RDO 则是访问 ODBC 的接口。可见，RDO 是综合了 DAO/Jet、VBSQL/DBLib 以及 ODBC 的优点的对象（Object）。需要强调的是，RDO 是包裹着 ODBC API 的一层薄薄的外壳，被设计成在后台（服务器端）有数据库存在的前提下运行，同时也是针对 SQL Server 和 Oracle 而特别设计的。RDO 的优势在于它完全被集成在 VB 之中。此外，直接访问 SQL Server 存储过程、完全支持 T-SQL、T-SQL 调试集成在开发环境中、Visual Database Tools 的集成化等，也是 RDO 的长处。在 RDO 的对象和集合中，有很多对数据库的状态和设定进行操作的属性（Property），以及对数据库进行操作的方法（Method）。利用这些，从 RDO 2.0 起就可以开发事件驱动的数据库应用程序。

RDO 对象与 VB 中其他对象的概念相同。与 VB 用的 ActiveX 控件（以往称为 Custom Control 或 OCX、VBX）相似，RDO 也带有属性和方法；但同 Spread、InputMan 等普遍应用的 ActiveX 控件不同，RDO 没有自己的用户界面，因而可以和 VB 标准的 Timer 控件归为同一类。当然也可以将 RDO 看做调用 ODBC API 函数，进而成为对后台数据库操作加以控制的对象。在 RDO 的属性和方法中，包含了对单个的 ODBC API 函数以及一连串 API 函数的调用。

（1）RDOEngine对象

最初调用 RDO 对象以及 RDC（远程数据控件）时，自动生成 RDOEngine 对象的附带事件（Incident）。RDOEngine 用于对 RDO 全局属性的参数、选项进行设置，是在 RDO 的阶层结构内处于最上层的对象，包含了所有的其他对象。RDOEngine 对象与 DAO/Jet 不同，虽然被多个应用程序共享，但体现 RDOEngine 对象的设定值的属性却并不共用，而是在各自的应用程序的程序界面中对其分别加以设定。这些设定值对其他使用 RDO 以及 RDC 的应用程序没有任何影响。RDOEngine 不是集合的要素，而是重新定义的对象，RDOEngine 对象不能被追加做成对象属性的初值。

（2）RDOEnvironment对象

RDO 对象在自动创建 RDOEngine 对象时，将 RDOEnviroment 对象的初始值生成并保存为 RDOEnviroments (0)。一般情况下，应用程序中不必追加 RDOEnvironment 对象，大多只需对已有的 RDOEnviroments (0) 进行操作就可以了。只有在支持一个以上事务（Transaction），需要将用户名和口令信息分别处理的情况下，利用 RDOCreateEnvironment 方法将特定的用户名和口令值做成新的 RDOEnvironment 对象。在这个方法中可以指定固有名、用户名和口令，如果所指定的值与 RDOEnvironments 集合的已经存在的成员名称相同，会产生错误。新建的 RDOEnvironment 对象自动追加在 RDOEnvironments 集合的最后。调用 RDOCreateEnvironment 方法时，其 name 参数可以是长度为 0 的文字列，这时新的 RDOEnvironment 对象将不会被追加在 RDOEnvironments 集合之中。

（3）RDOConnection对象

RDOConnection 对象用于同 SQL Server 的连接管理。下面是与 SQL Server 连接的例子。

1）使用 OpenConnection 方法的一个实例。设定的 DSN 为 MyDSN，语句如下：

```
Dim Cn As RDOConnection
Dim En As RDOEnvironment
Dim Conn As String
```

```
Conn = "DSN = MyDSN; UID = Jacob;" amp; "PWD = 123456; DATA BASE = MyDb;"
Set Cn= En.OpenConnection("", rdDriverPrompt, False, Conn)
Set Cn= En.OpenConnection(Prompt:= rdDriverPrompt, ReadOnly:= False,Connect:= Conn)
```

2）使用 EstablishConnection 方法的一个实例。这里以独立的 RDOConnection 对象为例说明与 SQL Server 的连接，语句如下：

```
Public WithEvents Eng As RDOEngine
Public WithEvents Cn As RDOConnection
Private Sub Form_Load()
Set Eng = New RDOEngine
Set Cn = New RDOConnection
With Cn
.Connect = "UID = ; PWD = ;" amp; "DATABASE = pubs; DSN = biblio"
.LoginTimeout = 5
.EstablishConnection RDODriverNoPromt, True, rdAsyncEnable
End With
End Sub
```

在这个例子中，Form_Load()函数对 RDOEngine 和 RDOConnection 对象进行初始化。这里有一点需要注意，RDOConnection 对象是处于独立的状态之下，即使是处于未连接状态也可以设置属性的值。接下来是 RDOConnect 对象的事件处理程序。从 RDO 2.0 起可以实现异步方式（rdAsyncEnable），EstablishConnection 就设定为该值。在异步状态下，不必等待与数据库的连接，程序可以迅速从 Form_Load()函数中退出。然后是 BeforeConnect 事件，该处理在与数据库的连接开始以前被激发，此时不能进行有关终止连接的操作：

```
Private Sub Cn_BeforeConnect(ConnetString As String, Pro mpt As Variant)
MsgBox "正在连接" amp; ConnectString, vbOKOnly, "连接前"
End Sub
```

连接完成之后的事件处理，语句如下：

```
Private Sub Cn_Connect(ByVal ErrorOccurred As Boolean)
Dim M As String
If ErrorOccurred Then
For Each er In RDOErrors
M = M er amp; vbCrLf amp; M
Next
MsgBox "连接失败" amp; vbCrLf amp; M
Else
MsgBox "连接成功"
注释：这是确认连接状态的测试代码
Cn.Excute "use pubs"
End Sub
```

RDO 连接处理结束后，在该事件中确认连接成功与否。连接成功的情况下 ErrorOccurred 返回 False，失败时为 True，由此可以对 RDOErrors 集合进行检测：

```
Private Sub Eng_InfoMessage()
For Each er In RDOErrors
Debug.Print er
Next
RDOErrors.Clear
End Sub
```

不能与 SQL Server 连接的原因有多种多样，有可能是由于对数据库的访问权限、网络连接问题、数据库表的信息错误、SQL Server 同时连接的许可数和资源不足等造成的，具体情况需要与网络管理员商量。断开连接的操作非常简单，但又很重要，因为 RDO 不提供自动断开的功能。

```
Cn.Close
Set Cn = Nothing        注释：释放对象所占的内存资源
En.Close
Set En = Nothing        注释：释放对象所占的内存资源
```

VB 是对象语言，Form、ActiveX 控件也都是对象。使用对象后必须养成将对象设为 Nothing，从而把它从内存中释放的编程习惯。这样可以预防很多不可预测的错误，往往程序中发生原因不明的错误时，其原因就在于此。

4．ADO

ADO（ActiveX Data Objects，ActiveX 数据对象）是基于全新的 OLE DB 技术，OLE DB 可对电子邮件、文本文件、复合文件和数据表等各种各样的数据通过统一的接口进行存取。随着 ActiveX 控件的升级，RDO 将被以 ActiveX 技术为基础的 ADO 接口所替代。下面介绍基于 ActiveX 技术的 ADO 访问 SQL Server 数据库的技术和方法。基于浏览器的 ADO 接口常用函数如下：

（1）取当前的工作数据库

由于管理任务一般都必须在 master 库中完成，因此在执行管理任务之前，最好保存当前工作库，以便完成任务之后再切换回原来的任务。

```
Public Function SQLGetCurrentDatabaseName(Cn As ADODB.Connection) As String
Dim sSQL As String
Dim RS As New ADODB.Recordset
On Error GoTo errSQLGetCurrentDatabaseName
sSQL="select CurrentDB=DB_NAME ( )"
RS.Open sSQL, Cn
SQLGetCurrentDatabaseName=Trim $ (RS! CurrentDB)
RS.Close
Exit Function
errSQLGetCurrentDatabaseName:
SQLGetCurrentDatabaseName=" "
End Function
```

（2）取SQL Server安装目录下的DATA子目录路径

取 SQL Server 的设备文件默认目录，返回如 D:\MSSQL DATA。

```
Public Function SQLGetDataPath(Cn As ADODB.Connection) As String
Dim sSQL As String
Dim RS As New ADODB.Recordset
Dim sFullPath As String
On Error GoTo errSQLGetDataPath
sSQL="select phyname from master..sysdevices where name=注释：master 注释："
RS.Open sSQL, Cn
sFullPath = RS! phyname
RS.Close
SQLGetDataPath=Left $ (sFullPath, Len(sFullPath) -10)  注释：MASTER.DAT 的大小
Exit Function
errSQLGetDataPath:
```

```
SQLGetDataPath=" "
End Function
```

（3）创建一个新数据库

```
Public Function SQLCreateDatabase65 (Cn As ADODB.Connection,sDBName As String,
sDataDeviceName As String, nDataSize As Integer, Optional sLogDeviceName,
Optional nLogSize) As Boolean
Dim sSQL As String
On Error GoTo errSQLCreateDatabase65
Dim sDB As String
sDB =SQLGetCurrentDatabaseName(Cn)
sSQL = "USE master"
Cn.Execute sSQL
sSQL ="CREATE DATABASE" amp; sDBName
sSQL = sSQL amp;" ON " amp; sDataDeviceName amp; "=" amp; nDataSize
If Not IsMissing(sLogDeviceName) And Not IsMissing(nLogSize) Then
sSQL = sSQL amp; "LOG ON" amp; sLogDeviceName amp; "="amp; nLogSize
End If
Cn.Execute sSQL
sSQL = "USE" amp; sDB
Cn.Execute sSQL
SQLCreateDatabase65 = True
Exit Function
errSQLCreateDatabase65:
On Error Resume Next
sSQL = "USE " amp; sDB
Cn.Execute sSQL
SQLCreateDatabase65 = False
End Function
```

（4）判断一个数据库是否存在

```
Public Function SQLExistDatabase(Cn As ADODB.Connection, sDBName As String) As
Boolean
Dim sSQL As String
Dim RS As New ADODB.Recordset
Dim bTmp As Boolean
on Error GoTo errSQLExistDatabase
sSQL = "select CntDB = count ( * ) "
sSQL = sSQL amp; "from master.dbo.sysdatabases"
sSQL = sSQL amp; "Where name = 注释：  "amp; sDBName amp; " 注释：  "
RS.Open sSQL, Cn
If RS! CntDB = 0 Then bTmp = False Else bTmp = True
RS.Close
SQLExistDatabase = bTmp
Exit Function
errSQLExistDatabase:
SQLExistDatabase = False
Exit Function
End Function
```

（5）删除一个数据库

```
Public Function SQLDropDatabase (Cn As ADODB.Connection, sDBName As String) As
```

```
Boolean
Dim sSQL As String
On Error GoTo errSQLDropDatabase
If Not SQLExistDatabase(Cn, sDBName) Then
SQLDropDatabase = True
Exit Function
End If
Dim sDB As String
sDB = SQLGetCurrentDatabaseName(Cn)
sSQL = "Use master"
Cn.Execute sSQL
sSQL = "DROP DATABASE " amp; sDBName
Cn.Execute sSQL
sSQL = "USE " amp; sDB
Cn.Execute sSQL
SQLDropDatabase = True
Exit Function
errSQLDropDatabase:
On Error Resume Next
sSQL = "USE " amp; sDB
Cn.Execute sSQL
SQLDropDatabase = False
End Function
```

用VB开发基于SQL Server的数据库系统，以上几种访问SQL Server的方法各有各的特点。DAO方法是基于对象的，因而便于使用，但是它是从VB到SQL Server最慢的连接方式。ODBC API方法通用性好，允许最强的互操作性，编程简单，但速度慢于VBSQL方法。VBSQL方法通过VBSQL控件，提供了重要的SQL Server前端应用程序所需的灵活性、强大功能和良好性能。它具有真正的事件驱动及错误处理能力，完全支持异步处理、游标和计算列等。这些都是VBSQL方法超出其他方法的优势，但其编程稍复杂。RDO是位于ODBC API之上的一个对象模型层，它依赖ODBC API、ODBC驱动程序以及后端数据库引擎来实现，用RDO所需的程序短小（约250KB）、快速。RDO具备基本的ODBC处理方法，可直接执行大多数ODBC API函数，RDO包含在VB 4.0/5.0企业版中，由MSRDO32.DLL动态连接库来实现。RDO是综合了DAO/Jet、VBSQL/DBLib和ODBC的优点的对象模型，包含ODBC API应用层，设计为在后台（服务器端）有数据库存在的前提下运行，是针对SQL Server和Oracle而特别设计的。但微软已宣布今后不再对VBSQL/DBLib进行升级，而ODBC API函数一般的编程方式也不为人们所喜爱，RDO的应用将逐渐减少。至于实际使用哪一种接口方式，在很大程度上依赖于用户的应用程序的具体情况而定。

近来随着Web应用软件的迅速发展和现有数据存储形式的多种多样，VB访问数据库的解决方案面临诸如快速提取分布于企业内部和外部有用商业信息等的多种挑战。为此Microsoft提出一种新的数据库访问策略，即“统一数据访问”（Universal Data Access）的策略。“统一数据访问”提供了高性能的存取包括关系型和非关系型在内的多种数据源，提供独立于开发工具和开发语言的简单的编程接口，这些技术使得企业集成多种数据源、选择更好的开发工具、应用软件、操作平台和建立容易维护的解决方案成为可能。“统一数据访问”的基础是Microsoft的数据访问组件，包括ActiveX Data Objects（ADO）、Remote Data Service

（RDS，也称“高级数据连接器”或 ADC）、OLEDB 和 ODBC。

9.1.2　任务实施

利用 ADO 对象操作 SQL Server 2008 数据库。编写一个利用 ADO 数据模型连接数据库的实例，以显示数据库记录内容，并可移动记录位置，从而进行数据的浏览，控件设置见表 9-1。

表 9-1　示例工程添加各控件属性设置

控件名称	属　　性	属性值
Form1	Borderstyle	1-fix single
	Caption	使用 ADO 对象操作数据记录行
	Statupposition	2-屏幕中心
Text1～Text6	Text	空
Label1～Label6	Caption	货物编号、货物名称、货物类型、货物数量、货物价格、货物描述
Command1～Command7	Caption	首记录、下一条记录、上一条记录、尾记录、增加、删除、退出

实例运行效果如图 9-1 所示，具体设计过程如下：

1）新建一个标准 EXE 工程，窗体名称为 Form1。在窗体上添加 5 个 textbox 控件、5 个 label 控件和 7 个 command 控件，各控件排列如图 9-1 所示。其中 7 个 command 控件分别用于显示首记录、下一条记录、上一条记录、尾记录、增加、删除和退出。

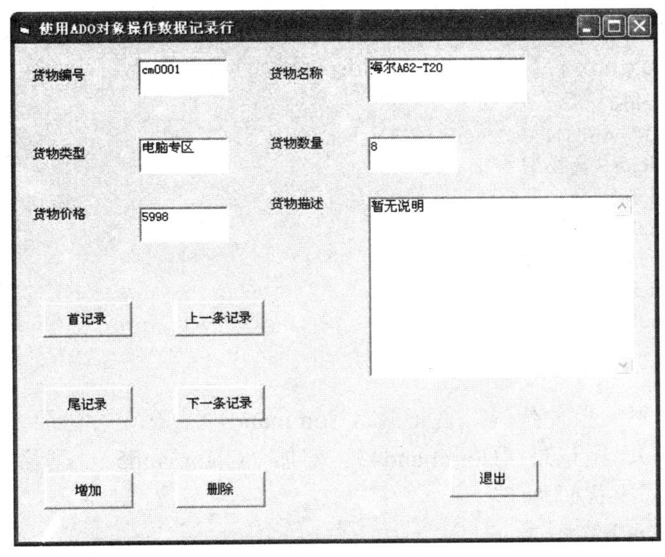

图 9-1　运行界面对话框

2）选择菜单栏中的“工程”→“引用”命令，弹出“引用”→“工程”对话框，选取“Microsoft Active Data Objec 2.6 library”或更高版本的 ADO 组件对象，如图 9-2 所示。单击“确定”按钮，该设置不会出现在工具栏中，但已经完成了到 ADO 模型的引用。接下来使用 ADO 模型来对数据库控件进行连接等操作，并完成记录集和字段等的设置。

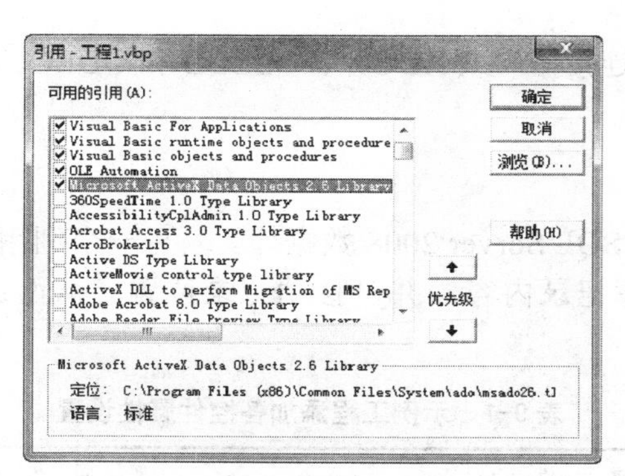

图 9-2　引用 ADO 对象过程对话框

3）对 ADO 模型实例化。首先声明这些需要的对象，代码如下：

```
Dim db As New ADODB.Connection
Dim adotable As New ADODB.Recordset
Dim strcon As String
Dim strsql As String
```

编写与数据连接相关的代码（可以放在 form 的 load 事件当中）：

```
strcon = "Provider=SQLOLEDB.1; Persist Security Info=False; User ID=sa; Initial Catalog=商场货物管理系统数据库; Data Source=GC"
db.ConnectionString = strcon
db.Open strcon, "sa", "1010", "-1"
strsql = "select *from product"
adotable.Open strsql, db, 3, 3
showfields
```

4）各个 textbox 控件需要与数据源进行连接，所以加入一个 showfields()函数，用来将当前记录分别显示到 textbox 控件中。showfields()函数的代码如下：

```
Private Sub showfields()
If (Not adotable.EOF) And (Not adotable.BOF) Then
Text1 = adotable.Fields("货物编号")
Text2 = adotable.Fields("货物名称")
Text3 = adotable.Fields("货物类型")
Text4 = adotable.Fields("货物价格")
Text5 = adotable.Fields("货物数量")
Text6 = adotable.Fields("货物描述")
End If
End Sub
```

5）给记录指针添加控件代码，首记录（Command1）、下一条记录（Command2）、上一条记录（Command3）、尾记录（Command4）、增加（Command5）、删除（Command6）和退出（Command7），程序代码如下：

```
Private Sub Command1_Click()
adotable.MoveFirst
showfields
End Sub
Private Sub Command2_Click()
If Not adotable.BOF Then
adotable.MovePrevious
Else
```

```
adotable.MoveFirst
End If
showfields
End Sub
Private Sub Command3_Click()
If Not adotable.EOF Then
adotable.MoveNext
Else
adotable.MoveLast
End If
showfields
End Sub
Private Sub Command4_Click()
adotable.MoveLast
showfields
End Sub
Private Sub Command5_Click()
adotable.AddNew
adotable.Fields("货物编号")= Text1
adotable.Fields("货物名称")= Text2
adotable.Fields("货物类型")= Text3
adotable.Fields("货物价格")= Text4
adotable.Fields("货物数量")= Text5
adotable.Fields("货物描述")= Text6
End Sub
Private Sub Command6_Click()
adotable.Delete
adotable.MoveNext
If adotable.EOF Then
adotable.MovePrevious
End If
adotable.Update
showfields
End Sub
Private Sub Command7_Click()
Unload Me
End Sub
```

6）单击工具栏中的“保存”图标按钮，将工程保存为 VB_ADO 对象_SQL.vbp 即可。

9.2　工作任务 2：商场货物管理系统开发案例

任务描述与目标

1. 任务描述

本节的工作任务是完成商场货物管理系统的设计和开发。

2. 任务目标

1）学习商场货物管理系统的分析和设计过程。

2）学习商场货物管理系统的客户端和服务器端的设置。

9.2.1 需求分析

计算机在管理中的应用开始于1954年，当时美国首先用计算机处理商场货物单。50多年来，计算机在处理管理信息方面发展迅速。我国在全国范围内推广计算机在管理中的应用虽然起步较晚，但近几年发展较快，特别是微型计算机的出现和普及，为信息处理供了方便快捷的手段，对于推动我国管理信息处理的现代化起了重要的作用。电子信息处理的主要目标是提高管理人员处理日常事物的效率，节省人力。

随着我国国民经济建设的蓬勃发展和具有中国特色的社会主义市场经济体制的迅速完善，各个行业都在积极使用现代化管理手段，不断改善服务质量，提高工作效率，这些都在很大程度上给商业公司提出越来越严峻的挑战，对商业公司无论是在行政能力、管理水平以及优质服务上都提出更高的要求。建设一个科学高效的信息管理系统是解决这一问题的必由之路。公司内部客户信息管理是该公司运用现代化技术创造更多更高的经济效益和社会效益的主要因素之一。商场货物信息管理作为公司内部的一种数据管理也是如此，由于面对客户数量庞大，每一位客户具体信息不尽相同，各项数据信息如果没有一个完整的管理系统来进行管理，势必会给工作人员带来种种不便，因此类似商场货物管理系统之类的应用软件的开发势在必行。检索迅速、查找方便、可靠性高、存储量大、保密性好、寿命长和成本低等优点能够极大地提高企业信息管理的效率，也是企事业单位科学化、正规化管理的重要条件。

商场货物管理系统的开发本着结合配件管理在实践中的应用，选择在Windows 2000以上操作系统平台上进行开发，软件开发使用微软公司可视化编程语言工具Visual Basic 6.0，因为它简便易用，属于面向对象编程，省时省力。数据库选用SQL Sever 2008数据库系统。这样，既比以前节省了时间，又使操作变得更加简捷易懂。

9.2.2 数据库概要设计

（1）数据库库结构设计

1）基本实体设计。

2）核心业务设计（主业务实体设计）。

3）关联业务设计（关联实体设计）。

4）数据完整性设计。

（2）数据库连接设计

注意不同的数据库驱动程序不同，选择所采用数据库对应的驱动程序构造数据库连接字符串，并驱动数据库。

（3）根据需求为用户准备数据（视图）

用户需要的数据往往不能由单独的一个数据表提供，而是来源于多张数据表，所以这部分数据要提前准备，在需要时方便使用，这项功能由视图提供支持。

（4）数据库访问设计

1）高频度访问需求处置。

2）低频度访问需求处置。

3）不确定访问需求处置。

（5）备份与还原设计

备份采用 BACKUP DATABASE 命令；还原采用 RESTORE DATABASE 命令。需要强调的是无论备份还是还原，都需要关闭用户进程，防止其他用户正在使用数据库，导致数据备份/恢复失败。

9.2.3　数据库详细设计步骤

（1）基本实体设计

1）Product 表结构设计。

2）main_type 表结构设计。

3）Orders 表结构设计。

4）客户表结构设计。

（2）核心业务设计（主业务实体设计）

Product 表结构设计。

（3）关联业务设计（关联实体设计）

1）demo 单表结构设计。

2）OrderDetails 单表结构设计。

3）Idea 表结构设计（以上内容参见 2.2.1）。

（4）数据完整性设计

在本设计中，除需要解决一般性问题外，主要解决保险合同表中保险份数与保费和保额之间的约束联动关系。

（5）数据库关系图

数据库关系图如图 9-3 所示。

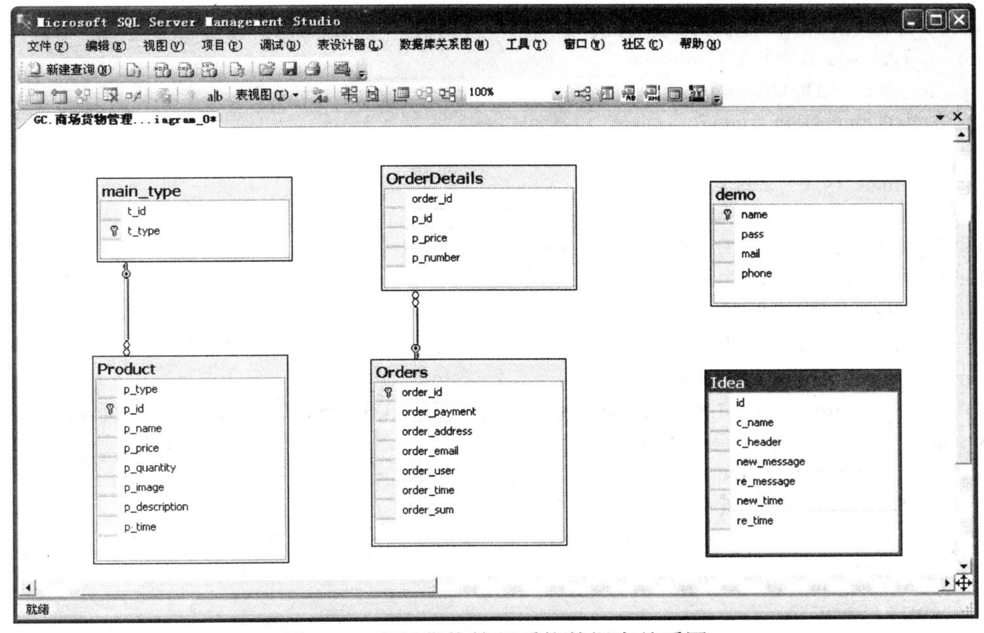

图 9-3　商场货物管理系统数据库关系图

9.2.4 数据库连接设计

商场货物管理系统中所有与数据库连接的地方都采用 ADO 对象方法，选择菜单栏中的“工程”→“引用”命令，弹出“引用-工程”对话框，选取“Microsoft Active Data Objec 2.6 library”或更高版本的 ADO 组件对象，该设置不会出现在工具栏中，但已经完成了到 ADO 模型的引用。接下来使用 ADO 模型来对数据库控件进行连接等操作，并完成记录集和字段等的设置。

```
Dim conn As New ADODB.Connection          //标记连接对象
Dim connectionstring As String
connectionstring = "Provider=SQLOLEDB.1; Integrated Security=SSPI; Persist Security Info=False; Initial Catalog=商场货物管理系统数据库; Data Source=."  //SQL Windows 验证模式
connectionstring="Provider=SQLOLEDB.1; Password=1010; PersistSecurity Info=True; User ID=sa; Initial Catalog=商场货物管理系统数据库; Data Source=GC"  //SQL 混合验证模式
conn.Open connectionstring
```

9.2.5 数据库访问设计

（1）高频度访问需求处置

1）存储过程定义。

```
CREATE PROCEDURE wee
@a1 char(10),
@a2 char(10)
AS
SQL = "select * from Product where p_time between '" & DTPicker1.Value & "' and '" & DTPicker2.Value & "' "
GO
```

2）存储过程调用。

```
Dim rs_XinDan As New ADODB.Recordset
Dim cmd As New ADODB.Command
Set cmd = New ADODB.Command
cmd.ActiveConnection = conn
cmd.CommandText = "wee"
cmd.CommandType = adCmdStoredProc
conn.CursorLocation = adUseClient
cmd.Parameters("@a1") = Trim(DTPicker1.Value)
cmd.Parameters("@a2") = Trim(DTPicker2.Value)
Set rs_XinDan = cmd.Execute
```

（2）低频度访问需求处置

```
Dim rs_XinDan As New ADODB.Recordset
SQL = "select * from Product where p_time between '" & DTPicker1.Value & "' and '" & DTPicker2.Value & "' "
rs_XinDan.CursorLocation = adUseClient
rs_XinDan.Open SQL, conn, adOpenKeyset, adLockPessimistic
```

（3）不确定访问需求处置

将 T-SQL 字符串作为系统存储过程 sp_executesql 的参数传到服务器端执行。

```
Dim rs_XinDan As New ADODB.Recordset
Dim SQL As String
Dim sqlCmd As New ADODB.Command
```

```
sqlCmd.CommandText = "sp_executesql"
Dim myParam As ADODB.Parameter
sqlCmd.CommandType = adCmdStoredProc
conn.CursorLocation = adUseClient
sqlCmd.ActiveConnection = conn
SQL = "select * from Product where p_time between '" & DTPicker1.Value & "' and '" & DTPicker2.Value & "' "
Set myParam = sqlCmd.CreateParameter("@statement", adBSTR, adParamInput, Len(SQL))
myParam.Value = SQL
sqlCmd.Parameters.Append myParam
Set rs_XinDan = sqlCmd.Execute
```

9.2.6 备份与还原设计

（1）备份设计

1）存储过程定义。

```
CREATE PROCEDURE backdata
AS
BACKUP DATABASE 商场货物管理系统数据库
TO disk ='e:\sql 教学\备份.bak'
GO
```

2）存储过程调用。

```
Dim iSql As String
Dim iRe As New ADODB.Recordset
If conn.State <> 0 Then conn.Close
Set conn = Nothing
Dim connectionstring As String
connectionstring="Provider=SQLOLEDB.1; Password=jsj700; Persist Security Info=True; User ID=sa; Initial Catalog=商场货物管理系统数据库; Data Source=700-24"
conn.Open connectionstring
iSql = "select spid from master..sysprocesses where dbid=db_id('" & sDataBaseName & "')"
// spid 为从 master 数据库取出的当前连接到数据库服务器的进程号（客户端标识）
iRe.Open iSql, conn, adOpenKeyset, adLockReadOnly   //所有进程号存储在 iRe 返回结果集中
While iRe.EOF = False
iSql = "kill " & iRe(0)
conn.Execute iSql
iRe.MoveNext
Wend   //循环关闭所有连接在数据库服务器上的进程
iRe.Close
Dim cmd As New ADODB.Command
cmd.ActiveConnection = conn
cmd.CommandText = "backdata"
cmd.CommandType = adCmdStoredProc
conn.CursorLocation = adUseClient
cmd.Execute
MsgBox "备份已完成!", vbOKOnly + vbExclamation, "提示"
```

（2）还原设计

还原设计与备份设计完全不同，首先不能应用本数据库的存储过程，因为此时应是数据库不存在或数据库损坏或正在应用，存储过程是数据库对象，此时对自身还原当然不能应用。

因此，只能采用转换数据源的方式加以实现。

1）转换成其他 SQL Server 存在的数据库，当然采用系统数据库（master、model、msdb 及 tempdb）是最保险的，但是由于是系统数据库，危险性很高，一旦损坏数据库服务器将瘫痪。所以，此处选择 Northwind 数据库。

```
Dim iSql As String
Dim iRe As New ADODB.Recordset
If conn.State <> 0 Then conn.Close
Set conn = Nothing
Dim connectionstring As String
connectionstring="Provider=SQLOLEDB.1; Password=1010; Persist Security Info=True; User ID=sa; Initial Catalog=商场货物管理系统数据库; Data Source=GC"
conn.Open connectionstring
iSql = "select spid from master..sysprocesses where dbid=db_id('" & sDataBaseName & "')"
// spid 为从 master 数据库取出的当前连接到数据库服务器的进程号（客户端标识）
iRe.Open iSql, conn, adOpenKeyset, adLockReadOnly   //所有进程号存储在 iRe 返回结果集中
While iRe.EOF = False
iSql = "kill " & iRe(0)
conn.Execute iSql
iRe.MoveNext
Wend   //循环关闭所有连接在数据库服务器上的进程
iRe.Close
conn.Close
Set conn = Nothing
connectionstring = "Provider=SQLOLEDB.1; Password=1010; Persist Security Info=True; User ID=sa; Initial Catalog=Northwind; Data Source=GC"
conn.Open connectionstring
```

2）在 Northwind 中定义实现商场货物管理系统数据库还原的存储过程。

```
CREATE PROCEDURE res_back
AS
Alter database 商场货物管理系统数据库
Set single_user
With rollback immediate
Restore database 商场货物管理系统数据库 from disk=' e:\sql 教学\备份.bak' with replace
Alter database 商场货物管理系统数据库
Set multi_user
GO
```

3）调用存储过程。

```
Dim cmd As New ADODB.Command
cmd.ActiveConnection = conn
cmd.CommandText = " res_back "
cmd.CommandType = adCmdStoredProc
conn.CursorLocation = adUseClient
cmd.Execute
MsgBox "还原已完成!", vbOKOnly + vbExclamation, "提示"
```

9.2.7 透过视图对数据原表上的数据进行修改

因为对于新表、失效表和宽限表的数据访问实质是通过视图 VIEW1、VEW2 和 VIEW3

进行的，所以对于原始数据的修改也必须经由视图进行。

（1）定义通过视图进行数据修改的存储过程

```
CREATE PROCEDURE hf_new
@jieguo char(10),
@bianhao nvarchar(50)
AS
Update view1
Set 商场货物结果 =@jieguo
Where p_id = @bianhao
GO
```

其中两个参数分别是商场货物结果“成功/失败”，以及在DATAGRID控件中被选中记录的记录号。

（2）调用存储过程

1）访问成功的操作。

```
Dim cmd As New ADODB.Command
Set cmd = New ADODB.Command
cmd.ActiveConnection = conn
cmd.CommandText = "hf_new"
cmd.CommandType = adCmdStoredProc
conn.CursorLocation = adUseClient
cmd.Parameters("@jieguo") = Trim("成功")
cmd.Parameters("@bianhao") = Trim(Text2.Text)
cmd.Execute
```

2）访问失败的操作。

```
Dim cmd1 As New ADODB.Command
Set cmd1 = New ADODB.Command
cmd1.ActiveConnection = conn
cmd1.CommandText = "hf_new"
cmd1.CommandType = adCmdStoredProc
conn.CursorLocation = adUseClient
cmd1.Parameters("@jieguo") = Trim("失败")
cmd1.Parameters("@bianhao") = Trim(Text2.Text)
cmd1.Execute
```

其他失效表单和宽限表单的处理方法相同。

9.2.8 详细设计

1. 模块功能说明

针对商场货物管理系统的具体要求，在设计时把整个系统工程划分为以下几个模块：

1）系统管理模块。

2）商场货物项目管理模块。

3）查询打印输出模块。

4）系统维护模块。

由于采用了模块化设计思想，大大提高了设计效率，而且最大限度地减少了不必要的错误。在实际工作中，商场货物系统的基本设计思想是：各项商场货物结束后，将本月数据存储好，商场货物管理系统要求原始数据库保持相对稳定、无较大的变动，但是每月需要填写的变动项又经常变化，针对本系统的这些特点，因此在设计时应尽量保持原始数据库不变，在当月进行日常的数据操作前和上月数据操作后都要对所要输入的商场货物数据进行备份处理，作为每月存档用的数据。

由于采用了这种过程库的办法因而避免了用户进行错误操作后给商场货物工作带来的不便，从而提高了数据库的安全性。

2. 登录模块设计

友好而美观的界面已成为一个软件系统成功与否的关键之一。用户首先接触到的是界面，而不是系统内部，如果用户刚看到界面就对此系统产生反感，从而不愿意使用此系统，那么此系统功能再强也无济于事。商场货物管理系统登录界面如图 9-4 所示。

图 9-4　登录界面

连接数据库相关的代码如下：

```
Dim conn As New ADODB.Connection      //标记连接对象
Dim connectionstring As String
connectionstring="Provider=SQLOLEDB.1;IntegratedSecurity=SSPI; Persist Security Info=False; Initial Catalog=商场货物管理系统数据库; Data Source=."  //SQL Windows 验证模式
connectionstring = "Provider=SQLOLEDB.1; Password=jsj700; Persist Security Info=True; User ID=sa; nitial Catalog=商场货物管理系统数据库; Data Source=700-24"  //SQL 混合验证模式
conn.Open connectionstring
```

3. 查询模块设计

此窗体用于查询货物信息，与数据库相关的查询代码如下：

```
Dim rs_New As New ADODB.Recordset
Dim rs_Lose As New ADODB.Recordset
Dim rs_Relieve As New ADODB.Recordset
Dim SQL As String
 SQL = "select * from view2 order by [商场货物时间] asc"
   rs_Lose.CursorLocation = adUseClient
   rs_Lose.Open SQL, conn, adOpenKeyset, adLockPessimistic     //打开数据库
   displaygrid_Lose
   txtCount.Text = rs_Lose.RecordCount
   rs_Lose.Close
 SQL = "select * from view2 where 操作员编号 ='" & cboUser.Text & "'order by [商场货物时间] asc"
   rs_Lose.CursorLocation = adUseClient
```

```
        rs_Lose.Open SQL, conn, adOpenKeyset, adLockPessimistic    //打开数据库
        displaygrid_Lose
        txtCount.Text = rs_Lose.RecordCount
        rs_Lose.Close
    SQL = "select * from view2 where p_time between '" & DTPicker1.Value & "' and '" & DTPicker2.Value & "'
order by [商场货物时间]  asc"
        rs_Lose.CursorLocation = adUseClient
        rs_Lose.Open SQL, conn, adOpenKeyset, adLockPessimistic    //打开数据库
        displaygrid_Lose
        txtCount.Text = rs_Lose.RecordCount
        rs_Lose.Close
    SQL = "select * from view2 where 商场货物结果='" & CboResult.Text & "' order by [商场货物时间] asc"
        rs_Lose.CursorLocation = adUseClient
        rs_Lose.Open SQL, conn, adOpenKeyset, adLockPessimistic    //打开数据库
        displaygrid_Lose
        txtCount.Text = rs_Lose.RecordCount
        rs_Lose.Close
```

4. 系统维护模块设计

系统维护模块主要负责数据库的备份和还原的操作，如图 9-5 所示，具体代码参见 9.2.6，此处不再赘述。

图 9-5　系统维护

拓展训练 9

完成商场货物管理系统开发案例。

参 考 文 献

[1] 高云．SQL Server 2008 数据库技术实用教程[M]．北京：清华大学出版社，2011．
[2] 王浩，等．零基础学 SQL Server 2008[M]．北京：机械工业出版社，2009．
[3] 刘智勇，刘径舟．SQL Server 2008 宝典[M]．北京：电子工业出版社，2010．
[4] 闪四清．SQL Server 2008 基础教程[M]．北京：清华大学出版社，2010．
[5] 周峰，王征．SQL Server 2008 程序设计案例集锦[M]．北京：中国水利水电出版社，2010．
[6] 高晓黎，韩晓霞．SQL Server 2008 案例教程[M]．北京：清华大学出版社，2010．
[7] 戴子良．SQL Server 2008 宝典[M]．北京：中国铁道出版社，2011．
[8] 郭郑州，陈军红，等．SQL Server 2008 完全学习手册[M]．北京：清华大学出版社，2011．